MONOGRAPHIEN AUS DEM GESAMTGEBIET DER PHYSIOLOGIE DER PFLANZEN UND DER TIERE

HERAUSGEGEBEN VON

M. GILDEMEISTER-LEIPZIG · R. GOLDSCHMIDT-BERLIN
C. NEUBERG-BERLIN · J. PARNAS-LEMBERG · W. RUHLAND-LEIPZIG

SIEBZEHNTER BAND

OXYDATIONS-REDUCTIONS-POTENTIALE

ZWEITER TEIL DER
„WASSERSTOFFIONENKONZENTRATION"

VON

LEONOR MICHAELIS

ZWEITE AUFLAGE

BERLIN
VERLAG VON JULIUS SPRINGER
1933

OXYDATIONS-REDUCTIONS-POTENTIALE

MIT BESONDERER BERÜCKSICHTIGUNG IHRER PHYSIOLOGISCHEN BEDEUTUNG

VON

LEONOR MICHAELIS
NEW YORK

ZWEITER TEIL DER
„WASSERSTOFFIONENKONZENTRATION"

ZWEITE AUFLAGE

MIT 35 ABBILDUNGEN

BERLIN
VERLAG VON JULIUS SPRINGER
1933

ISBN 978-3-642-98398-6   ISBN 978-3-642-99210-0 (eBook)
DOI 10.1007/978-3-642-99210-0

ALLE RECHTE, INSBESONDERE DAS DER ÜBERSETZUNG
IN FREMDE SPRACHEN, VORBEHALTEN.

COPYRIGHT 1933 BY JULIUS SPRINGER IN BERLIN.
SOFTCOVER REPRINT OF THE HARDCOVER 2ND EDITION 1933

DEM GEDÄCHTNIS
JACQUES LOEBs
GEWIDMET

Vorwort zur ersten Auflage.

Man mag diese Monographie als den in Aussicht gestellten zweiten Band der zweiten Auflage meiner „Wasserstoffionenkonzentration" betrachten. Der Titel erwies sich schon für den ersten Band als zu eng und muß ganz fallen gelassen werden, wenn die natürlich sich anschließende Fortsetzung gegeben werden soll. Wenn man die in dem einleitenden Kapitel der vorliegenden Monographie gegebene Stellung der Probleme betrachtet, wird man nicht ohne weiteres den Zusammenhang mit den Problemen der anderen Monographie erkennen. Dieser wird aber klar werden, wenn man im Verlauf des Buches die Methoden kennenlernen wird, mit denen diese Probleme in Angriff genommen werden. Sowohl die Methoden des Denkens wie des Experimentierens sind mit denen der früheren Monographie aufs engste verwandt. Es ist kein Zufall, wenn die aus den Keimen der klassischen Zeit der physikalischen Chemie entwickelten Arbeiten von Biilmann genau so gut als ein Fortschritt in der Methode der Messung der Wasserstoffionen wie in der Entwicklung der Lehre von den Oxydations-Reductionspotentialen betrachtet werden können. Und es ist auch kein Zufall, daß die Arbeiten von W. M. Clark, die heute das solide Gerüst bilden, auf dem alle biologischen Arbeiten über Oxydations-Reduktionspotentiale stehen, hervorgegangen sind aus Arbeiten desselben Autors über Wasserstoffionen. Wenn man versucht, die Früchte dieser und ähnlicher Arbeiten für biologische Probleme auszunutzen, so kommt man heute noch nicht sehr weit und muß sich zur Zeit bescheiden. Aber man erkennt sofort die Tragweite des neuen Gesichtspunktes. Ein klarer, von der Thermodynamik deutlich markierter Weg für die Erforschung der Leistungen der Zelle ist gegeben. Ein unschätzbarer Fortschritt ist schon dadurch erreicht, daß eine klare Problemstellung gefunden ist. Das ist allein schon der erste Schritt zur Lösung. Angeregt durch seine eigene experimentelle Beschäftigung mit diesen Fragen, hielt es der Verfasser für zeitgemäß und nützlich, den Versuch zu wagen, die theoretischen Grundlagen der Oxydations-Reduktionspotentiale und die bisherigen Versuche ihrer Anwendung auf biologische Probleme zusammenfassend und kritisch darzustellen, in der Absicht, anderen und sich selbst dadurch die weitere Arbeit zu erleichtern.

So bescheiden die Früchte dieses Kapitels der physikalischen Chemie für die Physiologie bis heute auch sein mögen, so möchte ich doch zu behaupten wagen, daß diese Anfänge berufen sind, die Lehre vom Stoff- und Energiewechsel der lebenden Zelle in eine neue Bahn zu lenken.

Ein Anspruch auf Vollständigkeit des Stoffes wird nicht erhoben. Eine Vollständigkeit mit Rücksicht auf die Anwendungen in der Chemie liegt nicht in der Absicht dieser Monographie und übersteigt das Fassungsvermögen des Autors. Eine Vollständigkeit mit Rücksicht auf die physiologischen Anwendungen würde erfordern, die ganze Frage der chemischen Atmung vorauszuschicken, die aber im wesentlichen eine Frage der Oxydationskatalyse ist. Auf Katalyse soll aber in dieser, den Potentialen gewidmeten Monographie nur gelegentlich eingegangen werden, soweit es nämlich unvermeidlich ist. Der heutige Stand der Forschung verbietet es noch, die physiologischen Anwendungsgebiete zu erschöpfend zu diskutieren, wenn man sich nicht der Gefahr aussetzen will, allzu unreife Dinge zu diskutieren. Und so ist denn die Auswahl des Stoffes und die innerliche Verbindung der einzelnen Kapitel vorläufig noch mehr der Willkür und der Interessensphäre des Autors als einem streng objektiven und rein sachlichen Prinzip unterworfen.

Diese Monographie wird fast gleichzeitig auch in einer englischen Ausgabe erscheinen. Die Übersetzung ist nach dem deutschen Manuskript von Herrn Dr. Louis B. Flexner hergestellt worden. Ich spreche ihm für die hierauf verwendete Mühe, wie überhaupt für die vielfache Hilfe bei der Abfassung des Manuskripts und der dazu gehörigen Arbeit im Laboratorium und auf der Bibliothek meinen besten Dank aus. Für die Revision des Druckes bin ich Herrn Professor Dr. Peter Rona in Berlin zu Dank verpflichtet. Schließlich ist es mir ein besonderes Bedürfnis, die verständnisvolle Mitarbeit des Herrn Verlegers dankend hervorzuheben.

Baltimore, September 1928.

L. Michaelis.

Vorwort zur zweiten Auflage.

Die Bearbeitung der zweiten Auflage gab mir zunächst die Gelegenheit, die inzwischen erschienenen neueren Arbeiten auf diesem Gebiete zu berücksichtigen. Gleichzeitig, und zum Teil infolge dieser neueren Arbeiten, konnte die Disposition des Buches in einigen Punkten vereinfacht werden. Die Theorie des Mechanismus der Potentialeinstellung konnte in einem zusammenhängenden Kapitel abgehandelt werden, während sie früher in zwei auseinander liegende Kapitel getrennt war. Die Theorie der zweistufigen Oxydation wurde neu aufgenommen. Die Theorie der Oxydations-Reduktions-Katalysatoren konnte in deutlicherer Weise als früher in Beziehung zu den reversiblen Oxydo-Reduktions-Systemen gebracht werden. Alle anderen Änderungen sind, einzeln betrachtet, nur Ergänzungen, zeigen aber in ihrer Gesamtheit schon eine bestimmte Tendenz im Fortgang der Forschung: noch deutlicher als bisher wird die Anwendung von den der Thermodynamik angehörigen Begriffen auf physiologische Probleme in die gebührenden Schranken gedrängt. Besonders möchte ich auf das Kapitel der Grenzpotentiale in dieser Beziehung hinweisen.

Bei den biologischen Anwendungen habe ich mir die Beschränkung auferlegt, daß ich die Anwendungen auf die Bakteriologie nicht aufgenommen habe. Ich kann als Ersatz die Monographie von Hewitt empfehlen und entschuldige meine Unterlassung damit, daß ich nicht Zeit gefunden habe, mir von diesem Gebiet eine eigene experimentelle Anschauung zu erwerben, wie ich es für alle anderen Kapitel getan habe.

Das Kapitel über den Zusammenhang von Farbe und Konstitution habe ich ganz fortgelassen, in der Hoffnung, dieses Problem bei anderer Gelegenheit gründlicher abhandeln zu können, als es im Rahmen dieser Monographie möglich ist.

Wertvolle Hilfe bei der Bearbeitung verdanke ich Herrn Dr. G. S. Barron und meinem Assistenten Herrn Dr. Maxwell P. Schubert. Herrn Professor G. Bredig in Karlsruhe bin ich zu besonderem Dank verpflichtet für Aufklärung und Berichtigung des historischen Teils. Der Verlagsbuchhandlung gebührt hohe Anerkennung für sachgemäße und verständnisvolle Mitarbeit.

New York, Oktober 1932. **L. Michaelis.**

Inhaltsverzeichnis.

Seite

Einleitung 1
I. Physikalisch-Chemischer Teil 8
  1. Definition von Oxydation und Reduktion. 8
  2. Die Kraft der Oxydation und Reduktion 12
  3. Geschichtliche und kritische Bemerkungen über die Redoxpotentiale und den Mechanismus ihrer Entstehung. . . . 14
  4. Der atomistische Mechanismus der Potentialeinstellung an der reversiblen indifferenten Elektrode 25
  5. Die Potentialeinstellung als Grenzflächenphänomen 30
  6. Berechnung des Redoxpotentials 34
  7. Theorie der Gemische verschiedener Redoxsysteme 43
  8. Die verschiedenen Maßstäbe für das Redoxpotential 45
  9. Das Arbeitsäquivalent eines Stromes von gegebener elektromotorischer Kraft 51
  10. Die Nachgiebigkeit eines reversiblen Redoxsystems 52
  11. Der Neutralpunkt der Redoxskala 55
  12. Das Grenzpotential 56
  13. Anorganische Redoxsysteme 59
  14. Das Potential in Metall-Komplexsystemen. 66
  15. Die organischen reversiblen Redoxsysteme 72
  16. Der atomistische Mechanismus der organischen reversiblen Redoxprozesse 77
  17. Die Berücksichtigung der Aktivitätstheorie bei den organischen Redoxsystemen 82
  18. Die allgemeine Formulierung des Potentials der organischen Redoxsysteme mit Berücksichtigung der Wasserstoffionenkonzentration 86
  19. Einige Folgerungen und Anwendungen dieser Theorie . . . 95
    1. Bestimmung des Faktors n oder der Elektronenzahl . . . 95
    2. Bestimmung der Dissoziationskonstanten des Systems . . 98
  20. Semichinone und zweistufige Oxydationen 107
  21. Die mathematische Analyse der zweistufigen Oxydation . . 117
  22. Der Einfluß von Tautomerie. 125
  23. Die Bedeutung sekundärer Veränderungen der primären Oxydations- oder Reduktionsstufe im allgemeinen 126
  24. Langsam verlaufende sekundäre Reaktionen 128
  25. Irreversible Oxydationen und Reduktionen 130
  26. Das Verhalten irreversibel oxydierbarer Körper gegen die indifferenten Elektroden, und Betrachtungen über das Wesen der irreversiblen Oxydationen 137
  27. Die Oxydations-Reduktionskatalysatoren 139
  28. Träge reversible Systeme 149

Inhaltsverzeichnis. XI

	Seite
II. Spezieller Teil	152
A. Die einzelnen Redoxsysteme, insbesondere diejenigen von physiologischer Bedeutung	152
1. Die Sulfhydrilsysteme	152
a) Die Sulfhydrilkörper selbst	153
b) Die Metallkomplexe der Sulfhydrilkörper	166
2. Dialursäure-Alloxan	176
3. Hermidin	178
4. Echinochrom	179
5. Das Pigment von Chromodoris	180
6. Pyocyanin	181
7. Bernsteinsäure-Fumarsäure	183
8. Luciferin	188
9. Zucker	189
10. Aldehyd	197
11. Reversible Oxydation von zuckerartigen Körpern	198
12. Die Gruppe der hämoglobinartigen Körper	200
a) Hämoglobin und Oxyhämoglobin	200
b) Methämoglobin und Hämin	202
B. Die Messungen von Reduktionspotentialen in physiologischen Systemen	207
1. Ältere Versuche, insbesondere von Ehrlich	207
2. Die neueren Arbeiten	211
a) Die Schardingersche Reaktion	211
b) Zellen und Gewebe	213
α) Allgemeines	213
β) Die Geschwindigkeit der Reduktionsvorgänge	214
γ) Die Messung und Bedeutung des Potentials	216
δ) Die Resultate der Messungen des intrazellularen Potentials unter aeroben Bedingungen	221
C. Potentiale in Gewebs- und Körpersäften höherer Tiere	227
D. Das Wesen der Grenzpotentiale in Geweben und Zellen	231
E. Schlußbetrachtungen	234
Literaturverzeichnis	237
Sachverzeichnis	257

Einleitung.

Chemische Synthese in großem Maßstabe wird im Reich der Lebewesen nur von den grünen Pflanzen vollbracht. Die hierbei stattfindende Reduktion der Kohlensäure bezieht ihre Energie nicht von einem gleichzeitig stattfindenden Oxydationsprozeß, sondern aus der Strahlungsenergie des Sonnenlichtes. Alle anderen chemischen Vorgänge in den Lebewesen sind, im ganzen betrachtet, die Umkehrung dieser reduktiven Synthese und bestehen in oxydativen Abbau. Die bei dieser Oxydation frei werdende Energie erscheint zum Teil als Wärme, zum Teil aber auch als mechanische Arbeit, potentielle und chemische Energie. Denn mit diesem oxydativen Abbau sind gekoppelt osmotische und mechanische Arbeitsleistung, Synthese chemischer Art und Synthese einer komplizierteren Zellstruktur, elektrische Energie und gelegentlich auch Erzeugung von Licht. Die vom Tier oder von der unbelichteten Pflanze geleistete Arbeit ist somit derjenige Bruchteil der bei der Oxydation freiwerdenden Energie, welcher nicht zu Wärmeenergie deterioriert wird.

Die Oxydation der Nahrungsstoffe ist, im ganzen betrachtet, ein irreversibler Prozeß. Das schließt aber nicht aus, daß reversible Prozesse mit den irreversiblen gekoppelt sind. Es sei daran erinnert, daß die Definition eines reversiblen chemischen Prozesses nicht nur darauf gegründet ist, daß man die chemische Reaktion vollständig rückgängig machen kann, sondern auch darauf, daß man sie bei geeigneter Vorrichtung unter Aufwendung von nicht mehr Arbeit rückgängig machen kann, als sie auf dem Hinwege maximal liefern kann. Soweit es das Endziel der Oxydationen ist, Wärme zu erzeugen, ist es gleichgültig, ob die Oxydationen reversibel oder irreversibel verlaufen. Aber es würde als eine Verschwendung erscheinen, wenn prinzipiell zur Erzeugung von Wärme reversible Prozesse ausgenutzt würden, die besseres leisten können, als Wärme zu erzeugen. Es wäre zwar nicht eine Verschwendung von Energie, aber von Raffiniertheit der Apparatur. Es wäre, als wenn man Heizungswärme dadurch erzeugen wollte, daß man einen elektrischen Motor durch Bremsung zur Erzeugung von Wärme statt von Arbeit zwänge. Für die Erzeugung von Wärme könnte man einfach den für die sinnvolle Wicklung des Motors benutzten Draht in beliebiger, ungeordneter Wicklung als Heizdraht benutzen. So erscheint es als ein ansprechendes Bild, wenn man sich in den Gang der stufenweise ablaufenden, im ganzen irreversiblen Oxydationsprozesse der Lebewesen reversibel funktionierende Maschinen eingeschaltet denkt, die imstande sind, den auf sie entfallenden Bruchteil der gesamten Energie mit thermodynamisch hohem Nutzeffekt in die wertvolleren Energieformen umzuwandeln. Es ist, als ob in einem langen, meist aus Heizdrähten bestehenden elektrischen Stromkreis ein Motor eingeschaltet wäre, der zwar nur mit einem Bruchteil der ganzen Elektrizitätsmenge gespeist wird, diese aber fast quantitativ in Arbeit umsetzt. Das Bild vom eingeschalteten Motor ist aber noch nicht ganz zutreffend. Denn die Stoffwechselphysiologie des Muskels zeigt, daß die von dem ständig wirkenden Energiespender, dem Sauerstoff, gelieferte Energie zum Teil in Systemen aufgespeichert wird, die einem Akkumulator vergleichbar sind, und die bei ihrer Entladung zeitlich unabhängig von dem aufladenden Strome Arbeit leisten. Beim Muskel ist im Augenblick der Arbeitsleistung der Sauerstoff unbeteiligt. Er wird erst nachher wieder zur Aufladung der Batterie benutzt. Der ständig fließende Strom der Zentralstation ist die Analogie für den vom Sauerstoff ständig unterhaltenen Verbrennungsprozeß, und die Akkumulatorenbatterie ist analog der in ihrer Konstruktion noch unbekannten, mit großem thermodynamischem Nutzeffekt funktionierenden Vorrichtung zur Speicherung und Entladung von Energie im Muskel.

So wie ein Akkumulator unabhängig von der Spannung des aufladenden Stromes nur auf eine in engen Grenzen festgelegte Eigenspannung aufgeladen werden kann, so ist offenbar auch die Eigenspannung des Muskelakkumulators eine ganz bestimmte. Sie bildet nur einen Bruchteil der gesamten Intensität des Verbrennungsprozesses, aber dieser aufgespeicherte Bruchteil kann sich unter angenähert reversiblen Bedingungen entladen, und nahezu das thermodynamisch mögliche Maximum an Arbeit leisten. Es ist eine ansprechende wenn auch durchaus noch nicht bewiesene Hypothese, wenn man die Arbeitsleistung der Lebewesen nicht als einen zufälligen Abfall der ganzen Oxydationsenergie auffaßt, sondern als die Leistung reversibel funktionierender, in den Strom der irreversiblen Prozesse eingeschalteter Vorrichtungen von genau definiertem maximalem Arbeitseffekt.

Mit Hilfe des Nernstschen Wärmetheorems kann man ausrechnen, wieviel Arbeit die Verbrennung von 1 g Zucker unter den Bedingungen des Organismus in maximo liefern könnte. Das Resultat dieser Rechnung ist bekanntlich, daß die maximale Arbeit fast genau übereinstimmt mit dem Arbeitsäquivalent der Wärmetönung dieses Prozesses. Aber diese Erkenntnis nützt dem Physiologen nichts. Denn um diese Arbeitsleistung zu realisieren, müßte eine Vorrichtung zur Verfügung stehen, welche die vollständige Verbrennung des Zuckers auf reversiblem Wege auszuführen gestattete. Eine solche Vorrichtung gibt es nicht im Laboratorium, und auch offensichtlich nicht in der lebenden Zelle. Sie scheint unmöglich zu sein. Der Sinn des Wortes unmöglich ist wohl folgendermaßen zu verstehen. Die Verbrennung des Zuckers besteht in einer Kette von aufeinander folgenden Teilprozessen. Schon das Vorhandensein einer reversibel funktionierenden Vorrichtung für einen der Teilprozesse hat einen geringen Grad von Wahrscheinlichkeit in dem Sinne, wie man diesen Begriff in der Thermodynamik braucht. Daher ist die Wahrscheinlichkeit, daß zu gleicher Zeit eine für alle Teilprozesse reversibel funktionierende Vorrichtung existiert, verschwindend klein. Und so hat sich auch die Zelle darauf zu beschränken, als Quelle für Arbeitsleistungen denjenigen Teilprozeß auszuwählen, für den die Konstruktion einer einigermaßen reversibel arbeitenden Vorrichtung am leichtesten ist. Da die Zelle genügend Verwendung auch für den nicht arbeitsfähigen Rest der Energie hat, so bedeutet diese Beschränkung keinen Verlust.

So entsteht die Frage, auf welche Weise man das Vorhandensein solcher chemischen Systeme erkennen kann, die zu reversibler Betätigung fähig sind. Die Antwort ist natürlich: man suche eine Vorrichtung, welche die reversible Betätigung der etwa in den Geweben vorhandenen, dazu geeigneten, chemischen Systemen ermöglicht. Solche Vorrichtungen sind immer sehr raffinierter Natur und nicht ohne weiteres und von selbst gegeben. Es sind Vorrichtungen, deren Existenz im Sinne Boltzmanns einen sehr geringen Grad von Wahrscheinlichkeit hat. Es ist in der Natur so eingerichtet, daß selbst diejenigen chemischen Prozesse, welche reversibel verlaufen können, nicht so leicht Gelegenheit finden, so zu verlaufen. Die Entropie des reversiblen Systems wird zwar bei seiner Betätigung nicht verändert. Aber um aus den in chaotischer Unordnung im Weltall gegebenen Bausteinen einen Apparat zu konstruieren, der jene reversible Betätigung der dazu prinzipiell befähigten chemischen Vorgänge ermöglicht, war eine Verminderung der Entropie aller dieser Bausteine unvermeidlich. Die Konstruktion solcher Maschine erfordert sinngemäße Ordnung von Ungeordnetem, und man findet solche Vorrichtungen nicht häufig.

Ein sehr einfacher Typus einer reversibel funktionierenden Vorrichtung ist vorstellbar, wenn eines der Reaktionsprodukte ein Gas ist. Die Verbindung von Hämoglobin mit Sauerstoff ist reversibel und verläuft nach der Formel:

$$Hb + O_2 \rightleftarrows HbO_2.$$

Wird eine Lösung von Hämoglobin in einem Stempelkolben mit einer Sauerstoffatmosphäre zusammen eingeschlossen, so kann man den Oxydationsgrad des Hämoglobins reversibel ändern, indem man den Stempel langsam hebt und senkt. Dies ist aber ein exzeptionell einfacher Fall, und er hat, energetisch betrachtet, keine besondere Wichtigkeit, denn die Aufgabe des Hämoglobins, wenn es sich mit Sauerstoff verbindet, ist nicht, Arbeit zu leisten, ja nicht einmal den Sauerstoff zu aktivieren, sondern nur als Träger für den Sauerstoff zu dienen. Sieht man von diesem Fall ab, so kommen als reversibel funktionierende Vorrichtungen hauptsächlich zwei Typen in Betracht, und man kann beiden einen hohen Grad von Raffiniertheit zusprechen. Die eine beruht auf der Anwendung semipermeabler Scheidewände. Im Laboratorium stehen uns nur wenige und nur unvollkommene Modelle solcher Apparate zur Verfügung. Sie werden mehr im Gedankenexperiment als im Laboratorium benutzt, und man begegnet ihnen mehr in Lehrbüchern der theoretischen, als in solchen der experimentellen Chemie. Der lebende Organismus, der Meister in der Verwirklichung des Unwahrscheinlichen, scheint sich ihrer aber in großem Umfange zu bedienen. Er hat Scheidewände von verschiedenster Spezifität der Durchlässigkeit zur Verfügung, und wir dürfen vermuten, daß er sich ihrer auch zur Konstruktion der reversibel arbeitenden Vorrichtungen bedient.

Die andere Art der Vorrichtung ist die galvanische Zelle. Sie ist in denjenigen Fällen ein gangbares Instrument, in denen Ionen an der Reaktion beteiligt sind. Diese ist bei Oxydationen und Reduktionen, von wenigen Ausnahmen abgesehen, immer der Fall, wie wir weiterhin sehen werden. Daher ist es im Laboratorium mit seinen heutigen Mitteln die einfachste Methode, um einen Prozeß auf seine Reversibilität zu prüfen, wenn man untersucht, ob dieser Prozeß imstande ist, bei geeigneter Anordnung einen elektrischen Strom von bestimmter Spannung zu erzeugen.

So ergeben sich folgende Probleme für die Physiologie: erstens, nach reversiblen chemischen Prozessen im Stoffwechsel zu suchen, die in die Kette der im ganzen irreversiblen Verbrennungsprozesse eingeschaltet sind; zweitens, die dem Akkumulator vergleichbare Vorrichtung zu suchen, in welcher die freie Energie dieser reversiblen Prozesse aufgespeichert wird; drittens, nach Vorrichtungen zu suchen, welche die aufgespeicherte Energie in andere Energieformen zu verwandeln gestattet.

Das Problem von der Aufsuchung reversibler chemischer Oxydations- und Reduktionssysteme kann noch weiter präzisiert werden. Arbeit kann nur gewonnen werden, wenn zwei chemische Systeme von verschiedenem Potential gegeben sind: das System von negativerem Potential muß auf Kosten des positiveren oxydiert werden, wenn Arbeit geleistet werden soll. So müssen wir nach zwei Systemen suchen, einem mehr negativen, und einem mehr positiven. Das negative System ist so etwas wie Zucker in seiner aktiven Form oder Sulfhydrilkörper in Gegenwart von Eisensalzen. Das positivere System ist der Sauerstoff, oder ein bei Gegenwart von Sauerstoff erzeugtes Oxydationssystem, vielleicht so etwas wie Keilins Cytochrom, oder Warburgs Atmungsferment. Wenn aber das positivere und das negativere System einfach nur miteinander vermischt werden, so wird der Erfolg in kaum mehr als in der Erzeugung von Wärme bestehen. Befinden sich aber die beiden Teilsysteme voneinander getrennt und wirken aufeinander sozusagen aus der Ferne ein, wie in einer galvanischen Zelle, so kann die freie Energie des Prozesses in beliebiger Form gewonnen werden. Bei der galvanischen Zelle wird die Fernwirkung durch den metallischen Schließungsdraht überbrückt, in welchem die bei der Reaktion frei werdenden Elektronen von einem Ort zum anderen geleitet werden. Ein Analogon für diesen Schließungsdraht ist für die physiologischen Maschinen bisher nicht bekannt, und so ist die Konstruktion der physiologischen

Arbeitsmaschinen, insbesondere des Muskels, trotz aller Hypothesenversuche, noch in tiefes Dunkel gehüllt.

Diese Erörterungen stellen mehr ein Programm als ein Resultat der physiologischen Forschung dar. Das Problem der Arbeitsleistung der Zelle ist gestellt, aber nicht gelöst. Aber man darf annehmen, daß jeder Fortschritt in der Klärung des Problems auch ein Schritt zu seiner Lösung ist und berufen ist, die Richtung der experimentellen Arbeit zu bestimmen. Das erste Teilproblem ist es, nach solchen Oxydations-Reduktionsprozessen in den Geweben zu suchen, welche man mit Hilfe der heutigen Mittel des Laboratoriums reversibel leiten kann. Dieses Teilproblem ist der Hauptinhalt dieser Monographie. Das einfachste Mittel des Laboratoriums hierfür ist die galvanische Zelle, und somit ist es das engere Problem dieser Monographie, chemische Systeme in den Geweben aufzusuchen, welche als Bestandteil einer galvanischen Zelle reversibel zu arbeiten imstande sind. Daran ist die Erwartung geknüpft, daß es dieselben chemischen Systeme sind, welche auch in den lebenden Organismen, wenn auch mit Hilfe anderer Vorrichtungen, ihre freie Energie der Zelle für ihre energetischen Leistungen zur Verfügung zu stellen.

Es wird sich zeigen, wieweit diese Erwartung erfüllt ist, oder besser, wie wenig sie im allgemeinen erfüllt ist. Es wird sich aber auch zeigen, wie trotzdem ein tieferes Eingehen auf diesen Gedankengang die Energetik des Stoffwechsels auf eine neue Grundlage stellt. Energetische Betrachtungen des Stoffwechsels stellen sich bisher fast ausschließlich auf den Boden des ersten Hauptsatzes der Thermodynamik. Der zweite Hauptsatz verliert seine Herrschaft durch die Tatsache, daß die Oxydations-Reduktionsprozesse im lebenden Organismus niemals zu Gleichgewichtszuständen führen. Die chemische Kinetik, und, als deren wesentlicher Teil, die Katalyse beherrscht die Oxydationsprozesse der Zelle. Kinetik und Thermodynamik sind aber einander feindlich; solange die Kinetik herrscht, hat der zweite Hauptsatz der Thermodynamik keine Tragweite. Das bedeutet aber nicht, daß er falsch ist. Nur kann man ihn nicht so anwenden, wie er für ein im reversiblen Gleichgewicht befindliches System gilt. Es ist daher auch sinnlos, schlechtweg von dem Oxydations-Reduktionspotential einer lebenden Zelle zu sprechen. Aber es wird eines der wichtigsten Ziele dieser Monographie sein zu zeigen, inwieweit die der Thermodynamik angehörigen Begriffe der freien Energie, oder des Potentials, eines Oxydations-Reduktionssystems für den Fall der der Kinetik angehörigen Oxydationskatalysen verwendet werden können. Es wird sich zeigen, daß ein Oxydationskatalysator unter anderen Eigenschaften auch die haben muß, ein reversibles Oxydations-Reduktionssystem darzustellen, welches, isoliert betrachtet, ein von den Bedingungen abhängiges, genau definierbares Oxydationspotential hat, und daß zwischen diesem Potential und der katalytischen Fähigkeit ein Zusammenhang besteht.

Hiermit streifen wir ein zweites Gebiet der Biochemie, welches das Studium reversibler Oxydations-Reduktionssysteme unerläßlich macht: die Oxydationskatalyse. Ein Oxydationskatalysator oder Atmungsferment, oder wie man es nenen mag, ist eine Substanz, welche die Geschwindigkeit einer Oxydation beschleunigt. Ist das Oxydationsmittel molekularer Sauerstoff, so ist die Mitwirkung eines Katalysators besonders häufig von großer Bedeutung, weil Sauerstoff ohne Katalysator gegen zahlreiche oxydierbare Substanzen inert ist. Ein Oxydationskatalysator muß die Eigenschaft haben, daß er leicht von einem oxydierten in einen reduzierten Zustand hin und her verwandelt werden kann. Der oxydierte Zustand muß das zu oxydierende Substrat schneller oxydieren als molekularer Sauerstoff es tun kann, und der reduzierte Zustand muß durch molekularen Sauerstoff schneller wieder oxydiert werden können als das zu oxydierende Substrat. Damit ein solcher Katalysator auf die Dauer wirken kann und sich nicht bald erschöpft, ist es notwendig, daß die zyklische Überführung der oxydierten in die reduzierte Stufe ohne Verlust, ohne wesentliche chemisch irreversible Seitenreaktionen verläuft. Damit die durch die Oxydation frei werdende Energie verwendbar wird und nicht zum Betriebe der Katalyse selbst unökonomisch verschlungen wird, muß die Oxydoreduktion des Katalysators nicht nur im chemischen, sondern auch im energetischen Sinne reversibel sein. Jeder Oxydationskatalysator muß daher ein reversibles Oxydations-Reduktionssystem darstellen, und zu seiner Charakterisierung kann man ein Potential benutzen, ebenso wie bei jedem anderen Redoxsystem. Von dem Betrag dieses Potentials hängt die Eignung dieses Systems als Katalysator ab.

Hiermit ist eine Brücke zwischen kinetischen und thermodynamischen Betrachtungen des Stoffwechsels gebaut, von der die frühere Generation der Stoffwechselforscher noch nichts wußte.

I. Physikalisch-Chemischer Teil.
1. Definition von Oxydation und Reduktion.

Die Entdeckung des Sauerstoffs durch Priestley (1774) gab Anlaß zu der Einführung der Begriffe Oxydation und Reduktion in ihrem einfachsten Sinne, nämlich der Aufnahme bzw. Abgabe von Sauerstoff. Die weitere Entdeckung von Lavoisier (1777), daß das Leben von einer ununterbrochenen Kette von Oxydationen begleitet ist, stellte die Oxydationsprozesse in den Mittelpunkt aller Stoffwechselfragen. Auch diejenigen Forscher auf dem Gebiete der biologischen Wissenschaften im weitesten Sinne des Wortes, deren Interessen sich nicht nach der chemischen Seite der Biologie orientieren, sehen sich gezwungen, wenigstens die Rolle des Sauerstoffs dauernd im Auge zu behalten. Die Oxydationen sind nicht nur die auffälligsten, am leichtesten erkennbaren Prozesse in den lebenden Organismen, sondern sie sind auch die wichtigsten, da sie die Energiespender für die Lebewesen sind. Den ganzen abbauenden Stoffwechsel kann man betrachten als eine Stufenfolge von Prozessen, die sich, so mannigfaltig und kompliziert sie im einzelnen sein mögen, in ihrer Gesamtheit durch eine Oxydationsgleichung ausdrücken lassen, und umgekehrt, der Assimilationsprozeß der grünen Pflanzen läßt sich in seiner Gesamtheit durch jene bekannte Gleichung darstellen, welche aussagt, daß die Endprodukte der biologischen Oxydation, Kohlensäure und Wasser, zu Zucker reduziert werden, wobei das Wort „reduzieren" zum Ausdruck bringen soll, daß Sauerstoff frei wird. Denn der Verbrauch von Sauerstoff wurde als Oxydation, die Abgabe als Reduktion bezeichnet. Atmung ist Oxydation, Assimilation Reduktion.

Zunächst schienen der Eindeutigkeit dieser Definition der Oxydation und Reduktion keine Schwierigkeiten im Wege zu stehen. Aber allmählich lernte man chemische Prozesse kennen, die zwar auch in dem Sinne gedeutet werden konnten, daß bei ihnen

Sauerstoff gebunden wird und die man daher definitionsgemäß als Oxydationen bezeichnen konnte, die aber auch einer anderen Deutung zugänglich waren. Wenn wir von diesen Prozessen Beispiele geben wollen, so möge das gleich von vornherein unter Vernachlässigung der historischen Entwicklung an heutzutage geläufigen Beispielen aus der modernen Chemie geschehen. Ein erstes Beispiel ist die Oxydation eines Leukofarbstoffes. Wenn Leukomethylenblau mit Sauerstoff in Berührung kommt, so wird daraus Methylenblau, und der Sauerstoff wird verbraucht. Die chemische Analyse ergibt jedoch, daß Methylenblau keinen Sauerstoff enthält; dafür enthält Methylenblau zwei Wasserstoffatome weniger als Leukomethylenblau. Diese beiden Wasserstoffatome haben sich bei diesem Prozeß mit dem Sauerstoff zu Wasser verbunden. Was also gemäß der ursprünglichen Definition eines Oxydationsprozesses oxydiert worden ist, ist nicht das Leukomethylenblau, sondern die zwei Wasserstoffatome, welche der Sauerstoff ihm entrissen hat. Diese zwei Wasserstoffatome kann man aber dem Leukomethylenblau auch auf andere Weise entreißen als durch elementaren Sauerstoff, z. B. durch ein Ferrisalz, welches dabei zu Ferrosalz reduziert wird. Man stünde so vor der Frage, ob man diesen letzten Prozeß auch noch eine Oxydation nennen sollte, obwohl Sauerstoff an ihm gar nicht mehr beteiligt ist. Da beide Arten der Umwandlung des Leukomethylenblaues in Methylenblau offenbar aufs innigste miteinander verwandt sind, entschloß man sich zu einer Erweiterung der Definition der Oxydation und bezog in die Oxydationen auch diejenigen Prozesse ein, bei welchen das Endprodukt **weniger Wasserstoff** enthält als das Ausgangsprodukt. In diesem Sinne müßte man auch Äthylen als ein Oxydationsprodukt des Äthan, Fumarsäure als ein Oxydationsprodukt der Bernsteinsäure bezeichnen.

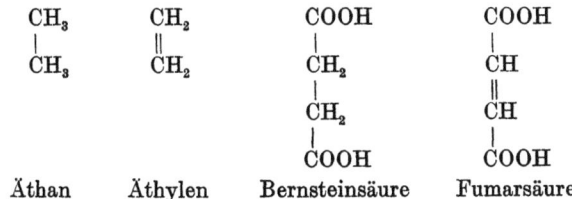

Äthan   Äthylen   Bernsteinsäure   Fumarsäure

Ein zweites Beispiel ist die Umwandlung eines Cuprosalzes in ein Cuprisalz. Gelöstes CuCl wird durch Sauerstoff in saurer Lösung allmählich in $CuCl_2$ umgewandelt. Der Sauerstoff verschwindet dabei, ist aber in dem Oxydationsprodukt $CuCl_2$ nicht vorhanden. Man kann nun, wenn man will, diesen Prozeß als einen Oxydationsprozeß im Sinne der ursprünglichen Definition auffassen. Eine der möglichen Darstellungsweisen in diesem Sinne wäre die folgende:

a) $\overset{I}{Cu}Cl + H_2O \rightarrow \overset{I}{Cu}(OH) + HCl$

b) $4\overset{I}{Cu}(OH) + 2H_2O + O_2 \rightarrow 4\overset{II}{Cu}(OH)_2$

c) $\overset{II}{Cu}(OH)_2 + 2HCl \rightarrow \overset{II}{Cu}Cl_2 + 2H_2O$

Da wir heute annehmen, daß das Cu in der Lösung zum größten Teil in Form von Ionen vorhanden ist, so können wir diesen Prozeß einfacher in folgender Weise schreiben:

$$4Cu^+ + 4H_2O + O_2 \rightarrow 4Cu^{++} + 4OH^- + 2H_2O \qquad (1)$$

Cu^{++} unterscheidet sich von Cu^+ nur durch den Gehalt eines Elektrons. Das elektroneutrale Atom Cu enthält ebensoviele Elektronen wie der Atomkern positive Ladungen, nämlich 29. Cu^+ enthält nur ein Elektron weniger (also 28) bei unveränderter Kernladung (29), Cu^{++} aber enthält zwei Elektronen weniger (27). Einwertiges Cu^+ wird durch Abgabe eines Elektrons in zweiwertiges Cu^{++} umgewandelt, und dieses Elektron wird in Formel (1) zur Bildung eines OH^--Ions benutzt. Bezeichnet man also, wie es üblich ist, $\overset{II}{Cu}$ als eine Oxydationsstufe von $\overset{I}{Cu}$, so hat man wiederum ein Oxydationsprodukt vor sich, welches keinen Sauerstoff enthält. Man kann in der Tat auch $\overset{I}{Cu}$ in $\overset{II}{Cu}$ ohne jede Mitwirkung von Sauerstoff oder Wasserstoff umwandeln, z. B. durch $\overset{III}{Fe}$:

$$\overset{I}{Cu}{}^+ + \overset{III}{Fe}{}^{+++} \rightarrow \overset{II}{Cu}{}^{++} + \overset{II}{Fe}{}^{++}$$

Cuprochlorid + Ferrichlorid → Cuprichlorid + Ferrochlorid. Da aber die beiden Prozesse, mit und ohne Beteiligung des Sauerstoffes, wiederum offenbar wesensverwandt sind, hat man sich zu einer ferneren Erweiterung des Begriffes der Oxydation entschlossen. Man sagt z. B. $\overset{III}{Fe}$ oxydiert $\overset{I}{Cu}$ zu $\overset{II}{Cu}$, und wird dabei selbst zu $\overset{II}{Fe}$ reduziert. Gemäß dieser Begriffserweiterung ist

Definition von Oxydation und Reduktion.

jede Aufnahme eines Elektrons eine Reduktion, jede Abgabe eines Elektrons eine Oxydation. In diesem Sinne wird z. B. das J^--Ion zu J „oxydiert", metallisches Ag zu Ag^+ „oxydiert", und vice versa, ja man sagt sogar: Silbernitrat wird zu Silber „reduziert".

So sind also drei eigentlich ganz verschiedene Gruppen von chemischen Prozessen unter dem erweiterten Begriff der Oxydation zusammengefaßt: Aufnahme von Sauerstoff, Abgabe von Wasserstoff, Abgabe von Elektronen. Die Berechtigung dafür liegt darin, daß nach Berücksichtigung der mit dem ursprünglichen Prozeß notwendigerweise gekoppelten sekundären Vorgänge das Endresultat der Reaktion dasselbe ist, welchen der drei Wege der Prozeß auch durchläuft. Die Berechtigung für die Verschmelzung der Begriffe ist um so größer, als es Oxydationsprozesse gibt, bei denen man nicht mit voller Sicherheit sagen kann, auf welchem dieser drei Wege der Prozeß wirklich verläuft. So hat Wieland für eine Reihe von organischen Oxydationsprozessen wahrscheinlich gemacht, daß die Oxydation in Wahrheit eine Abspaltung von Wasserstoff ist, und er möchte deshalb diesen Prozeß nicht als Oxydation, sondern als Dehydrierung bezeichnet wissen. Auf der anderen Seite gibt es einige Oxydationen, die ganz zweifellos in nichts anderem bestehen als in einer Addition von Sauerstoff. Wollte man der historisch ältesten Definition der Oxydation am besten gerecht werden, so müßte die Bezeichnung „Oxydation" gerade für diese O_2-Addition am ehesten reserviert werden. Und doch sind dies gerade solche Prozesse, die dem Chemiker gefühlsmäßig am wenigsten als echte Oxydationen imponieren. Es handelt sich hier um die Bildung von Peroxyden, bei denen der Sauerstoff in der Regel nur locker gebunden ist und bei denen manchmal die Änderung des chemischen Charakters der Molekel durch den Eintritt des Sauerstoffes verhältnismäßig geringfügig erscheint. Hierher gehört auch die Sauerstoffverbindung des Hämoglobin. Auch sie besteht einfach in einer Anlagerung einer Molekel Sauerstoff, und sie imponiert um so weniger als eine echte Oxydation, als das Hämoglobin ja in derselben Weise wie O_2 auch andere Gase wie CO binden kann. So ist es sogar gekommen, daß man solche Sauerstoffanlagerungen überhaupt nicht zu den Oxydationen rechnete. Conant hat den Vorschlag gemacht, sie als Oxygenation im Gegensatz zur echten Oxydation zu bezeichnen.

So ist der ganze Begriff der Oxydation etwas schwimmend geworden, und es mag sein, daß eine künftige Epoche der Chemie diesen Begriff ganz abschaffen wird. Vorläufig aber ist es noch tunlich, ihn beizubehalten, und wir werden einfach 1. die Addition von Sauerstoff, 2. die Abgabe von Wasserstoff oder 3. Abgabe eines Elektrons als äquivalente Prozesse auffassen und sie gemeinschaftlich als Oxydation bezeichnen, und ihre Umkehrung als Reduktion.

2. Die Kraft der Oxydation und Reduktion.

Ausdrücke wie „schwer" oder „leicht oxydierbar" sind so alt wie die Chemie. Diese graduellen Unterschiede bezogen sich teils auf Geschwindigkeiten, teils auf Affinitäten oder chemische Kräfte. Die Geschwindigkeit lassen wir in der ersten Hälfte dieses Buches außer Betracht, da wir nur mit Gleichgewichten zu tun haben werden.

Die Definition der Kraft oder Affinität eines chemischen Prozesses hat besondere Schwierigkeiten bereitet. Das Berthelotsche Prinzip, die Affinität an der Wärmetönung zu messen, ist prinzipiell unrichtig, so wertvoll die Anwendung dieses Prinzips bei kritischer Erwägung der Umstände auch praktisch sein kann. Eine Definition der Affinität oder Kraft einer chemischen Reaktion ist in einwandsfreier Weise nur bei reversiblen Reaktionen möglich, und sie ist von van 't Hoff gegeben worden. Wenn die chemische Reaktion mit Übergang von Elektronen von einer Molekelart auf eine andere verbunden ist, und wenn es möglich ist, eine Vorrichtung zu finden, mit deren Hilfe die Elektronen verhindert werden, von Molekel zu Molekel direkt überzuspringen und gezwungen werden, ihren Weg durch einen metallischen Leiter zu nehmen, so kann die chemische Kraft dieses Prozesses auch durch die elektromotorische Kraft des Elektronenstromes gemessen werden, vorausgesetzt, daß die elektrische Kette reversibel funktioniert.

Dieses Buch beschäftigt sich mit der Frage der chemischen Kraft oder Affinität der Oxydations- und Reduktionsprozesse, deren Bearbeitung gegenüber der Lehre von der Wärmetönung dieser Prozesse lange Zeit auf Mangel an Methoden ganz vernachlässigt worden ist.

Die chemische Kraft einer Reaktion kann gemessen werden, wenn es gelingt, die chemische Reaktion in reversibler Weise zu leiten, d. h. wenn es möglich ist, der chemischen Kraft eine Gegenkraft gegenüber zu stellen, welche die chemische Kraft gerade kompensiert, und zwar derart, daß die geringste Verminderung dieser Gegenkraft die chemische Reaktion wieder in Gang bringt, die geringste Vermehrung der Gegenkraft sie dagegen im rückläufigen Sinne in Gang bringt. Das Maß für die chemische Kraft ist dann die Größe der sie kompensierenden Gegenkraft. Die einfachste Vorrichtung, durch die eine Oxydation oder Reduktion in reversibler Weise geleitet werden kann, ist eine galvanische Kette besonderer Art, deren Typus am besten durch ein Beispiel beschrieben wird. Es sei gegeben eine Lösung, welche gleichzeitig ein Ferrisalz, d. h. Fe^{+++}-Ionen, und ein Ferrosalz, d. h. Fe^{++}-Ionen, enthält. Es sei eine zweite Lösung gegeben, welche dieselben Ionenarten, aber in anderer Konzentration enthält. In jede dieser beiden Lösungen tauche eine Elektrode, bestehend aus einem elektrolytisch indifferenten Metall (wie Gold oder Platin), welches insofern ein Metall ist, als es ein Leiter erster Klasse ist, aber andererseits von anderen Metallen sich dadurch unterscheidet, daß es den elektrischen Strom aus der Metallphase in die benachbarte Lösung nicht durch Bildung von Ionen seiner eigenen Art übertreten läßt, sondern sich ausschließlich fremder Ionen dazu bedient. Die beiden Lösungen seien durch einen Flüssigkeitskontakt verbunden, entweder direkt in Berührung gebracht oder besser durch Zwischenschaltung einer geeigneten Salzlösung, welche so beschaffen ist, daß kein „Flüssigkeitsverbindungspotential" oder „Diffusionspotential" zwischen den Lösungen besteht. Werden die beiden Platinelektroden metallisch verbunden, so fließt ein elektrischer Strom, und gleichzeitig werden auf der einen Seite Ferriionen zu Ferroionen reduziert, auf der anderen Seite Ferroionen zu Ferriionen oxydiert. Dieser Strom hat eine meßbare elektromotorische Kraft. Wenn man eine gleichgroße äußere elektromotorische Kraft im umgekehrten Sinne in den Stromkreis einschaltet, so sistiert nicht nur der elektrische Strom, sondern auch der chemische Prozeß. Vermehrt man die äußere elektromotorische Kraft um ein weniges, so fließt ein elektrischer Strom und gleichzeitig verläuft der chemische Prozeß. Vermindert man die äußere elektromotorische Gegenkraft ein wenig, so fließt ein elektrischer Strom im umgekehrten Sinne und der chemische Prozeß verläuft ebenfalls im umgekehrten Sinne. Der Prozeß verläuft also reversibel, und die kompensierende elektromotorische Gegenkraft ist gleich der chemischen Kraft des Prozesses. Nun verlaufen in der Kette zwei chemische Prozesse, in jeder der beiden Lösungen einer. Die kompensierende Kraft ist daher gleich dem Unterschied der chemischen Kraft auf der einen Seite und der auf der anderen Seite. Haben die beiden Lösungen die gleiche Zusammensetzung, so fließt kein Strom und verläuft kein chemischer Prozeß, oder die äußere kompensierende Gegenkraft ist 0. Die chemischen Kräfte auf beiden Seiten halten sich die Wage. Die Erfahrungstatsache, daß bei ungleichartiger Zusammensetzung der beiden Fe-Lösungen ein Strom fließt, zeigt an, daß die chemische Kraft, mit welcher die Oxydation von Fe^{++} zu Fe^{+++} verläuft, nicht allein von der chemischen Natur dieser Ionen, sondern auch von ihren Mengen bestimmt wird. Die Erfahrung zeigt ferner, daß, wenigstens im Bereich sehr verdünnter Lösungen, die chemische Kraft auf beiden Seiten die gleiche ist, wenn nur das Verhältnis $[Fe^{+++}]:[Fe^{++}]$ gleich ist, während die absoluten Mengen auf beiden Seiten verschieden sein dürfen, ohne daß eine elektromotorische Kraft auftritt.

3. Geschichtliche und kritische Bemerkungen über die Redoxpotentiale und den Mechanismus ihrer Entstehung.

Der Zusammenhang zwischen der elektromotorischen Kraft einer beliebigen reversiblen galvanischen Zelle und der in ihr vor sich gehenden chemischen Reaktion wurde 1886 von vant' Hoff entdeckt. Die von ihm abgeleitete Gleichung (etwa die Form der Gleichung auf S. 34) ist von so umfassender Natur, daß sie auch den Fall der Oxydations-Reduktionskette einschließt. Der nächste Fortschritt in der Theorie der galvanischen Ketten ist die Nernstsche Theorie der Stromerzeugung. Nernst hat zwar den Fall der Oxydations-Reduktionskette in seine Theorie ursprünglich nicht einbezogen. Aber seine Theorie gestattete zum erstenmal, die elektromotorische Kraft einer Zelle in die beiden Einzelpotentiale an den Elektroden zu zerlegen. Was in der Nernstschen Theorie der elektrolytische Lösungsdruck der (angreifbaren) Metalle ist, entspricht etwa dem Elektronendruck (in einem unangreifbaren Metall) bei der Oxydations-Reduktionskette, worüber später gesprochen werden wird.

Geschichtliche und kritische Bemerkungen über die Redoxpotentiale. 15

Die ersten experimentellen Arbeiten, die auf dem Boden der vant' Hoffschen Theorie stehen, waren Arbeiten aus dem Laboratorium von Wilhelm Ostwald, und zwar speziell aus der Abteilung von Bredig, unter dessen Leitung die Arbeit von Peters entstanden ist. Sie enthält diejenige Formulierung des einfachsten Oxydations-Reduktionspotentials, welche noch heute häufig als „Peterssche Gleichung" zitiert wird. Die weiteren Verdienste um die Ausgestaltung der Theorie der Oxydations-Reduktionsketten gebühren vor allem Luther und Haber.

Die ersten umfassenden Messungen an Ketten, die aus Oxydations- und Reduktionsmitteln und indifferenten Elektroden gebildet waren, wurden schon vorher im Laboratorium von Wilhelm Ostwald von Bancroft ausgeführt. Er erbrachte den Nachweis, daß der Sitz der elektromotorischen Kraft dieser Ketten die Berührungsstelle der Elektrode mit der Lösung ist. Er baute die Ketten aus je einem Oxydationsmittel und einem Reduktionsmittel auf. Ostwald erkannte die grundsätzliche Bedeutung dieser Ketten als Mittel zur Messung der chemischen Affinitäten der Oxydation und Reduktion. Neumann wiederholte Bancrofts Versuche mit der Modifikation, daß er alle Potentiale auf eine gemeinschaftliche Vergleichselektrode bezog. Er gewann auf diese Weise eine Tabelle, in welcher die Oxydations- und Reduktionsmittel gemäß ihrem Potentialunterschied gegen die gemeinschaftliche Vergleichselektrode in eine Reihe geordnet werden konnten, und zeigte, daß die Begriffe Oxydationsmittel und Reduktionsmittel nur relativ gültig sind. Jede Substanz, die in dieser Reihe einer anderen vorausging, war ein Oxydationsmittel für die letztere, und umgekehrt. Die Resultate der Versuche von Bancroft zeigt Tabelle 1. Was allen diesen Arbeiten aber noch fehlte, war die

Tabelle 1. Bancrofts Messungen. Potentiale bezogen auf die Normal-H_2-Elektrode.

	Volt		Volt
Stannochlorid in KOH	−0,578	H_2SO_3	+0,705
Hydroxylamin in KOH	−0,333	Kaliumferricyanid	+0,785
Pyrogallol, KOH	−0,200	Kaliumbichromat	+0,91
Jod, KOH	+0,213	Cl, KOH	+0,96
Stannochlorid, HCl	+0,219	Kaliumjodat	+1,21
$CuCl_2$	+0,441	Kaliumpermanganat	+1,49

Erkenntnis von der Bedeutung der Konzentrationsverhältnisse. Es wurde immer mit einem vermeintlich reinen Oxydations- oder Reduktionsmittel gearbeitet, und es war wohl Le Blanc, der zum erstenmal darauf hinwies, daß alle Potentiale viel besser definiert sind, wenn man mit Mischungen eines Oxydationsmittels mit dem aus ihm erhältlichen Reduktionsprodukt in gut definiertem Mengenverhältnis arbeitet, und ferner, daß es in elektrochemischem Sinne weder irgendein reines Oxydations- noch Reduktionsmittel gibt. Das Potential müßte für jedes reine Oxydationsmittel $+\infty$, für jedes aus ihm durch Reduktion hergestellte Reduktionsmittel $-\infty$ sein, und der Umstand, daß das nicht so ist, zeigt, daß jedes Präparat der scheinbar reinen Oxydationsstufe Spuren der zugehörigen Reduktionsstufe enthält. Um nämlich die Oxydationsstufe in reinem Zustand herzustellen, d. h. um die Reste der reduzierten Stufe völlig zu oxydieren, muß man ein stärkeres Oxydationsmittel anwenden; um dieses rein herzustellen, muß man wieder ein noch stärkeres anwenden, und diese Stufenfolge hat kein Ende. Die Menge der Verunreinigung mag der chemischen Analyse nicht zugänglich sein, und doch ist sie ausschlaggebend für das Potential. Wenn z. B. ein Oxydationsmittel vorliegt mit 0,01 vH der Reduktionsstufe als Verunreinigung, so würde das Potential desselben bei einer weitergeführten Reinigung bis auf einen Gehalt von 0,0001 vH der Reduktionsstufe nur um ungefähr 0,1 Volt verschoben werden, bei einer Reinigung bis zu 0,000001 vH um 0,2 Volt. Dies gilt, wenn die oxydierte und die reduzierte Stufe sich um eine Ladung unterscheiden (Ferri — Ferro), und der Unterschied ist sogar nur halb so groß, wenn sie sich um zwei Ladungen unterscheiden (Methylenblau — Leukomethylenblau).

Eine wässerige Lösung, welche ein Reduktionsmittel oder ein Oxydationsmittel in reinem Zustande, im striktesten Sinne des Wortes enthält, und daher ein Potential $\pm\infty$ haben würde, ist auch aus dem Grunde undenkbar, weil eine Reaktion mit dem Wasser bis zur Erreichung eines Gleichgewichtszustandes eintreten würde. Ein reines Reduktionsmittel würde durch H_2O oxydiert werden, wobei freier Wasserstoff entstünde. Ein reines Oxydationsmittel würde durch H_2O reduziert werden, wobei freier Sauerstoff oder H_2O_2 entstünde. Und wenn auch diese Umlagerungen mit dem Wasser nur einen unmeßbar kleinen Umfang hätten, sie würden auf alle Fälle genügen, um das Potential von $\pm\infty$ in das

"Potentialbereich" des betreffenden reversiblen Oxydations-Reduktionssystems zu bringen.

Eine experimentelle Bestätigung des Einflusses des Konzentrationsverhältnisses wurde zuerst von Peters hauptsächlich für das System Ferri- + Ferrosalz erbracht. Die von ihm benutzte, unter Bredigs Leitung entstandene einfachste Formulierung eines Oxydations-Reduktionspotentials wird noch vielfach zur Geltung kommen.

Der Mechanismus der Potentialbildung an solchen indifferenten oder unangreifbaren Elektroden ist etwas anders als bei den angreifbaren Elektroden, bei denen das Potential, außer von der spezifisch-chemischen Konstante, nur von der Konzentration einer einzigen Ionenart bestimmt wird.

Ostwald unterschied vom elektrochemischen Standpunkt aus im ganzen drei Gruppen von Vorgängen, welche potentialbestimmend sein können:

1. Die Neubildung von Ionen aus unelektrischen Molekeln, wie

$$Cu + \oplus \to Cu^+$$
$$H_2 + 2\oplus \to 2H^+$$

Dies ist der Vorgang bei angreifbaren Elektroden. Moderner ausgedrückt, würden wir statt dessen schreiben:

$$Cu \to Cu^+ + \varepsilon$$
$$H_2 \to 2H^+ + 2\varepsilon,$$

wo ε das Elektron ist.

2. Eine Veränderung der Ladungszahl

$$Fe^{++} + \oplus = Fe^{+++}$$

Dies ist der soeben besprochene Fall eines reversiblen Oxydations-Reduktionssystems in Berührung mit einer unangreifbaren Elektrode. Heute schreiben wir statt dessen:

$$Fe^{++} \to Fe^{+++} + \varepsilon.$$

3. Die Neubildung von Ionen durch Übergang der bei dem Zerfall zusammengesetzter Ionen abgespaltenen elektroneutralen Molekeln in einen geladenen Zustand, oder umgekehrt, versinnbildlicht an dem Beispiel folgender zweier Reaktionsstufen

I) $2(MnO_4)^- \to 2Mn^{++} + 3O^= + 5/2 O_2$
II) $5/2 O_2 \to 5O^= + 10\oplus$

Vorausgesetzt, daß derartige Reaktionen überhaupt reversibel sind, unterscheiden sie sich von den vorigen nur dadurch, daß eine der an der reversiblen Reaktion beteiligten Molekelarten ursprünglich eine elektrisch neutrale Molekelart ist. Es ist aber fraglich, ob der Mechanismus der Reaktion in dieser Weise richtig wiedergegeben ist. Man darf solche Gleichung nur als summarische betrachten, welche die wirklich verlaufenden Zwischenstufen nicht erkennen läßt.

Fredenhagen bestimmte die Potentiale einer großen Reihe anorganischer Redoxsysteme, unterschied scharf zwischen den reversiblen und irreversiblen Systemen, und stellte die Grundsätze dafür auf, wann man in einem Gemisch einer Oxydationsstufe mit der Reduktionsstufe überhaupt ein bestimmtes Potential erwarten kann. Diese Erörterungen stehen in enger Beziehung zu einer Erörterung des Mechanismus der Potentialbildung an den Elektroden.

Dieser Mechanismus wurde von Le Blanc in der Weise gedeutet, daß die elektrische Ladung, die bei Oxydation frei wird, in die metallische unangreifbare Elektrode einfach abgeleitet wird. Im allgemeinen werden wir, wie sich später zeigen wird, diese Deutung auch heute durchaus bevorzugen, aber sie ist nicht die einzig mögliche. Fredenhagen bevorzugt eine zweite Deutung. Eine indifferente Elektrode ist gleichzeitig auch eine Gaselektrode. Sie zeigt bei Sättigung mit Wasserstoffgas gegen eine Lösung von gegebener Wasserstoffionenkonzentration ein bestimmtes Potential, welches, in die Skala der Redoxpotentiale eingeordnet, als kräftiges Reduktionspotential bezeichnet werden muß. Es zeigt das starke Reduktionsvermögen des Wasserstoffes an, welches zutage tritt, wenn seine Reaktionsträgheit vermittels des metallischen Katalysators (Platinschwarz) überwunden wird. Andererseits zeigt eine indifferente Elektrode in Sauerstoff, bei Berührung mit einer Lösung derselben Wasserstoffionenkonzentration wie vorher, ein starkes Oxydationspotential, welches sich zwar nicht so scharf und nicht ganz so hoch, wie erwartet werden sollte, einstellt, aber theoretisch +1,23 Volt über dem Potential der Wasserstoffelektrode liegen würde, wenn es einmal gelingen sollte, eine auf O_2-Gas wirklich reversibel ansprechende indifferente Metallelektrode zu finden. Jedes Redoxsystem wird nun auch die H^+-Ionen der Lösung bis zur Erreichung eines Gleichgewichtszustandes zu H_2-Gas reduzieren, $2\,OH^-$-Ionen zu O_2-Gas + H_2O oxydieren (oder, wenn man will, 2 O⁼-Ionen zu O_2-Gas oxydieren). Die Mengen des im Gleichgewichtszustand vorhandenen H_2- bzw. O_2-Gases mögen sehr gering sein, aber dennoch das Platin entsprechend ihrem Druck beladen. Das Potential der H_2-Elektrode gegen eine Lösung von gegebener Wasserstoffionenkonzentration hängt vom Druck des Wasserstoffgases ab. Die Platinelektrode funktioniert als H_2- (bzw. O_2-)Elektrode, beladen mit Gas von solchem Druck, wie er mit dem Redoxsystem im Gleichgewicht ist.

Für alle Fälle, in denen sich zwischen dem Redoxsystem, der Bildung von H_2- bzw. O_2-Gas und der indifferenten Elektrode das chemische Gleichgewicht wirklich einstellt, sind beide Theorien, die von Le Blanc und die von Fredenhagen, gleichwertig, ohne Widerspruch miteinander und experimentell unentscheidbar. Die Schwierigkeit liegt nur darin, daß dieses Gasgleichgewicht sich nicht immer einstellt, und insofern scheint bei oberflächlicher Betrachtung die Fredenhagensche Theorie im Nachteil. Für gewisse Fälle ist sie sehr nützlich, und das soll zunächst gezeigt werden.

Es gibt so kräftige Reduktionssysteme, daß sie aus Wasser gasförmigen Wasserstoff entwickeln, oft mit so großer Intensität, daß kein experimentell erreichbarer Gegendruck von gasförmigem Wasserstoff imstande ist, die Entwicklung von Wasserstoff zu unterdrücken. Nicht nur Metalle wie K und Na, sondern auch einige homogen gelöste Reduktionsmittel entwickeln H_2 aus Wasser, besonders bei Gegenwart von Platin als Katalysator, wie z. B. Chromosalze oder Kaliumkobaltohexacyanid, das K-Salz des komplexen Anions $Co(CN)_6^{\equiv\equiv}$, welches leicht zu der entsprechenden Kobaltiverbindung $Co(CN)_6^{\equiv\equiv}$ oxydiert wird. Das bedeutet, daß solche Reduktionsmittel, wenn sie homogen in Wasser gelöst sind, niemals imstande sind, die Elektrode mit H_2 von so hohem Druck zu beladen, daß Gleichgewicht herrscht, sondern immer nur bis zu Wasserstoff bis zum Druck von 1 Atm. Der Wasserstoffdruck mag zwar infolge einer Übersättigungserscheinung sich etwas über Atmosphärendruck im Platin erheben, aber doch nicht beliebig weit darüber, und nicht zu einem scharf definierten Grenzwert. In solchem Fall kann sich überhaupt kein scharfes Potential ausbilden. Das Potential mag zwar infolge der „Überspannung" das Wasserstoffpotential etwas überschreiten, aber nicht bis zu einem gut reproduzierbaren Wert. Dasselbe gilt mutatis mutandis für die ganz starken Oxydationsmittel, wie Chromsäure, Permanganat.

Diese würden, wenn Gleichgewicht herrschen sollte, einen O_2-Druck weit über Atmosphärendruck in der Platinelektrode erzeugen müssen. Alle Potentiale, welche höher als das der O_2-Elektrode und tiefer als das der H_2-Elektrode liegen, entsprechen keinen wahren Gleichgewichten aller Bestandteile des Systems, sind nicht reversibel und oft nur ungenau reproduzierbar. Nur solche Redoxsysteme können gut definierte Potentiale geben, welche die Elektroden mit H_2- oder O_2-Gas von höchstens 1 Atm. Druck (oder bei entsprechend abgeänderten, aber schwer realisierbaren Versuchsbedingungen, von höchstens einigen Atmosphären) beladen. So hebt sich das Potentialgebiet der Wasserstoff- und der Sauerstoffüberspannung deutlich ab von dem einwandsfrei zugänglichen Potentialgebiet zwischen der H_2-Elektrode und der O_2-Elektrode.

Diese Betrachtung ist, im groben betrachtet, richtig. Es ist unbestreitbar, daß gutdefinierte Potentiale sich meist nur einstellen, wenn sie zwischen dem Potential der H_2- und der O_2-Elektrode liegen. Im einzelnen aber versagt die Theorie der Gasbeladung dennoch, weil es nicht zutrifft, daß in allen Fällen ein Gleichgewicht zwischen dem Redoxsystem und der Gasbeladung eintritt. Im Gegenteil, es läßt sich zeigen, daß häufig die Gasbeladung so vernachlässigt werden darf, als ob sie nicht vorhanden wäre. Sonst wäre überhaupt keine einzelne galvanische Zelle mit größerer elektromotorischer Kraft als 1,23 Volt existenzfähig, z. B. auch nicht der Blei-Akkumulator mit seinen 2 Volt Spannung. Auch ist heute bekannt, daß die Chinon-Hydrochinonelektrode korrekte Potentiale anzeigt, die nur von dem Mengenverhältnis von Chinon zu Hydrochinon, sowie von der Wasserstoffionenkonzentration abhängen, dagegen praktisch unbeeinflußt bleiben von dem Sauerstoffgehalt des Lösungsmittels. Es ist in diesem Fall nicht unbedingt nötig, den Sauerstoff aus der Lösung durch N_2 zu verdrängen. Meist reagiert eine Elektrode aus reinem Gold oder aus vergoldetem Platin sehr wenig auf eine Beladung mit H_2- oder O_2-Gas. Das kann man an folgendem Experiment zeigen.

Eine Goldelektrode in Berührung mit einer Pufferlösung von gegebenem p_H (Standardacetat oder Phosphatpuffer) zeigt in der Regel ein einigermaßen gut definiertes Potential, welches vom p_H abhängig ist, aber auch von der Individualität der Elektrode. Ein solches Potential ist zwar nicht innerhalb eines, aber doch innerhalb einiger Millivolt konstant und kehrt nach Polarisation mit

Geschichtliche und kritische Bemerkungen über die Redoxpotentiale. 21

mäßigen Stromstärken in ziemlich kurzer Zeit wenigstens ungefähr auf seinen alten Wert zurück. Dieses Potential wird bei vielen Elektroden kaum dadurch beeinflußt, ob man die Lösung mit Luft, mit Stickstoff oder mit Wasserstoff sättigt. Ein kleiner Unterschied zwischen Luft und Wasserstoff ist zwar stets bemerkbar, in dem zu erwartenden Sinne, daß nämlich das Potential in H_2 negativer als in O_2 ist. Aber während für den Fall einer auf Gasbeladung gut ansprechenden Elektrode der Unterschied 1,2 Volt betragen sollte, beträgt er bei blanken Platin- oder Goldelektroden manchmal viel weniger als 0,1 Volt. Bei manchen Platinelektroden kann der Unterschied größer sein, und je nach der Oberflächenbeschaffenheit des Platins — von blankem bis zu gut platiniertem schwarzem Platin —, wird der Unterschied bei H_2- und O_2-Beladung immer größer. Bei platiniertem Platin gibt N_2 mit der geringsten Spur beigemengten Wasserstoffes ein stark negatives Potential, mit einer Spur Sauerstoff ein stark positives Potential. Es ist schwer eine allgemeine Aussage darüber zu machen, wodurch bei den auf Gas nicht ansprechenden Elektroden das Potential bestimmt wird.

Wahrscheinlich haben die in den oberflächlichen Schichten des Platins eingeschlossenen Gase einen wesentlichen Einfluß. Es hat sich gezeigt, daß Edelmetalle nicht einmal durch Glühen von Sauerstoffresten ganz befreit werden können. Eine umfangreiche Diskussion über die Natur dieses okkludierten Sauerstoffs ist vorhanden. Für manche der katalytischen Eigenschaften des schwarzen Platin oder Palladium scheint diese Spur von Sauerstoff sogar erforderlich zu sein (Willstätter). So z. B. erlahmt die katalytische Eigenschaft von Palladium- oder Platinschwarz, gasförmigen Wasserstoff zu einem aktiven Reduktionsmittel zu machen, bei seiner Betätigung nach einiger Zeit, und kann wiederhergestellt werden, wenn man das Metall einige Zeit der Luft aussetzt.

Wenn man sich eine Vorstellung darüber machen will, in welcher Form der Sauerstoff in den oberflächlichen Metallschichten eingeschlossen ist, so wird man wohl am besten auf den richtigen Weg geführt, wenn man die Versuche von Langmuir über die Sauerstoffbeladung eines Wolframfadens bei hoher Temperatur in sehr verdünnter Gasatmosphäre heranzieht. Er zeigte, daß der Sauerstoff an der Oberfläche nicht als ein echtes Oxyd WoO_2 vorhanden ist, sondern als eine monomolekulare Schicht von O-Atomen, welche die Oberfläche des metallischen Kristallgitters regelmäßig bedecken. Es wäre heutzutage sinnlos, einen scharfen Unterschied zwischen chemisch gebundenem und adsorptiv festgehaltenem Sauerstoff zu machen. Das wesentliche ist nur, daß diese zweite Form des Oxyds oder Suboxyds nur an der Oberfläche sich bildet, und daher chemisch als reine Substanz nicht isolierbar ist, und daß die Elementareinheit des Sauerstoffs in ihr nicht O_2, sondern O_1 ist. Mit derselben Sicherheit ist ein analoger Vorgang an Platin experimentell zwar nicht nachgewiesen, aber ein schwer zu entfernender Sauerstoffgehalt ist nachgewiesen. Nimmt man noch als weitere Hilfsannahme dazu, daß bei niederer Temperatur die Reaktion des Metalls mit dem Gas langsam ist, und daß der jeweilige Oxydationszustand des Metalls metastabil haltbar ist bei beliebiger zufälliger Gasbeladung, welche durchaus nicht im thermodynamischen Gleichgewicht mit der umgebenden Atmosphäre zu sein braucht, so erklären sich die Irreproduzierbarkeiten und Eigenwilligkeiten verschiedener Edelmetallelektroden.

Diese Elektroden verhalten sich eben nur im Grenzfall und unter besonderen Bedingungen als indifferente, unangreifbare Elektroden. Dies ist nur dann der Fall, wenn alle Elektronen, die beim Stromdurchgang von der Elektrodenoberfläche in die Lösung geschoben werden, in der Lösung von irgendeinem Akzeptor angenommen werden, z. B. von H^+-Ionen, welche dadurch zu H-Atomen (und weiter zu H_2-Molekeln) werden; und alle Elektronen, welche bei umgekehrter Stromrichtung in die Elektrode hineingetrieben werden, von den in der Lösung befindlichen Ionen, z. B. OH^--Ionen, stammen. Befindet sich auf der Oberfläche des Platins eine Schicht des Suboxyds, so stört dieses fast gar nicht, wenn in der Lösung ein Akzeptor (bzw. Donator) für Elektronen in Form eines reversiblen Redoxsystems in genügender Konzentration vorhanden ist. Ist das letztere aber nicht der Fall, so werden die aus- oder eintretenden Elektronen zum Teil dazu benutzt, das Platinsuboxyd zu reduzieren, oder das Platin zu diesem Suboxyd zu oxydieren. Aber diese Vorgänge sind nicht reversibel, langsam, und ihr Umfang ist von vielen unbekannten und unkontrollierbaren Bedingungen abhängig. Das durch diesen Vorgang erzeugte Potential entspricht nicht einem thermodynamischen Gleichgewicht, es ist nicht gut reproduzierbar, und sein Wert, selbst in den Grenzen, in denen er angegeben werden kann, ist individuell für

Geschichtliche und kritische Bemerkungen über die Redoxpotentiale 23

die einzelnen Elektroden, von ihrer Vorgeschichte abhängig und von keinerlei thermodynamischer Bedeutung.

Fassen wir die Fälle zusammen, in denen sich die Unzuverlässigkeit der Edelmetallelektrode beim Gebrauch als indifferente Elektrode äußert, so sind dies folgende:

1. Alle Metallelektroden sind unzuverlässig, wenn sie als Sauerstoffelektroden benutzt werden. Das bedeutet, daß kein einziges Edelmetall, in Berührung mit gasförmigem O_2 und einer Lösung, welche OH^--Ionen enthält, die thermodynamisch denkbare reversible Reaktion

$$O_2 + 4\,\varepsilon \rightleftharpoons 4\,OH^-$$

katalysiert, jedenfalls nicht mit genügender Geschwindigkeit.

2. Blanke Edelmetallelektroden sind gewöhnlich auch unzuverlässig, wenn sie in Berührung mit H_2-Gas als Wasserstoffelektroden benutzt werden. Das bedeutet, daß blanke Metalle die thermodynamisch denkbare, reversible Reaktion

$$H_2 + 2\,\varepsilon \rightleftharpoons 2\,H^+$$

nicht mit genügender Geschwindigkeit katalysieren.

Dagegen sind zuverlässig:

1. Platinschwarz (und andere Edelmetalle im „schwarzen" Zustand) in Berührung mit H_2-Gas als Wasserstoffelektroden.

2. Blanke Elektroden in Kontakt mit einem reversiblen Oxydations-Reduktionssystem, welches sowohl die oxydierte wie die reduzierte Stufe in einer endlichen, gut definierten Konzentration enthält, bei Abwesenheit sowohl von Sauerstoff als auch Wasserstoff. Konzentrationen des gelösten Redoxsystems von der Größenordnung 10^{-4} bis 10^{-5}-fach molar sind meist ausreichend, um ein bestimmtes, reproduzierbares Potential (bis auf $1/10$ Millivolt oder sogar noch besser) zu erzeugen.

Die Eigenschaft, als indifferente Elektrode zu fungieren, ist nicht auf die Platinmetalle und Gold beschränkt. Reine Kohle, in Form von Achesongraphit, kann genau so verwendet werden wie L. B. Flexner und G. E. Barron gezeigt haben. Aber auch unedlere Metalle können unter Umständen verwendet werden, besonders Quecksilber. Die Bedingungen, die hierzu erfüllt sein müssen, werden aus folgenden Erörterungen verständlich.

Wenn Quecksilber mit einer wässerigen Lösung in Berührung gebracht wird, ist es unvermeidlich, daß eine, wenn auch analytisch nicht nachweisbare, Menge davon oxydiert wird und dann als Ion in der Lösung existiert. Dann aber wird das Potential von der Konzentration dieser Ionen vorgeschrieben. Da Hg ein ziemlich edles Metall ist, so ist dieses Potential auf alle Fälle viel positiver als die Wasserstoffelektrode. Wenn nun in der Lösung ein reversibles Redoxsystem vorhanden ist, so wird sich dies in Gleichgewicht mit den Hg-Ionen setzen. Ist das Potentialbereich des Redoxsystems negativ genug, so werden die Hg-Ionen vollständig zu Hg reduziert. Passiert nun ein elektrischer Strom die metallische Oberfläche, so werden die Elektronen, welche in die Lösung gehen, nicht mehr dazu benutzt, Hg-Ionen zu metallischem Hg zu reduzieren, weil keine Hg-Ionen mehr vorhanden sind; sondern sie werden benutzt, um das Redoxsystem zu reduzieren. Dann ist also auch Hg eine indifferente Elektrode.

Hg ist daher als indifferente Elektrode nur bei Redoxsystemen mit genügend negativem Potential brauchbar. Das positivste Potentialbereich, welches mit der Hg-Elektrode noch einwandfrei gemessen werden kann, dürfte das Bereich der Indophenole sein. Dagegen geben Chinhydron oder Ferri-Ferrocyankalium, oder gar noch positivere Systeme, an der Quecksilberelektrode ganz falsche Werte.

Was für Hg gesagt wurde, gilt im Prinzip für jedes andere Metall. Jedes Metall kann als indifferente Elektrode benutzt werden für ein Potentialbereich, welches negativ genug ist, um die Ionen dieses Metalls praktisch völlig zu reduzieren. Es ist einleuchtend, daß für ein Metall wie Zn ein Bereich unter praktisch erreichbaren Bedingungen nicht existieren kann. Aber je edler das Metall ist, um so weniger negativ braucht das Potentialbereich zu sein, in dem es als indifferente Elektrode benutzt werden kann. So konnten L. B. Flexner und G. E. Barron Wolfram als indifferente Elektrode benutzen. Schließlich kann man sogar den Fall des Platin in diese Theorie mit einschließen. In Lösung von allzu positivem Bereich hört auch Pt auf, als reversible indifferente Elektrode zu wirken. Das ist nur eine andere Ausdrucksweise für die Erfahrungstatsache, daß Platin nicht als Sauerstoffelektrode benutzt werden kann. Nur Redoxsysteme von genügend negativem Potentialbereich stellen an Pt ein konstantes Potential ein. Für Platin und Gold ist schon das ziemlich stark positive Fe^{+++}—Fe^{++}-System negativ genug, um die Elektrode als eine indifferente brauchbar zu machen, für Quecksilber ist erst das um mehrere Zehntel Volt negativere Indophenolsystem genügend negativ, und für Zink ist kein praktisch erreichbares Potential negativ genug, um ihm die Eigenschaften einer indifferenten Elektrode zu erteilen.

4. Der atomistische Mechanismus der Potentialeinstellung an der reversiblen indifferenten Elektrode.

Beschränken wir uns nun auf die Fälle, wo eine völlig reversible Reaktion die Bedingung für die Einstellung des Potentials an der Elektrode gibt und versuchen den atomistischen Mechanismus der Potentialbildung zu deuten. Es geht schon aus dem vorigen Kapitel hervor, daß man zwischen zwei Auffassungen wählen kann, die man als die Theorie der Gasbeladung und die Elektronentheorie unterscheiden kann. Sie können folgenderweise beschrieben werden.

1. Die Gasbeladungstheorie. Ein Redoxsystem setzt sich mit allen oxydierbaren und reduzierbaren Körpern, die sich in der Lösung befinden, ins Gleichgewicht. Es reduziert daher auch H_2O zu Wasserstoff oder, je nach den Umständen, es oxydiert H_2O zu Sauerstoff, bis zur Erreichung des Gleichgewichts. Das Gleichgewicht kann beschrieben werden durch den Druck des in Freiheit gesetzten Gases. Entsprechend diesem Gleichgewichtsdruck belädt sich die Platinelektrode ebenfalls mit Wasserstoff oder Sauerstoff und fungiert dann als Gaselektrode. Die Potentialeinstellung erfolgt dann vermittelst der reversiblen Reaktion

$$H_2 \rightleftharpoons 2H^+ + 2\varepsilon \qquad (1)$$

Genauer betrachtet, muß man den in dieser Formel symbolisierten Vorgang in zwei Stufen zerlegen, wenn man annimmt, daß der Wasserstoff im Metall in atomarer Form vorhanden ist, nämlich:

$$1\,a) \quad H \rightleftharpoons H^+ + \varepsilon \qquad (2)$$

oder besser

$$H \text{ (im Metall)} + H_2O \rightleftharpoons H_3O^+ + \varepsilon.$$

Für den Fall, daß die Elektrode sich schnell mit molekularem Wasserstoffgas ins Absorptionsgleichgewicht setzt, besteht außerdem das Gleichgewicht

1 b) $H_2 \rightleftharpoons 2H$ (3)
(Im Gasraum oder als (Adsorbierter, atomarer
gelöstes Gas) Wasserstoff)

1a) und 2a) zusammengefaßt, sind gleichbedeutend mit 1.

Diese zweite Reaktion, 1b, verläuft schnell und bis zum wahren Gleichgewicht an schwarzem Platin, aber träge und individuell verschieden schnell an blanken Oberflächen von Platin und Gold, und überhaupt nicht an einer Quecksilberoberfläche. Eine Erklärung für die Tatsache, daß diese Reaktion nur an schwarzem, nicht an blankem Platin glatt verläuft, ist folgende. Der Wasserstoff befindet sich an der Oberfläche des blanken Platins in atomarer Form. Die H-Atome fügen sich regelmäßig in die Lücken des Kristallgitters ein, sind voneinander genügend getrennt und reagieren nicht miteinander. Das schwarze Platin hat eine nicht kristallinische, stark gekrümmte und nicht orientierte Oberfläche, die H-Atome stehen einander zum Teil so nahe, daß sie auch miteinander in Berührung kommen und zu H_2-Molekeln vereinigt werden können.

2. **Die Elektronentheorie.** Der reversible Vorgang an der Elektrode wird folgendermaßen aufgefaßt. Ist Ox die oxydierte Stufe, Re die reduzierte Stufe des reversiblen Systems, so unterscheiden sich diese chemisch nur durch den Gehalt eines (oder mehrerer) Elektronen:

$$Ox + \varepsilon \rightleftharpoons Re. \qquad (4)$$

Die oxydierte Stufe hat daher die Tendenz, Elektronen an die Edelmetallelektrode abzugeben, die reduzierte Stufe hat die Tendenz, dem Metall Elektronen zu entziehen, und im Gleichgewichtszustand befindet sich auf der Oberfläche des Metalls ein Überschuß (oder ein Defizit) von freien Elektronen, verglichen mit dem elektrisch neutralen Zustand des Metalls.

Wenn man zwischen diesen beiden Theorien wählen will, so läßt sich folgendes sagen. Für den Fall, daß die Reaktionen

Wasserstoffgas $\rightleftharpoons$ an Metall gebundener Wasserstoff (1)
und
Sauerstoffgas $\rightleftharpoons$ an Metall gebundener Sauerstoff (2)

schnell und glatt bis zur Erreichung des wahren Gleichgewichts verlaufen, ist zwischen beiden Theorien kein Unterschied. Nun ist zunächst zu bedenken, daß die zweite Reaktion, betreffend den Sauerstoff, sicherlich niemals zu einem wahren Gleichgewicht führt:

anderenfalls müßte Platin als reversible Sauerstoffelektrode funktionieren, was es niemals tut. Man kann sich auf den bei Potentialmessungen fast stets realisierten Fall beschränken, wo im Gleichgewicht die Menge des freien Sauerstoffs vernachlässigt werden kann und nur das Wasserstoffgas berücksichtigt zu werden braucht. Dann besitzen wir in Form der schwarzen Platinelektrode eine Elektrode, welche dieses Gleichgewicht in der Tat leicht herbeiführt. Der Umstand, daß blanke Elektroden gegenüber reversiblen Redoxsystemen in der Regel prompter funktionieren als schwarze, während sie als Wasserstoffelektroden nicht brauchbar sind, ist ein starker Anhaltspunkt für die Annahme, daß das Gasgleichgewicht überhaupt nicht wesentlich an der Einstellung der reversibeln Oxydations-Reduktionspotentiale beteiligt ist. Es kommt hinzu, daß in den meisten Fällen, die ein praktisches Interesse haben, der Wasserstoffdruck im Gleichgewicht von der Größenordnung 10^{-10} bis 10^{-25} Atmosphären und noch kleiner ist. So kleinen Drucken kann man kaum mehr als eine physikalische Realität zuschreiben. Vor allem kann man erwarten, daß das indifferente Gas (meist N_2), mit welchem das Elektrodengefäß durchströmt wird, auch bei sorgfältigster Reinigung Beimengungen von H_2 von mindestens dieser Größenordnung enthält, welche die Co-Existenz eines genau definierten H_2-Druckes der gesamten Größenordnung illusorisch macht.

Arbeitet man mit blanken Elektroden, so sprechen diese auf selbst gut meßbare Drucke von Wasserstoffgas nicht reversibel an, geschweige denn auf Drucke von der genannten kleineren Größenordnung.

Die Gasbeladungstheorie läßt sich daher nur in einer stark modifizierten Form aufrechterhalten, wenn man nämlich das Gleichgewicht zwischen dem im Metall absorbierten Gas und der freien Gasatmosphäre unberücksichtigt läßt. Dann kann man sagen, daß ein reversibles Redoxsystem die Platinelektrode so weit mit H-Atomen belädt, bis Gleichgewicht zwischen der Elektrode und dem Redoxsystem herrscht. Die Menge dieser H-Atome kann gemessen werden an dem Druck einer H_2-Atmosphäre, welche mit ihnen im Gleichgewicht wäre, wenn sich das Gleichgewicht zwischen den absorbierten H-Atomen und den H-Atomen und dem H_2-Gas einstellte. Spricht man die Gasbeladungstheorie in dieser Form aus, so stellt sie überhaupt keinen Gegensatz zur Elektronentheorie dar. Aber dann ist sie eben keine Gasbeladungstheorie im älteren Sinne, weil diese immer an H_2-Gas dachte.

Wir fassen daher unseren Standpunkt über den Mechanismus der Potentialausbildung eines reversiblen Redoxsystems an einer blanken Platin- oder Goldelektrode folgendermaßen zusammen:

Die reduzierte Stufe des Redoxsystems hat die Tendenz, Elektronen abzugeben. Der Akzeptor ist irgendeine reduzierbare Substanz, die oxydierte Stufe dieses Systems, oder das H^+-Ion, oder die Oberfläche der Elektrode. Die oxydierte Stufe hat die Tendenz, Elektronen anzunehmen, der Donator ist die reduzierte Stufe, oder die OH^--Ionen, oder etwa an der Metalloberfläche sitzende H-Atome, oder die metallische Oberfläche selbst. Hierdurch wird ein Gleichgewichtszustand vorgeschrieben, welcher darin besteht, erstens daß die Oberfläche der Elektrode mit einer gewissen Menge von Elektronen beladen ist, oder, je nach den Umständen, ein gewisses Defizit an Elektronen im Vergleich zum elektroneutralen Zustand aufweist; zweitens daß die Oberfläche der Elektrode mit einer gewissen Menge von H-Atomen beladen wird. Diese sind locker an das Metall als ein loses Hydrid, oder eine Adsorptionsverbindung, oder wie man es nennen mag, gebunden. Sie haben aber nicht notwendigerweise die Tendenz, sich mit merklicher Geschwindigkeit zu H_2-Molekeln zu kondensieren.

Diese Theorie postuliert die Existenzmöglichkeit von atomarem Wasserstoff an der Oberfläche der Elektrode. Daß atomarer Wasserstoff in einer Gasatmosphäre bestehen kann, ist uns nach den Untersuchungen von Langmuir und Haber ganz geläufig. Es ist anzunehmen, daß er auch an der Elektrodenoberfläche, ja unter Umständen sogar in der freien Lösung existieren kann. Über die Existenzmöglichkeit des atomaren Wasserstoffs an Elektrodenoberflächen sei folgende Erörterung von Bennett und Thompson erwähnt:

Eine chemische Reaktion, die aus mehr als einer Stufe besteht, wenn sie zur Erzeugung eines elektrischen Stromes verwendet wird, braucht nicht streng reversibel zu sein, sondern es mag mehr elektrische Energie erfordern, um die Reaktion rückgängig zu machen als für eine reversible Reaktion zu erwarten ist. Diese Reversibilität drückt sich in den bekannten Elektrodenüberspannungen aus. Der Überschuß der elektromotorischen Kraft über die für einen reversiblen Prozeß erwartete wird hervorgebracht durch den Umstand, daß während der Elektrolyse sich intermediäre, unstabile Zwischenprodukte anhäufen, in einer Menge, die das thermodynamisch zulässige Gleichgewicht übersteigt. Solche intermediären Produkte sind unter anderem H-Atome (oder, unter anderen Umständen, O-Atome u. a.).

Und betreffend der Existenzfähigkeit von H-Atomen in der Lösung seien einige neuere experimentelle Untersuchungen über H-Atome von Kobossow und Nekrassow beschrieben. Diese Autoren polarisierten Platten aus verschiedenen Metallen kathodisch in ln H_2SO_4 und setzten der Lösung das gelbliche (ganz unlösliche) WO_3 in Pulverform zu. Dies wird als ein Reagens auf freie H-Atome benutzt, durch welche es zu dem, ebenfalls unlöslichen, blauen W_2O_5 reduziert wird. Nach Beendigung des Stromdurchgangs wurde das Pulver durch eine Filterplatte abfiltriert und bildete auf dem Filter eine Scheibe, deren Farbe den Grad der Reduktion zeigte. Je nach der Natur des Kathodenmaterials war die Farbe hellgelb bis gesättigt blau mit allen Übergängen, und zwar war die Reihenfolge der Metalle mit zunehmender Bläuung genau die Reihenfolge der Wasserstoffüberspannung. Z. B. trat im Fall des platinierten Pt gar keine Bläuung, im Fall des Pb und Hg die stärkste Bläuung ein. Da das Pulver unlöslich ist, kann es nicht an der Kathodenoberfläche selbst, sondern nur in einiger Entfernung von derselben dem Reduktionsmittel ausgesetzt gewesen sein, und als solches können nur H-Atome funktionieren, welche von der Kathode in die Lösung diffundiert sind, da H_2-Molekeln nicht reduzieren. Die H_2-Überspannung beruht demnach darauf, daß sich H-Atome, in Form eines lockeren Metallhydrids, an der Kathodenoberfläche anhäufen, in einer Menge, welche von der spezifischen Natur des Metalls abhängt. Diese Menge kann so groß werden, daß sie thermodynamisch im Gleichgewicht wäre mit einem extrem hohen H_2-Druck; aber die Einstellung dieses Gleichgewichts ist, je nach der Natur des Metalls, mehr oder weniger träge. Ist sie sehr träge, wie bei Hg, so hat das Metallhydrid Zeit, in Metall + freie H-Atome zu dissoziieren, und diese H-Atome gelangen in die Lösung. Ist aber diese Reaktion nicht träge, sondern ein schneller und reversibler Prozeß, so ist zur Abdissoziierung von H-Atomen keine Gelegenheit. Dies ist der Fall bei platiniertem Platin, dessen Hydrid sich augenblicklich mit H_2-Gas ins Gleichgewicht setzt. Nicht ganz so reversibel verläuft die Reaktion $2H \rightleftarrows H_2$ an blankem Platin oder Gold. Hier können sich H-Atome bis zum Gleichgewicht mit dem Potential eines reversiblen Redoxsystems anhäufen, ohne daß sie sofort als H_2 verschwinden. Die Geschwindigkeit, mit welcher ein Redoxsystem solche Elektrode mit H-Atomen bis zum Gleichgewicht belädt, ist viel größer, als die Geschwindigkeit, mit der diese als H_2 verschwinden.

Bei oberflächlicher Betrachtung mag man gegen die Verwertbarkeit dieser Experimente zugunsten unserer Theorie folgenden Einwand machen. Wenn es wahr ist, daß H-Atome in die Lösung diffundieren können, so können sie vom Metall nicht so festgehalten werden, daß sie nicht entweichen könnten. Aber dieser Einwand ist unberechtigt. In dem genannten Versuch ist kein anderer Akzeptor für H-Atome als das WO_3 vorhanden. Ist aber ein reversibles Redoxsystem in Lösung, so ist die oxydierte Stufe ein Azzeptor für die H-Atome, und es werden im Gleichgewichtszustand in der Zeiteinheit ebensoviel H-Atome von der oxydierten Stufe verbraucht, als die reduzierte Stufe neue H-Atome erzeugt. Schließlich muß daran erinnert werden, daß der sogenannte

„Wasserstoff in statu nascendi" kaum anders gedeutet werden kann als atomer Wasserstoff. Wenn Zn oder Sn in HCl als äußerst kräftige Reduktionsmittel wirken, viel intensiver als Wasserstoff von 1 Atm. Druck (wenn aktiviert, durch schwarzes Platin oder Palladium), obwohl doch das hierbei entwickelte Wasserstoffgas unter dem Druck von nur 1 Atm. entweicht, so kann das reduzierende Agens kaum etwas anderes sein als ein Film von H-Atomen an der Oberfläche des Metalls, welche in einer solchen Menge angehäuft sind, daß sie mit H_2-Gas von Tausenden von Atmosphären in Gleichgewicht sein würden, wenn ein solches Gleichgewicht sich wirklich einstellte.

Da nun ein H-Atom aus einem Elektron und einem Proton besteht, kann man den Mechanismus der Potentialeinstellung in folgender Weise beschreiben: Die Oberfläche der Edelmetallelektrode belädt sich in Berührung mit dem Redoxsystem mit einer oberflächlichen Schicht von Elektronen und Protonen, und der Überschuß dieser oder jener bedingt Vorzeichen und Dichte der Ladung und daher schließlich auch das Potential. Die Summe von adsorbierten Protonen und Elektronen, soweit sie in einander äquivalenter Menge vorhanden sind, kann man auch als adsorbierte H-Atome bezeichnen. Die Menge dieser H-Atome ist im Gleichgewicht von solchem Betrage, daß das Potential der Elektrode als Wasserstoffelektrode betrachtet, identisch ist mit ihrem Potential in ihrer Eigenschaft als indifferente Elektrode.

5. Die Potentialeinstellung als Grenzflächenphänomen.

Nun brauchen wir nur noch einen kleinen Gedankenschritt zu machen, um diese Theorie so abzurunden, daß sie auch einem letzten Einwand noch Stich hält. Wir wählen das Beispiel einer blanken Platinelektrode, welche in eine Lösung von Hydrochinon und Chinon taucht. Wir könnten dann in Anlehnung an die obige Erörterung den atomistischen Mechanismus der Potentialeinstellung in folgender Weise beschreiben. Hydrochinon sucht, das Platin mit Elektronen zu beladen, Chinon sucht dem Platin Elektronen zu entziehen, und der Gleichgewichtszustand zwischen diesen beiden Tendenzen bestimmt das Potential. Nun ist es aber undenkbar, daß Hydrochinon, $C_6H_4(OH)_2$, ohne weiteres

Elektronen abgeben kann. Nur seine Ionen, $C_6H_4(OH)O^-$ und $C_6H_4O_2^=$, sind direkt dazu imstande. Man könnte also meinen, daß nur derjenige Teil des Hydrochinon sich an der Potentialeinstellung direkt beteiligen kann, welcher elektrolytisch dissoziiert ist. Das Experiment zeigt jedoch, daß das Potential sich auch in stark saurer Lösung prompt einstellt, also unter einer Bedingung, in der in der Lösung keine irgendwie in Betracht kommende Menge von Hydrochinonionen vorhanden ist. Wir sind also zu der Annahme gezwungen, daß auch das undissoziierte Hydrochinon das ganze H-Atom an das Platin abgeben kann. Dann gibt es also gleichzeitig mit dem Elektron auch das Proton ab. Nach dem Gesagten ist eine solche Annahme durchaus plausibel. Wir verlangen nur noch eine Erklärung, warum gerade das H-Atom der OH-Gruppe, also der oxydierbaren Gruppe, und nicht jedes beliebige H-Atom des Benzolringes so leicht abgegeben werden kann. Man mag sich den Mechanismus folgendermaßen vorstellen:

Alle Schwermetalle haben die Eigenschaft, mit Hauptvalenzen salzartige Verbindungen mit anderen Atomen, und mit Nebenvalenzen komplexe Verbindungen zu bilden. Eine chemische Bindung kann nach G. N. Lewis gedeutet werden als ein Paar von Elektronen, welches den beiden miteinander verbundenen Atomen gemeinsam ist. Man spricht von einer Hauptvalenz, wenn ein Elektron dieses Paares von dem einen Atom, das andere von dem anderen Atom geliefert wird (wenn man sich die Verbindung als aus den Atomen in ihrem elektroneutralen Zustand zusammengesetzt denkt). Eine Nebenvalenz oder eine koordinative Bindung besteht im Gegensatz dazu darin, daß die beiden Elektronen, die das bindende Paar bilden, von nur einem der beiden sich verbindenden Atome stammen. Das empfangende Atom (das Schwermetall) benutzt dieses Elektronenpaar, um seine eigenen Elektronenschalen zu vervollständigen, sie der koordinativen Sättigung eines Edelgases näherzubringen.

Das Sauerstoffatom der Hydroxylgruppe gehört zu denjenigen Atomen, welche sehr bereit sind, eines ihrer Elektronenpaare zu koordinativen Bindungen zur Verfügung zu stellen. Betrachten wir die Reaktion irgendeiner Oxysäure, wie Weinsäure, mit einem Schwermetallion, so tritt nicht nur eine salzartige, hauptvalenzartige Bindung mit der Carboxylgruppe, sondern stets auch eine koordinative Bindung der OH-Gruppen ein. Ley nannte derartige

Verbindungen innere Komplexsalze. Die OH-Gruppe bindet sich, ohne ihr H zu verlieren, als Ganzes[1]. Aber hierbei wird regelmäßig der saure Charakter der OH-Gruppe verstärkt (vgl. Smythe). Die komplex gebundene OH-Gruppe dissoziiert ihr H^+-Ion elektrolytisch stärker ab als im ungebundenen Zustande. Daher kommt es, unter anderem, daß eine komplex gebundene OH-Gruppe ihrerseits leicht eine salzartige, hauptvalenzartige Verbindung mit einem Schwermetall bildet, unter Verdrängung ihres H-Atoms durch das Metall. So zeigt die Weinsäure in Abwesenheit von Schwermetallen nur zwei meßbare Dissoziationsstufen, entsprechend den zwei COOH-Gruppen. Mit Cu aber kann sie eine Verbindung bilden, in welcher außerdem noch die beiden H-Atome der Hydroxylgruppen durch ein zweites Atom Cu substituiert sind.

Die Erklärung des azidifizierenden Einfluß der Komplexbindung auf die OH-Gruppe ist folgende (Latimer, Smythe): Indem ein Elektronenpaar des O-Atoms mehr in das Bereich des Schwermetalls herübergezogen wird, bekommt dieses O-Atom einen etwas elektropositiven Charakter. Diese positive Ladung wirkt abstoßend auf das Proton des H-Atoms, und so wird die Dissoziation des H-Ions begünstigt.

Es ist wohl nicht zu kühn, wenn wir diese Vorstellung auch auf den Mechanismus der Potentialbildung des Hydrochinon übertragen. In der Oberfläche des Platins findet sich eine Schicht adsorbierter oder vielleicht nur orientierter Hydrochinonmolekeln, derart, daß die OH-Gruppen durch Residualvalenzen vom Pt gehalten werden. Hierdurch wird die Dissoziationsfähigkeit oder der saure Charakter dieser OH-Gruppen verstärkt. Die gelockerten Protonen werden vom Platin gebunden, und das zunächst vom O-Atom noch gehaltene Elektron wird exponiert und ist bereit, vom Platin an sich gerissen zu werden. So ist verständlich, daß die wässerige Lösung keine meßbare Menge von dissoziiertem Hydrochinon zu enthalten braucht, und trotzdem der postulierte Mechanismus der Potentialbildung an der Grenzfläche ermöglicht wird. Es ist ein Grenzflächenphänomen, die Molekeln

---

[1] Molekeln, die zu koordinativer Bindung befähigt sind, sind z. B. NH_3, NO, NO_2^-, CO, CN^-, O_2, H_2O, RNH_2, ROH, RSH, wo R ein beliebiges Radikal ist, u. a. m.

Die Potentialeinstellung als Grenzflächenphänomen. 33

in der Grenzschicht sind reaktionsfähiger als in der Hauptmasse der Lösung. Das Elektron des H-Atoms der Hydroxylgruppe kann von der Elektrodenoberfläche an sich gerissen werden, weil das

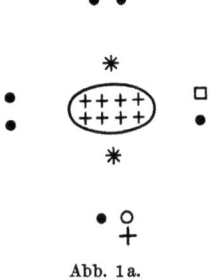

Abb. 1a.

Die Hydroxylgruppe im freien Zustande.

Die eingerahmten positiven Ladungen sind der Kern des O-Atoms.

Die zwei Sternchen sind die zwei Elektronen der innersten Schale (K-Schale).

Die Punkte sind die dem O-Atom zukommenden Elektronen der zweiten (L-Schale).

Das Kreischen ist das Elektron des H-Atoms der OH-Gruppe, das Kreuz neben ihm das Proton dieses H-Atoms.

Das Viereck ist das Elektron, mit welchem die OH-Gruppe an den Rest der Molekel gebunden ist (es stammt z. B. von einem C-Atom).

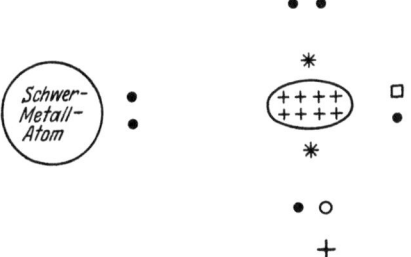

Abb. 1b.

Dieselbe OH-Gruppe, indem eines ihrer Elektronenpaare durch ein Schwermetallatom verzerrt worden ist.

dazugehörige Proton in Berührung mit der Elektrodenoberfläche gelockert ist, selbst unter solchen Bedingungen, wo es in freier wässeriger Lösung nicht abdissoziiert wäre. Die Anziehung dieser Elektronen auf das Proton des H-Atoms wird daher geschwächt, die Dissoziation des Protons (oder H^+-Ions) begünstigt.

Diese Vorstellungen erleichtern das Verständnis des elektronischen Mechanismus der Potentialbildung für solche Fälle, wo bei roher Betrachtung ein H-Atom als ganzes abgegeben zu werden scheint. Der ganze Gegensatz des elektronischen und atomaren Mechanismus der Potentialbildung gehört einer überwundenen Zeit an, in der man das H-Atom als eine unteilbare Einheit auffaßte, während wir es heute als eine Verbindung eines Protons und eines Elektrons betrachten können. In einigen Fällen besteht die Oxydation darin, daß erst das Proton abgegeben wird (elektrolytische Dissoziation einer Säure) und das nun exponierte Elektron dem Acceptor zur Verfügung gestellt wird. In anderen Fällen nimmt der Acceptor das Elektron gleichzeitig mit dem zugehörigen Proton an.

6. Berechnung des Redoxpotentials.

Die Berechnung des Potentials geht auf eine thermodynamische Überlegung zurück und ist ganz unabhängig von dem atomistischen Mechanismus der Potentialeinstellung. Da es sich um ein Gleichgewicht handelt, ist es gleichgültig, auf welchem der verschiedenen denkbaren Wege der definitive Zustand zustande gekommen ist. Wir dürfen daher den weiteren Betrachtungen den uns bequemsten Mechanismus zugrunde legen. Wir nehmen an, daß der Prozeß an der Elektrode ein direkter Elektronenaustausch ist und führen die Theorie zunächst an dem Beispiel der Ferro-Ferri-Elektrode durch. Der chemische Prozeß:

$$Fe^{+++} \rightleftarrows Fe^{++}, \qquad (1)$$

welcher im Sinne von links nach rechts eine Reduktion, im Sinne von rechts nach links eine Oxydation ist, ist reversibel. Wollte man daher die an unelektrischen chemischen Molekeln gewonnene Erfahrung auf diese Reaktion übertragen, so würde man das Massenwirkungsgesetz anwenden und zu dem Schluß kommen, daß in einer Lösung, in welcher sich gleichzeitig Fe^{+++}- und Fe^{++}-Ionen befinden, der Prozeß (1) je nach den Mengenverhältnissen in der einen oder anderen Richtung spontan so lange verläuft, bis das Verhältnis der Konzentration dieser beiden Ionen einen ganz bestimmten Wert hat:

$$\frac{[Fe^{+++}]}{[Fe^{++}]} = k, \qquad (2)$$

wo k die für diese Reaktion charakteristische Gleichgewichtskonstante darstellt. Die Erfahrung lehrt aber, daß Fe^{+++}- und Fe^{++}-Ionen in jedem beliebigen willkürlich gewählten Mengenverhältnis nebeneinander in Lösung bleiben, ohne daß etwas geschieht. Die Ursache ist leicht verständlich, es ist nicht notwendig, die Ungültigkeit des Massenwirkungsgesetzes als Erklärung heranzuziehen. Wenn nämlich dieser Prozeß vor sich gehen sollte, müssen freie Elektronen auftreten. Wenn wir nämlich das Elektron wie eine selbständige Atomart behandeln, ist die Formel (1) ungenügend und müßte ersetzt werden durch:

$$Fe^{++} \rightleftarrows Fe^{+++} + \varepsilon.$$

Die ungeheuren elektrostatischen Gegenkräfte, welche bei der Freisetzung auch nur weniger einzelner Elektronen auftreten würden, verhindern den Fortschritt des Prozesses. Wenn aber die Elektronen durch den Platindraht abgeleitet werden, so verläuft der Prozeß wirklich. Die Funktion der Platin- oder Goldelektrode ist es, diese Elektronen abzuleiten und von der einen Lösung in die andere zu befördern. Aus derjenigen Lösung, in welcher der Prozeß im Sinne der Elektronenabspaltung oder Oxydation mit größerer Kraft verläuft, werden die frei werdenden Elektronen durch den Draht in die andere Lösung geschickt und hier zur Reduktion von Fe^{+++}-Ionen verwendet. Überträgt man die allgemeinen Regeln der chemischen Dynamik auf diesen Fall, so wird man folgendes aussagen können. Da die in Gleichung (1) charakterisierte chemische Reaktion reversibel ist, so gibt es ein bestimmtes Konzentrationsverhältnis von Fe^{++} zu Fe^{+++}, bei welchem chemisches Gleichgewicht herrscht, und bei welchem der Prozeß weder nach rechts noch nach links verlaufen würde, selbst wenn die Möglichkeit gegeben ist, die auftretenden freien Elektronen abzuleiten oder die notwendigen freien Elektronen zuzuführen. Wenn dieses Konzentrationsverhältnis k vorhanden ist, ist die chemische Kraft der Reaktion $= 0$. Je mehr das Verhältnis der Konzentrationen von k abweicht, um so größer ist die Kraft, mit welcher der Prozeß im Sinne der Einstellung des erstrebten Gleichgewichtes verläuft. Wir denken uns nun eine galvanische Kette wie vorher, und zwar sei auf der einen Seite das Verhältnis von $Fe^{+++} : Fe^{++}$ das wahre Gleichgewichtsverhältnis k. Das Volumen dieser Lösung möge so groß gewählt werden, daß Hinzufügung einer kleinen Menge von

Fe^{+++}-Ionen das Verhältnis nicht meßbar ändert. Auf der anderen Seite befinde sich ein Gemisch von Fe^{+++} und Fe^{++} in einem anderen Mengenverhältnis, z. B. mit relativ mehr Fe^{+++}-Ionen. Die Konzentration der Fe^{+++}-Ionen sei auf dieser Seite c^{+++}, die Konzentration der Fe^{++}-Ionen c^{++}, und es sei also:

$$\frac{c^{+++}}{c^{++}} > k,$$

während auf der anderen Seite die Konzentrationen sein mögen: c_0^{+++} bzw. c_0^{++}, wo also

$$\frac{c_0^{+++}}{c_0^{++}} = k.$$

Wenn diese Kette durch einen Draht geschlossen wird, so wird auf der einen Seite, wo das Mengenverhältnis k ist, keine Tendenz zu Oxydation oder Reduktion bestehen. Auf der anderen Seite dagegen wird die Tendenz bestehen, Fe^{+++}-Ionen zu reduzieren und Fe^{++}-Ionen zu oxydieren. Wir können den Fortschritt des chemischen Prozesses bei geschlossener Kette dadurch unterdrücken, daß wir eine äußere elektromotorische Gegenkraft in den Stromkreis einschalten, welche die chemische Kraft gerade kompensiert. Nur an der Seite, wo das Mengenverhältnis verschieden von k ist, besteht eine chemische Kraft, und das Maß für diese ist die sie kompensierende elektromotorische Gegenkraft, welche in Volt ausgedrückt werden kann.

Die nächste Aufgabe besteht darin, thermodynamisch zu berechnen, in welchem Zusammenhang das Konzentrationsverhältnis $Fe^{+++}:Fe^{++}$ zu der elektromotorischen Kraft der Kette steht. Die elektromotorische Kraft der Kette ist der Unterschied des Potentials der beiden Elektroden. Da auf der Seite mit dem Konzentrationsverhältnis k keine chemische Kraft herrscht, ist auch kein Potentialunterschied zwischen dieser Lösung und der sie berührenden Platinelektrode vorhanden, und die ganze elektromotorische Kraft der Kette ist der Potentialunterschied der anderen Platinelektrode gegen die sie berührende Lösung. Die Berechnung der elektromotorischen Kraft dieser ganzen Kette ist daher gleichzeitig eine Berechnung des Potentialunterschiedes einer Platinelektrode gegen eine Lösung mit den Konzentrationen c^{+++} und c^{++}.

Nehmen wir an, daß der elektrische Strom so lange fließt, daß 1 Mol Fe^{+++}-Ionen zu Fe^{++}-Ionen reduziert worden ist, also gleichzeitig auf der anderen Seite, in welcher das Gleichgewichtsverhältnis herrscht, der umgekehrte Prozeß stattfindet. Das Volumen der Lösungen sei so groß, daß durch einen kurz dauernden elektrischen Strom eine meßbare Änderung des Mengenverhältnisses der Ionen weder in der einen noch in der anderen Lösung hervorgebracht wird. Dann sind mit dem ganzen System folgende Zustandsänderungen eingetreten. Auf der einen Seite ist 1 Mol Fe^{+++} verschwunden, auf der anderen ist 1 Mol Fe^{+++} neu entstanden; auf der einen Seite ist 1 Mol Fe^{++} neu entstanden, auf der anderen Seite verschwunden. Die Zustandsänderung ist also dieselbe, als ob 1 Mol Fe^{+++} von links nach rechts und 1 Mol Fe^{++} von rechts nach links transportiert worden wäre. Während der Betätigung der Kette ist der Prozeß in reversibler Weise verlaufen, also muß die hierbei geleistete Arbeit dieselbe sein, als wenn dieselbe Zustandsänderung auf irgendeine andere, wenn nur reversible Weise, z. B. durch einen semipermeablen Stempel, herbeigeführt worden wäre, nach dem zweiten Hauptsatz der Thermodynamik.

Wenn der Zustand von 1 Mol Fe^{+++}-Ionen, welche sich in der Konzentration c^{+++} befindet, reversibel derartig geändert wird, daß die Konzentration c_0^{+++} entsteht, wo $c^{+++} > c_0^{+++}$, so kann die Arbeit

$$RT \ln \frac{c^{+++}}{c_0^{+++}}$$

gewonnen werden. Wenn die Konzentration von 1 Mol Fe^{++}-Ionen von c_0^{++} auf c^{++} geändert wird, so kann man die Arbeit

$$RT \ln \frac{c_0^{++}}{c^{++}}$$

gewinnen.

Andererseits kann man die bei der Betätigung der Kette gewinnbare Arbeit in elektrischem Maße messen, und sie ist dann gleich dem Produkt aus der elektromotorischen Kraft E und der transportierten Elektrizitätsmenge $F = 96500$ Coulombs. Das ist die Elektrizitätsmenge, welche 1 Mol eines einwertigen Ions enthält. Es ist also

$$E \cdot F = RT \cdot \ln \frac{c^{+++}}{c_0^{+++}} + RT \cdot \ln \frac{c_0^{++}}{c^{++}}$$

oder

$$E = \frac{RT}{F} \cdot \ln \frac{c^{+++}}{c^{++}} + \frac{RT}{F} \cdot \ln \frac{c_0^{++}}{c_0^{+++}}.$$

Nun ist
$$\frac{c_0^{++}}{c_0^{+++}} = \frac{1}{k}$$

und wir können das zweite Glied der vorigen Formel, für eine gegebene Temperatur, im ganzen als eine Konstante C betrachten, und wir schreiben, indem wir gleichzeitig die natürlichen Logarithmen in dekadische verwandeln und eine Temperatur von 30° C zugrunde legen und das Potential in Volt ausdrücken:

$$E = 0.060 \cdot \log \frac{c^{+++}}{c^{++}} + C \qquad (3)$$

Dies ist also die Potentialdifferenz der Platinelektrode gegen die sie berührende Lösung mit den Konzentrationen c^{+++} bzw. c^{++}.

Für dieses Beispiel ist charakteristisch, daß sich das Oxydationsprodukt und das Reduktionsprodukt um den Gehalt eines Elektrons unterscheiden. In anderen Fällen besteht die Oxydation in der Aufnahme von zwei Elektronen, wofür wir viele Beispiele kennenlernen werden. In einem solchen Fall ist die Elektrizitätsmenge, welche bei der Umwandlung von 1 Mol der oxydierten Stufe in die reduzierte Stufe übergeht, 2 F, oder allgemein n · F, wenn n die Zahl der Elektronen ist, und die elektrische Arbeit ist n · F · E. So ist für den Prozeß $Fe^{+++} \to Fe^{++}$ n = 1; für den Prozeß $Cu^{++} \to Cu^{+}$, n = 1. Für $C_6H_4O_2 \to C_6H_6O_2$ ist n = 2. Bezeichnen wir im allgemeinen die Konzentration der Oxydationsstufe mit Ox, die der Reduktionsstufe mit Re, so ist ganz allgemein die Potentialdifferenz einer Platinelektrode, welche ein Gemisch der Oxydations- und der Reduktionsstufe berührt,

$$E = \frac{0.060}{n} \cdot \log \frac{Ox}{Re} + C. \qquad (4)$$

Die Konstante C ist für die chemische Natur des betrachteten Systems, welches wir kurz als Redoxsystem bezeichnen wollen, charakteristisch. Dies ist die Formel, welche, vielleicht unnötigerweise, noch heute oft mit dem Namen von Peters verbunden wird.

Wenn wir in der Praxis das Potential eines Redoxsystems messen, so werden wir das immer in der Weise tun, daß wir seinen Unterschied gegen das Potential einer willkürlich gewählten Ableitungselektrode messen, etwa einer Kalomelelektrode oder einer

Standardwasserstoffelektrode. Man tut gut daran, in konsequenter Weise alle Po*entiale auf das Potential der Normalwasserstoffelektrode zu beziehen, deren Potential man willkürlich = 0 setzt. In diesem Fall ändert sich an der Formel (4) formal nichts, nur hat die Konstante dann eine andere Bedeutung.

Unter der Normalwasserstoffelektrode verstehen wir eine Elektrode von platiniertem Platin, umgeben von Wasserstoffgas von 1 Atm. Druck und in Berührung mit einer sauren wässerigen Lösung von $p_H = 0$ (d. h. eine HCl-Lösung von ungefähr 1 molarer Konzentration, besser gesagt: von 1 molarer Aktivität der H^+-Ionen).

Streng genommen müßte es in allen obigen Ableitungen überall, wo wir von Konzentration sprechen, „Aktivitäten" heißen. So lange es sich aber um stark verdünnte Lösungen handelt, ist gewöhnlich der Unterschied nicht bedeutend, und wir werden im folgenden zur Vereinfachung der Darstellung immer nur von Konzentrationen sprechen und nicht jedesmal besonders erwähnen, daß man statt dessen die „thermodynamisch korrigierte Konzentration" oder die „Aktivität" zu sagen hat. Die für strengere Betrachtungen notwendigen Korrekturen werden später besonders besprochen werden. Die weiterhin häufig zu benutzende Formel ist also:

$$E = E_0 + \frac{0 \cdot 060}{n} \log \frac{Ox}{Re} \qquad (5)$$

E ist das Potential der Elektrode gegen eine Lösung, welche die oxydierte Stufe in der Konzentration Ox, die reduzierte Stufe in der Konzentration Re enthält, und E_0 ist das Potential für den Fall, daß Ox:Re = 1:1 ist. Der Faktor 0,060 gilt für 30°. Er muß für andere Temperaturen ein wenig modifiziert werden[1]. Das Potential wird nach dieser Formel in Volt ausgedrückt. Die Konstante E_0 ist dann der Potentialunterschied einer Elektrode mit dem Gemisch $\frac{Ox}{Re} = \frac{1}{1}$ gegen die Normal-H_2-Elektrode, und ist

---

[1] Vgl. z. B. Michaelis, Wasserstoffionenkonzentration, 2. Auflage, 1922, S. 139. Der Faktor ist für

0° C	10° C	20° C	30° C	40° C
0,0542	0,0561	0,0581	0,0601	0,0621

positiv, wenn E_0 der Normalwasserstoffelektrode gegenüber als oxydierend erscheint. Da H_2 ein sehr starkes Reduktionsmittel ist, so sind chemische Systeme mit negativem E_0 nur unter besonderen Bedingungen, wenn auch durchaus nicht selten, zu erhalten.

Als Beispiel seien einige Zahlen aus der Arbeit von Peters über das System Fe^{+++}—Fe^{++} gegeben. Eine Lösung von gleichen molaren Mengen $FeCl_3$ und $FeCl_2$ in 0,1 mol. HCl ergab gegen die 1 mol. KCl-Kalomelelektrode bei 17° die Potentialdifferenz E:

Bei einer Konzentration von $FeCl_3$ und $FeCl_2$ von je	E (Volt)
$1/4$ molar	0,391
$1/8$ molar	0,390
$1/16$ molar	0,389

also in der Tat praktisch konstant bei Variierung der absoluten Mengen von Fe^{+++} und Fe^{++}, während das Mengenverhältnis konstant gehalten wurde. Anderseits variierte E bei Variation dieses Mengenverhältnisses entsprechend der Formel (5) zwischen einem Verhältnis von mindestens 95:1 bis 1:95, innerhalb der Versuchsfehler genau, und immerhin auf einige Millivolt genau sogar bei noch größerer Variation des Mengenverhältnisses, entsprechend der Formel (5). Schließlich hat das aber eine Grenze, denn bei noch größeren Variationen fällt die Fehlerquelle so stark ins Gewicht, daß es nicht möglich ist, ein wirklich von $FeCl_3$ freies $FeCl_2$ zu erhalten. Theoretisch reines $FeCl_3$ sollte ein Potential $= +\infty$, theoretisch reines $FeCl_2$ ein Potential $= -\infty$ zeigen. Solche reinen Präparate gibt es nicht. Es konnte aber gezeigt werden, daß das Potential von praktisch reinem $FeCl_2$ um mehrere Zehntel eines Volts vermindert werden kann, wenn man NaF zufügt, welches das wenige noch vorhandene Fe^{+++} durch Bildung eines komplexen Ions $(Fe^{III}F_6)^{\equiv}$ weitgehend beseitigt, während Fe^{++} mit F keinen Komplex zu bilden scheint.

Die Formel für das Potential war abgeleitet worden unter der Annahme eines thermodynamischen Gleichgewichtes, und daher ist es belanglos für das definitive Resultat, welcher Mechanismus für den Vorgang an der Elektrode angenommen wurde. Jeder andere Mechanismus, wofern er nur mit thermodynamischem Gleichgewicht vereinbar ist, muß zu demselben Resultat führen. Es ist von Interesse, die Formel aus einem anderen Mechanismus herzuleiten, der insbesondere von W. M. Clark bevorzugt worden ist. Die Tatsache, daß jedes chemische System prinzipiell imstande ist, von einem anderen chemischen System oxydiert oder reduziert zu werden, können wir in die Hypothese kleiden, daß die Elektronen innerhalb eines jeden Systems einen gewissen Druck — analog einem Gasdruck — oder eine Entweichungstendenz, oder Aktivität — wie immer wir es nennen mögen — besitzen, und daß ein System mit größerem Elektronendruck Elektronen an ein System mit kleinerem Elektronendruck abzugeben bestrebt ist. Der Elektronendruck in einem gegebenen Metall bei gegebener Temperatur wird als konstant angenommen. Er sei für ein bestimmtes indifferentes Metall, etwa Platin, = [e]. In der Lösung eines reversiblen Redoxsystems wird aber der Elektronendruck von dem Mengenverhältnis der oxydierten und reduzierten Stoffe abhängen. Er muß proportional sein der Konzentration der elektronenabgebenden Molekeln (also beim Fe^{+++}—Fe^{++}-System proportional der Konzentration der Fe^{++}-Ionen), und umgekehrt proportional der Konzentration der elektronenaufnehmenden Molekeln (also der Fe^{+++}-Ionen). Der Elektronendruck der Lösung ist daher proportional $\frac{[Fe^{++}]}{[Fe^{+++}]}$. Wenn nun 1 Mol Elektronen aus einem Medium, wo der Druck = [e] ist, reversibel in ein Medium übergeht, wo er der Größe $\frac{[Fe^{++}]}{[Fe^{+++}]}$ proportional ist, so ist die maximale Arbeit

$$= - RT \ln \frac{[Fe^{++}]}{[Fe^{+++}]} + RT \ln[e] + \text{const.}$$

Die Konstante ist $= RT$ mal dem log desjenigen Verhältnisses von $Fe^{++} : Fe^{+++}$, für welches der Elektronendruck der Lösung gleich der des Metalles ist. Da [e] konstant ist, führt diese Überlegung zu demselben Ergebnis wie die frühere. Die Hypothese eines für jede Phase charakteristischen Elektronendruckes ist einfach und nützlich und scheint heutzutage doch mehr als eine bloße Spekulation. Die Hypothese, daß die stromleitenden Elektronen in einem Metall als ein Gas, „Elektronengas", von bestimmtem Druck behandelt werden können, hat sich in Sommerfelds Theorie der metallischen Leitfähigkeit gut bewährt. Es genügt für die vorliegenden Zwecke, diese Hypothese bis hierher zu führen, ohne sie weiter auszuspinnen. Aus dem Schlußresultat der allgemein gültigen Potentialformel (5) sind sowieso alle Hypothesen eliminiert, sie ist ein thermodynamisches Resultat. Sobald irgendeine, wenn nur thermodynamisch zulässige Hypothese über den Mechanismus des

Prozesses zu diesem Resultat führt, so muß auch jede andere, wenn nur thermodynamisch zulässige Hypothese, zu demselben Resultat führen. Der Unterschied kann immer in der Ausdeutung der Konstanten bestehen, für welche die Thermodynamik keinen Anhaltspunkt gibt.

An dieser Darstellungsweise von Clark ist übrigens noch eine kleine Ergänzung anzubringen, damit sie den Tatsachen ganz gerecht wird. Das Potential hängt erfahrungsgemäß nicht von der chemischen Natur des Metalles ab, welches die indifferente Elektrode bildet (Pt, Au, unter Umständen auch Hg sind gleichwertig). Nun ist nicht einzusehen, warum die Aktivität der Elektronen in verschiedenen Metallen gleich sein sollte. Im Gegenteil, es ist ansprechender, jedem Metall eine individuelle Elektronenaktivität zuzuschreiben. (Der Temperaturkoeffizient des Verhältnisses der Elektronenaktivitäten zweier Metalle ist dann die Quelle der elektromotorischen Kraft einer Thermokette.) Eine Kette, bestehend aus einer Gold- und Platinelektrode in Berührung mit einem gemeinschaftlichen Redoxsystem hat aber doch die EMK = 0. Denn sei $[e_1]$ der Elektronendruck in Platin, $[e_2]$ der in Gold, so ist die Potentialdifferenz Platin/Lösung

$$E_1 = \frac{RT}{F} \ln \frac{[Fe^{+++}]}{[Fe^{++}]} + \frac{RT}{F} \ln [e_1],$$

die Potentialdifferenz Lösung/Gold

$$E_2 = -\frac{RT}{F} \ln \frac{[Fe^{+++}]}{[Fe^{++}]} - \frac{RT}{F} \ln [e_2],$$

und die Potentialdifferenz Gold-Platin über den Schließungsdraht

$$E_3 = \frac{RT}{F} \ln \frac{[e_2]}{[e_1]}.$$

Denn diese letztere Potentialdifferenz ist unabhängig davon, ob Platin und Gold sich unmittelbar berühren oder durch irgendeinen Metalldraht verbunden sind, weil alle anderen Kontaktpotentiale an den Berührungsstellen verschiedener Metalle, konstante Temperatur vorausgesetzt, sich kompensieren. Nun ist, wie man sieht, $E_1 + E_2 + E_3 = 0$. Daher ist auch diese Auffassung vom Mechanismus der Potentialbildung imstande, das von der Thermodynamik geforderte und experimentell bestätigte Postulat zu erfüllen.

Zum Schluß sei noch eine Verallgemeinerung der hier abgeleiteten Formel gegeben. Der chemische Vorgang an dem besprochenen Beispiel war

$$Fe^{+++} \rightleftarrows Fe^{++}.$$

Hier ist auf jeder Seite des Doppelpfeiles nur eine Molekelart. Es gibt Fälle, wo mehrere Molekelarten beteiligt sind. Die allgemeinste Formulierung einer Oxydations-Reduktionsreaktion ist

$$\nu_1 \, Mol \, A_1 + \nu_2 \, Mol \, A_2 + \ldots \rightleftarrows \mu_1 \, Mol \, B_1 + \mu_2 \, Mol \, B_2 + \ldots + n \, \varepsilon.$$

Die ν, μ und n sind ganze Zahlen; die A und B sind Molekelarten. Dann ist das Potential E eine Mischung, welche alle Arten von A und B enthält

$$E = \frac{RT}{nF} \ln \frac{[A_1]^{\nu_1} [A_2]^{\nu_2} \ldots}{[B_1]^{\mu_1} [B_2]^{\mu_2} \ldots} + C,$$

wo die eckigen Klammern die Konzentrationen bedeuten. Mit diesen komplizierten Fällen werden wir selten zu tun haben. Diese Formel wurde (mit etwas anderen Bezeichnungen) schon von van 't Hoff gegeben.

7. Theorie der Gemische verschiedener Redoxsysteme.

Unter einem einfachen Redoxsystem wollen wir die bisher betrachteten Gemische aus der oxydierten und der reduzierten Stufe eines und desselben Stoffes verstehen, wobei das Mengenverhältnis beider zwischen $\infty : 1$ und $1 : \infty$ variiert werden darf. Wenn man zwei verschiedene Redoxsysteme miteinander mischt, so werden sie im allgemeinen nicht im chemischen Gleichgewicht stehen und, vorausgesetzt, daß die Reaktionsgeschwindigkeit, mit denen das Gleichgewicht angestrebt wird, genügend groß ist, wird ein chemischer Umsatz eintreten und zu einem derartigen Gleichgewicht führen, daß die von jedem einzelnen Redoxsystem bestimmten Potentiale einander gleich sind. Es werde z. B. ein System von $FeCl_3$ und $FeCl_2$ in irgendeinem Mengenverhältnis beider Komponenten (z. B. $\infty : 1$) mit einem System von Methylenblau mit Leukomethylenblau in irgendeinem anderen Mengenverhältnis (z. B. $1 : \infty$) gemischt. Dann wird Fe^{III} reduziert, und Leukomethylenblau oxydiert. Im strengen Sinne des Wortes ist weder die Oxydation des Methylenblaues jemals vollständig, selbst wenn Fe^{+++} im Überschuß gegeben ist, — denn dann müßte das System ein Potential von $+\infty$ haben, noch ist jemals die Reduktion des Fe^{+++} vollständig, selbst wenn das Leukomethylenblau im Überschuß ist — dann müßte das System das Potential $-\infty$ haben. Vielmehr wird die gegenseitige Oxydation und Reduktion so weit fortschreiten, bis das Eisensystem und das Methylenblausystem dasselbe Potential zeigen. Ist das Eisensystem im Überschuß, so wird „praktisch" alles Leukomethylenblau oxydiert und das Potential wird von dem schließlich resultierenden Verhältnis von Fe^{III} zu Fe^{II} bestimmt. Bei gleichen Konzentrationen von Fe^{III} und Fe^{II} ist das Potential etwa $+0{,}40$ Volt. Ist bei dem Prozeß das Fe^{III} zu 99 vH verbraucht worden und war es daher nur in sehr geringem Überschuß vorhanden, so wird dadurch der Wert $+0{,}40$ Volt nur bis auf $+0{,}4-2\times 0{,}060 = +0{,}28$ Volt herabgedrückt. Das Methylenblau-Leukomethylenblausystem hat bei Mischung 1 : 1 ein Potential etwa von 0 Volt. Um mit dem Eisenpotential von $+0{,}28$ Volt in Gleichgewicht zu stehen, müßte es das Mischungsverhältnis $10^{4,7} : 1$ haben. Dieses Mischungsverhältnis ist fast illusorisch, eine solche Zahl zeigt einfach, daß das übrigbleibende Methylenblausystem an der Potentialbildung nicht beteiligt ist, sondern daß nur das resultierende Eisensystem das Potential bildet. Ist dagegen das Leukomethylenblau im Überschuß im Vergleich zu Fe^{III} vorhanden, so ist nur das resultierende Mengenverhältnis des Methylenblausystems potentialbestimmend. D. h. bei Überschuß von Fe^{III} wird das Potential von dem Mittelpotential des Eisensystems $+0{,}40$ Volt höchstens um etwa 0,2 Volt abweichen; oder es beträgt $0{,}40 + 0{,}2$ Volt. Bei Überschuß an Leukomethylenblau beträgt das Potential $0{,}00 \pm 0{,}1$ Volt. Wenn man also Leukomethylenblau mit Fe^{III} titriert, so steigt das Potential langsam durch das Bereich des Methylenblausystems, bis es etwa $+0{,}1$ Volt erreicht hat und springt dann plötzlich um mindestens 0,1 Volt, sobald der geringste Überschuß an Fe^{III} zugegeben wird. Dieser Potentialsprung ist ein guter Indicator für die potentiometrische Titration eines Leukofarbstoffes mit $FeCl_3$, zur Erkennung des Endpunktes der Oxydation, und ebenso ein guter Indicator, wenn man Methylenblau mit $TiCl_3$ reduziert, zur Erkennung des Endpunktes der Reduktion. Die Analogie mit der potentiometrischen Acidometrie ist sofort einleuchtend und zahlreiche analytische Methoden sind nach diesem Prinzip ausgearbeitet worden, welche z. B. Kolthoff zusammengestellt und erläutert hat. Die Schärfe des Endpunktes beruht darauf, daß das Bereich des Potentials des Methylenblausystems und des Fe-Systems so weit auseinander liegen. Ein wenig unschärfer kann der Potentialübergang von einem System zum anderen werden, wenn die Potentialbereiche enger beieinander liegen. Hier werden im Gleichgewicht beide Systeme ein endliches Mengenverhältnis ihrer Komponenten haben, wenn auch sehr verschieden für jedes einzelne System. Z. B. würde ein System aus Indigotetrasulfonat und seinem Leukokörper im Verhältnis von etwa 1:1, mit einem System aus Indigodisulfonat mit seinem Leukokörper im Verhältnis von rund 1:300 in Gleichgewicht stehen, also selbst für so nahe verwandte Systeme immer noch ein gewaltiger Unterschied. Der Potentialsprung würde immer reichlich genug sein, um mit Hilfe der potentiometrischen Titration die verschiedenen Sulfonate des Indigo im Gemisch einzeln quantitativ zu bestimmen, wie Clark gezeigt hat.

8. Die verschiedenen Maßstäbe für das Redoxpotential.

1. Als Nullwert für das Potential haben wir bisher immer das Potential der Normal-H_2-Elektrode genommen, d. h. einer Elektrode von H_2-Gas von 1 Atm. Druck in einer Lösung von $p_H = 0$. Alle Potentiale, welche von hier aus gerechnet in der Richtung der O_2-Elektrode liegen, werden positiv gerechnet.

In der Praxis wird man als Ableitungselektrode aus verschiedenen Gründen nicht eine Lösung von $p_H = 0$ nehmen, sondern eine gut definierte Pufferlösung, welche sauer genug ist, um den Einfluß der Kohlensäure der Luft unmerklich zu machen, aber doch nicht so sauer, um meßbare Diffusionspotentiale gegen die Brücke mit gesättigter KCl-Lösung zu erzeugen. Am empfehlenswertesten scheint mir eine Wasserstoffelektrode in Standardacetat (100 ccm norm. NaOH, 200 ccm norm. Essigsäure, aufgefüllt mit destilliertem Wasser auf 1 l). Das p_H dieser Lösung kann innerhalb aller praktisch in Betracht kommenden Temperaturen = 4,62 gesetzt werden[1], und dementsprechend ihr Potential:

---
[1] Vgl. L. Michaelis und Mizutani. — L. Michaelis und Kakinuma. — Edwin J. Cohn.

Potential der Standard-Acetat-Wasserstoff-Elektrode, bezogen auf die Normal-Wasserstoffelektrode.

Temperatur	$\frac{RT}{F} \times 0{,}4343$	Potential der Standard-Acetat-Elektrode in Volt
0° C	0,0542	− 0,250
5° C	0,0552	− 0,255
10° C	0,0561	− 0,259
15° C	0,0571	− 0,264
20° C	0,0581	− 0,268
25° C	0,0591	− 0,273
30° C	0,0601	− 0,278
35° C	0,0611	− 0,282
40° C	0,0621	− 0,287
45° C	0,0631	− 0,292
50° C	0,0641	− 0,296

Meist wird man eine Kalomelelektrode als Ableitung benutzen. Es ist zwar richtig, daß bei Anwendung aller Kautelen (reines Hg, insbesondere ist ein einwandfreies Kalomelpräparat, am besten elektrolytisch selbst hergestellt und feucht mit beigemengtem Hg, im grauen Zustand, in KCl-Lösung aufbewahrt) die n/10 Kalomelelektrode bis auf 0,1 Millivolt reproduzierbar ist. Aber als Arbeitselektrode bietet die gesättigte Kalomelelektrode großen Vorteil vor der n/10-Elektrode, obwohl sie nicht so gut reproduzierbar ist. Ich möchte die bei früheren Gelegenheiten gegebene Mahnung wiederholen, sich nicht auf das Potential irgendeiner Kalomelelektrode ohne häufige experimentelle Kontrolle zu verlassen, wenn man eine bessere Genauigkeit als ± 2 Millivolt beansprucht, und den Wert jeder individuellen Kalomelelektrode häufig gegen die Standardacetatwasserstoffelektrode zu kontrollieren. Bei der Benutzung der gesättigten Kalomelelektrode hat man in der Regel, nur wenig abhängig von der Temperatur, zu erwarten, daß sie 0,517 ± 0,002 Volt positiver ist als die Standardacetatelektrode. Die Publikation sollte aber stets nach Umrechnung auf die Normalwasserstoffelektrode erfolgen, die Kalomelelektrode sollte nur als technisches Hilfsmittel betrachtet werden.

2. Nun ist, wie wir gesehen haben, das Redoxpotential der meisten Systeme vom p_H abhängig. Das Potential der H_2-Elektrode ist ebenfalls vom p_H abhängig. Es ist deshalb von Wert zu wissen, wie groß der Potentialunterschied einer Redoxelektrode

gegen eine H_2-Elektrode (1 Atm. H_2-Druck) in einer Lösung ohne das Redoxsystem von dem gleichen p_H wie das der Redoxlösung ist. Zu diesem Zweck muß man für die Redoxlösung das Potential erstens gegen eine blanke Platin- oder Goldelektrode bei völliger Abwesenheit von Sauerstoff und von Wasserstoffgas, zweitens gegen eine mit H_2-Gas von 1 Atm. gesättigte platinierte Platinelektrode messen[1]. Die Differenz beider Werte möge bezeichnet werden als E'_h. E'_h ist immer positiv, außer bei Wasserstoffüberspannungspotentialen. Wir müssen nämlich jedes Potential einer Redoxlösung von gegebenem p_H, welches negativer ist als das Wasserstoffpotential für das gleiche p_H, als Wasserstoffüberspannungspotential bezeichnen.

Hatte eine Lösung z. B. ein $p_H = 7{,}00$, so ist ihr Wasserstoffpotential bei $25°= 7{,}00 \times 0{,}0591 = 0{,}4137$ Volt. Ist das Potential derselben Lösung gegen eine blanke Platinelektrode bei Abwesenheit von H_2 Gas $E_h = 0{,}690$ Volt, so ist

$$E'_h = 0{,}690 - 0{,}414 = 0{,}276 \text{ Volt.}$$

Diese Angabe bedeutet folgendes: Unsere Lösung oxydiert stärker (oder: reduziert schwächer) als H_2-Gas von 1 Atm. Druck. Die 0,276 Volt sind ein Maßstab dafür, um wieviel schwächer sie reduziert.

3. Ein anderer Maßstab für das chemische Oxydations-Reduktionspotential ist der Druck (in Atmosphären), welchen gasförmiger Wasserstoff haben müßte, damit er in einer Pufferlösung von gleichem p_H wie das Redoxsystem, im Absorptionsgleichgewicht mit einer platinierten Platinelektrode, dasselbe Potential geben würde wie die indifferente Elektrode ohne Wasserstoffgas in Berührung mit dem Redoxsystem. Unter der Voraus-

---

[1] Diese zweite Messung sollte bei Abwesenheit des Redoxsystems geschehen. Man benutzt also denselben Puffer, in dem bei der ersten Messung das Redoxsystem gelöst war, aber ohne das Redoxsystem. Es muß aber vorausgesetzt werden, daß die Pufferkapazität der Lösung so groß ist, daß der Zusatz des Redoxsystems keine meßbare Änderung des p_H herbeiführt. Man kann die zweite Messung auch in folgender Weise ausführen. Nach Beendigung der ersten Messung versetzt man die Lösung mit einigen Tropfen einer kolloidalen Palladiumlösung. Dann wird beim Durchströmen mit H_2 das Redoxsystem völlig reduziert bzw. in Gleichgewicht mit dem Wasserstoffpotential gebracht, und man kann p_H in dieser Lösung in üblicher Weise an der platinierten Elektrode messen.

setzung, daß an der Redoxelektrode völliges Gleichgewicht zwischen dem Redoxsystem und der Gasbeladung der Elektrode eintritt (vgl. S. 25 ff.), hat das folgende Bedeutung: Der Maßstab für die Reduktionskraft eines Redoxsystems ist derjenige Druck von H_2-Gas, mit welchem sich die Elektrode unter der reduzierenden (d. h. Wasserstoffgas erzeugenden) Wirkung des Redoxsystems belädt. Wenn dieses Gas-Gleichgewicht sich in Wirklichkeit infolge von Reaktionsträgheit nicht herstellt, ist der „Wasserstoffdruck" eine bloße Rechengröße. Die Umrechnung des Potentials in diesen H_2-Druck geschieht folgendermaßen.

Eine Wasserstoffelektrode vom Druck P_1 und eine zweite vom (kleineren) Druck P_2 bei gleichem p_H der Lösung haben eine Potentialdifferenz

$$E_{P_1} - E_{P_2} = \frac{RT}{F} \ln \sqrt{\frac{P_1}{P_2}} = 0{,}03 \overset{10}{\log} \frac{P_1}{P_2} \text{ bei } 30^\circ \text{ C}.$$

Ist $P_1 = 1$, so ist also der Unterschied einer Elektrode von unbekanntem Gasdruck P_2 gegen die Elektrode bei 1 Atm. bei 30°

$$E = 0{,}03 \log P_2.$$

Daher ist P_{H_2}, der H_2-Druck an einer indifferenten Elektrode, welche den Potentialunterschied E gegen eine platinierte Elektrode bei 1 Atm. H_2-Druck bei gleichem p_H hat, bestimmt durch die Gleichung

$$\log P_{H_2} = -\frac{E}{0{,}030}.$$

Das E bedeutet hier dasselbe was wir im vorigen Abschnitt (S. 47) E'_h nannten, und der Wasserstoffdruck eines Redoxsystems ist daher

$$-\log P_{H_2} = \frac{E'_h}{0{,}030} \text{ bei } 30^\circ.$$

Setzen wir, in Analogie mit dem Symbol p_H, nach W. M. Clark

$$r_H = -\log P_{H_2},$$

so ist

$$r_H = \frac{E'_h}{0{,}030} \text{ bei } 30^\circ,$$

wo für andere Temperaturen statt 0,030 die Hälfte der in Tabelle S. 39 angegebenen Werte einzusetzen sind.

Für unser Beispiel ist also

$$r_H = \frac{0{,}276}{0{,}030} = 9{,}20.$$

Mit anderen Worten: der gesuchte H_2-Druck beträgt $10^{-9,20}$ Atm. Das Redoxsystem hat dieselbe Reduktionsintensität wie Wasserstoff von $10^{-9,20}$ Atm. Druck, wenn er durch kolloidales Palladium aktiviert ist.

Die ursprüngliche Absicht W. M. Clark's bei der Einführung der Größe r_H war nicht bloß, das Potential eines Redoxsystems in einer anderen Maßskala auszudrücken, sondern ein Maß für die Reduktionsintensität eines Redoxsystems zu haben, welches vom p_H unabhängig sei. Da es aber im Allgemeinen nicht zutrifft, daß die Reduktionsintensität, ausgedrückt als r_H, unabhängig von p_H ist, so ist die ursprüngliche Absicht bei der Einführung der Größe r_H nicht erreicht. Für ein bestimmtes Redoxsystem kann sich r_H mit p_H ändern, und r_H ist in der Tat nichts anderes als ein Maß der Reduktionsintensität, genau wie es das Redoxpotential ist, nur in anderen Maßeinheiten. Deshalb hat Clark[1] von einer weiteren Verwendung des Ausdrucks r_H abgeraten. Er ist aber trotzdem schon weitgehend von Physiologen angewendet worden, und nicht ganz unberechtigt, aus folgendem Grunde.

Wie ersichtlich, hat der Begriff r_H dann einen Sinn, wenn das Potential eines reversiblen Redoxsystems sich mit jeder p_H-Einheit um 0,06 Volt ändert, wie das Chinon-Hydrochinon-System in weitem p_H-Umfang es tut. Nun muß man bedenken, daß für physiologische Zwecke nur eine verhältnismäßig kleine Variation des p_H (von 6—8) in Betracht kommt. Wenn nun das Potential eines Redoxsystems innerhalb dieses p_H-Bereichs sich nicht genau in diesem Sinne ändert, oder überhaupt nicht streng linear vom p_H abhängt, so macht das doch in Anbetracht des geringen Spielraums des p_H wenig aus, in den meisten Fällen weniger, als die bisher erreichbare Genauigkeit der Potentialmessung in Gewebsflüssigkeiten. Daher ist der Ausdruck r_H selbst in ungünstigen Fällen unter den Bedingungen des physiologischen Experiments scharf genug definiert, um praktisch brauchbar zu sein. Und es ist dann in der Tat sehr anschaulich, das reduzierende Vermögen in Form des Druckes von aktivem Wasserstoffgas zu messen.

4. In derselben Weise könnte man nun auch als Maß für die Oxydationskraft den Sauerstoffdruck angeben, mit dem eine

---

[1] In der 3. Auflage von „The Determination of Hydrogen Ions".

indifferente Elektrode von dem Redoxsystem beladen werden würde, wenn wirklich Gleichgewicht bezüglich der Sauerstoffelektrode bestünde. Die (praktisch nicht realisierbare) Sauerstoffelektrode hat das Potential

$$E_0' = \frac{RT}{F} \ln[OH^-] + \text{const.}$$

Zwei Sauerstoffelektroden von gleichem p_{OH} unterscheiden sich, wenn die Sauerstoffdrucke P_{O_1} und P_{O_2} sind, um das Potential

$$E_1 - E_2 = \frac{RT}{4F} \ln \frac{P_{O_1}}{P_{O_2}}.$$

Ist $P_{O_1} = 1$ Atm., so ist der Potentialunterschied einer O_2-Elektrode bei gleichem p_H und bei dem O_2-Druck P_{O_2}

$$E_2 = \frac{RT}{4F} \ln P_{O_2}, \text{ oder} \log P_2 = \frac{E_2}{\frac{1}{4} \times 0{,}0591} \text{ bei } 25^\circ \text{ C}.$$

Die Normalwasserstoffelektrode ist 1,23 Volt negativer als die Normalsauerstoffelektrode bei gleichem p_H. Also ist der fiktive Sauerstoffdruck der Normalwasserstoffelektrode

$$\log P_0 = r_0 - \frac{1{,}23}{0{,}0148} = -83{,}1$$

oder der O_2-Druck der Normalwasserstoffelektrode beträgt etwa 10^{-83} Atm. Man erkennt aus der Kleinheit dieser Zahl, daß sie eine bloße Rechengröße ist.

Zu verständigeren Werten von $-\log P_0$ würde man erst bei stark positiven Potentialen kommen. Ein Potential E_h' von $+1{,}23$ Volt würde natürlich entsprechen $-\log P_0 = 0$, oder O_2-Druck $= 1$ Atm. Ein Redoxsystem von diesem Potential würde, wenn keine Überspannung auftritt, Sauerstoff entwickeln.

Das reversible System Hämoglobin—Oxyhämoglobin hat ein so positives Potential, daß man es verständigerweise in Form eines r_0 angeben könnte; es wäre etwa $=2$. Aber dieses Potential ist mit den heutigen Laboratoriumsmitteln nicht auf potentiometrischem Wege realisierbar.

Am empfehlenswertesten ist es, zur Charakterisierung eines Redoxsystems immer 1. das Potential der Redoxelektrode gegen die Normal-H_2-Elektrode von gleicher Temperatur, E_h, und 2. gleichzeitig auch das p_H der Redoxlösung anzugeben. Mit diesen zwei Angaben ist das System ausreichend charakterisiert.

Nebenstehendes Schema diene als Muster zur Berechnung von E_h.
1. Redoxelektrode / Kalomelelektrode sei gemessen z. B. bei 25° = E_1. (Dies wird fast ausnahmslos eine negative Größe sein, weil die Kalomelelektrode positiver ist als die meisten Redoxsysteme.)
2. Kalomelelektrode / Standardacetatelektrode durch Eichung gefunden $E_2 = +0{,}517$ Volt.
3. Standardacetat / Normal-H_2-Elektrode gemäß Tabelle S. 46 für die Versuchstemperatur von 25°, $E_3 - 0{,}273$ Volt.

Folglich: Redoxelektrode / Normal-H_2-Elektrode, das ist E_h:

$$E_h = E_1 + E_2 + E_3 = E_1 + 0{,}517 - 0{,}273$$
$$= E_1 + 0{,}244.$$

E_1 dürfte fast stets negativ sein. Ist der Absolutwert von $E_1 <$ 0,244, so ist E_h positiv, andernfalls negativ.

Als Anhaltspunkt möge die Angabe dienen, daß bei neutraler Reaktion $p_H = 7$, das zur Hälfte reduzierte Methylenblausystem ein E_h fast gleich = 0 hat, da E_1 in diesem Falle angenähert 0,25 ist.

9. Das Arbeitsäquivalent eines Stromes von gegebener elektromotorischer Kraft.

Wenn die Redoxkette bei konstantem Potential E elektrischen Strom liefert, so ist die gewonnene elektrische Energie dem Potential und der Menge des Stromes proportional. Als Einheit der Strommenge pflegt man in der Elektrochemie diejenige Menge von elektrostatischen Einheiten oder Coulombs zu bezeichnen, welche ein Äquivalent einwertiger Ionen trägt. Diese Einheit, das Faraday, ist gleich = 96 500 Coulombs. Die pro Äquivalent Oxydation an der Anode bzw. Reduktion an der Kathode gelieferte elektrische Energie ist also = E × F. Der Betrag dieses Produktes ist also = 96 500 Volt × Coulomb oder = 96 500 Joule.

Arbeitet die Kette reversibel, so kann dieser Betrag an Joule in beliebige andere Energieformen quantitativ umgewandelt werden. Messen wir diese Energie, z. B. in Wärmeäquivalenten, so hat man zu berücksichtigen, daß 1 Joule (internat.) = 0,23899 cal ist.

Ein Strom von 1 Volt liefert also pro Äquivalent Oxydation an der Anode, oder Reduktion an der Kathode, eine frei verfügbare Energie, welche äquivalent ist $96\,500 \times 0{,}23899 = 23060$ cal.

Eine Potentialdifferenz von E Volt zwischen zwei Elektroden bedeutet also, daß bei konstant bleibender Spannung eine Strommenge im Betrage von m Faraday oder m Oxydations-Reduktionsäquivalenten eine beliebig verfügbare Energiemenge liefert, deren Wärmeäquivalent $= E \times m \times 23060$ cal ist.

So bedeutet die in den theoretischen Erörterungen so häufig vorkommende Potentialdifferenz von 0,06 Volt eine verfügbare Energie entsprechend 1384 cal pro Äquivalent des chemischen Umsatzes bei der Betätigung der Kette.

10. Die Nachgiebigkeit eines reversiblen Redoxsystems.

Wenn ein beliebiges Redoxsystem mit einem starken Oxydationsmittel (bzw. Reduktionsmittel) versetzt wird, so ändert sich das Potential. Unter einem „starken" Oxydationsmittel soll die oxydierte Stufe eines Redoxsystems von so großem E_0 verstanden werden, daß dieses Oxydationsmittel das andere System praktisch vollständig oxydiert, wenn es auch nur in äquimolekularer Menge, ohne einen nennenswerten Überschuß, zu dem anderen System zugesetzt wird. So ist gegenüber Leukomethylenblau $FeCl_3$ ein starkes, Indophenol aber ein schwaches Oxydationsmittel. Benutzt man verschiedene Oxydationsmittel, welche alle stark sind, so ändern sie bei gleichen molaren Mengen alle das Potential eines gegebenen reversiblen Redoxsystems um den gleichen Betrag. Es ist für das definitive Potential belanglos, ob man ein Äquivalent reines Leukomethylenblau z. B. mit $^1/_4$ Äquivalent $FeCl_3$ oder Chinon versetzt, die durch die Oxydation erreichte Änderung des Methylenblausystems besteht in beiden Fällen darin, daß das Leukomethylenblau zu $^1/_4$ in Methylenblau verwandelt wird.

Folgende Frage ist von Wichtigkeit: Wie hängt die Änderung des Potentials, die durch eine solche partielle Oxydation hervorgebracht wird, von den Mengenverhältnissen der beteiligten Substanzen ab? Das ist am leichtesten in folgender Weise zu beantworten. Es sei A die Menge des starken Oxydationsmittels, gemessen in Oxydationsäquivalenten. Bei Oxydationsmitteln, welche n Elektronen abgeben, ist das Oxydationsäquivalent $\frac{1}{n}$ der Molarität. Es sei B die Konzentration des reversiblen Systems in beiden Formen zusammengenommen und x der Bruchteil, in der es in oxydierter Form vorhanden ist. Dann ist vor Zusatz des Oxydationsmittels das Potential des reversiblen Systems:

$$E = \frac{RT}{nF} \ln \frac{x}{B-x},$$

wenn n die Zahl der H-Atome ist, um welche sich die oxydierte von der reduzierten Stufe unterscheidet. Nach Zusatz von dA Äquivalenten des starken Oxydationsmittels wächst x um einen Betrag dx und das Potential ändert sich um einen Betrag dE. Differenziert man E nach x, so ist

$$\frac{dE}{dx} = \frac{RT}{nF}\left(\frac{1}{x} + \frac{1}{B-x}\right) = \frac{RT}{nF} \cdot \frac{B}{x(B-x)}.$$

Die Änderung des Potentials, welche pro Äquivalent des starken Oxydationsmittels hervorgebracht wird, $\frac{dE}{dx}$, kann man die Nachgiebigkeit des Redoxsystems nennen, oder man nennt den reziproken Wert derselben, β, die Widerstandsfähigkeit, oder die Pufferung, oder die Beschwerung des Systems. Der letztere Ausdruck, dem Clarkschen „poise" oder „poising effect" nachgebildet, soll im folgenden angewendet werden, um das eingebürgerte Wort „Pufferung" für die Regulierung der H+-Ionenkonzentration zu reservieren. Die Beschwerung β eines Redoxsystems ist also:

$$\beta = \frac{nF}{RT} \cdot x \cdot \frac{B-x}{B}, \tag{6}$$

β hängt also von den zwei Variablen x und B ab. x kann nur zwischen 0 und B variieren. Differenziert man β nach B, so ist

$$\frac{d\beta}{dB} = \frac{nF}{RT} \cdot \frac{x^2}{B^2},$$

β hat also für endliche Werte von B kein Maximum oder Minimum, sondern die Beschwerung wird stetig größer mit zunehmender Konzentration des Redoxsystems.

Differenziert man β nach x, so wird

$$\frac{d\beta}{dx} = \frac{nF}{RT}\left(\frac{B-x}{B} - \frac{x}{B}\right).$$

Dies = 0 gesetzt, ergibt als Maximumbedingung für β

$$x = \frac{B}{2}. \quad (7)$$

Daß dies ein Maximum und nicht ein Minimum ist, erkennt man durch nochmalige Differenzierung. Die Beschwerung eines Redoxsystems von gegebener Gesamtkonzentration (der oxydierten und reduzierten Stufe zusammengenommen) ist also am größten, wenn das System aus gleichen Teilen der beiden Stufen besteht, und sie wird um so schlechter, je mehr eine der beiden Stufen relativ die andere an Menge überwiegt. Redoxsysteme, in denen entweder die oxydierte oder die reduzierte Stufe nur in Spuren vorhanden sind, sind daher sehr schlecht beschwert, ihr Potential ist sehr empfindlich gegen die Verunreinigung anderer Redoxsysteme, welche zwar in geringerer Konzentration, aber in einem günstigeren Mischungsverhältnis zugegen sind.

Dieses wichtige Gesetz macht sich bei verschiedenen Gelegenheiten bemerkbar, z. B.:

1. Wenn ein reversibles System von mittlerer Stellung in der Redoxskala (etwa Leukomethylenblau-Methylenblau) und ein anderes von mehr extremer Stellung in der Skala (etwa $FeCl_3 + FeCl_2$) gemischt sind, so ist, je nach den molaren Konzentrationen, entweder das Methylenblausystem oder das Fe-System im Überschuß. Ist das Mlb-System im Überschuß, so ist, im Gleichgewicht hiermit, das Verhältnis $Fe^{+++} : Fe^{++}$ außerordentlich klein, die Beschwerung des Fe-Systems ist viel schlechter als die des Mlb-Systems, das Potential wird vom Mlb-System beherrscht und es hängt nicht von der Stellung des oxydierenden Fe-Systems in der Skala ab. Jedes System von beliebig anderer Stellung in der Skala, wenn es nur überhaupt dem Mlb-System gegenüber als ein starkes Oxydans betrachtet werden kann, wirkt bei äquivalenten Mengen auf das Potential des Mlb-Systems ebenso wie das Fe-System. Ist das Fe-System aber im Überschuß, so beherrscht dieses das Potential und es kommt für das definitive Potential nicht darauf an, ob man das Mlb-System durch ein anderes Redoxsystem ersetzt, wofern seine Stellung in der Skala nur weit genug von dem Fe-System entfernt ist.

2. Ein anderer wichtiger Fall wird bei der Besprechung der irreversiblen Systeme genauer abgehandelt werden. Hier liegt bisweilen der Fall vor, daß die oxydierte oder auch die reduzierte

Stufe des eigentlichen reversiblen Redoxsystems sekundäre irreversible Änderungen erfährt und nur in sehr geringer Konzentration übrigbleibt. In solchem Fall sollte zwar ein bestimmtes Potential vorhanden sein, aber es ist äußerst empfindlich gegen jede Spur eines fremden Redoxsystems, etwa gegen Spuren von Eisensalzen, oder gegen Anwesenheit von etwas Sauerstoff bei Gegenwart der die Oxydation katalysierenden Metalloberfläche, oder gegen elektrische Polarisation, denen das System bei potentiometrischen Messungen vor Erreichung der definitiven Kompensationsstellung der Meßbrücke ausgesetzt ist.

Folgende analoge Größen finden sich bei den Redoxsystemen und den Puffersystemen:

Starke Säure (Base)	Starkes Oxydations- (Reduktions-) mittel
Puffer, Gemisch von schwacher Säure mit ihrem Salz	Reversibles Redoxsystem, Gemisch der oxydierten und der reduzierten Stufe
Pufferung oder Pufferwert	Beschwerung
Neutrale Reaktion ($p_H = p_{OH}$)	Neutralpunkt der Redoxskala.

11. Der Neutralpunkt der Redoxskala.

Die Analogie zwischen Neutralität der p_H-Skala und Neutralität der Redoxskala ist die schwächste. Eine gewisse Willkür liegt schon in der Definition der Neutralität der p_H-Skala, insofern, als $p_H = 7$ in keiner Weise vor anderen p_H-Werten ausgezeichnet ist. Immerhin rechtfertigt der Umstand, daß für $p_H = {}^1/_2 p k_w = 7{,}0$ bei 25° C, $[H^+] = [OH^-]$ ist, und die Summe $[H^+] + [OH^-]$ ein Minimum ist, wenn es sich um wässerige Lösungen handelt, die Definition der neutralen Reaktion. Sie beruht auf dem Umstand, daß wir gewöhnt sind, wässerige Lösungen experimentell zu bevorzugen. Die „Neutralität" der Redoxskala ist viel weniger zu rechtfertigen, sie beruht nur auf dem Umstand, daß Potentiale, welche positiver als das O_2-Potential und negativer als das H_2-Potential (bei etwa 1 Atm. Gasdruck) liegen, der Messung große Schwierigkeiten bieten. Ist ein Redoxpotential von so großem (positivem oder negativem) Potential wirklich streng reversibel und das System in thermodynamischem Gleichgewicht, so ist das Potential in Berührung mit der Metallelektrode nicht stabil, es entwickelt sich H_2 bzw. O_2 aus dem Wasser, bis die Elektrode sich mit dem einen dieser Gase bis zum Druck einer Atmosphäre beladen hat, und dann ist das H_2- oder O_2-Potential vorhanden. Ist aber das System nicht streng reversibel, oder treten Überspannungs- oder Verzögerungserscheinungen auf, indem die erwartete Entwicklung von H_2 oder O_2 ausbleibt oder träge ist, so haben wir mit Systemen zu tun, welche nicht in vollkommenem Gleichgewicht, sondern in einem metastabilen Zustand sind. Deshalb ist es praktisch berechtigt, das H_2- und das O_2-Potential als die beiden Enden der Redoxskala, und die Mitte zwischen beiden als Redoxneutralität zu bezeichnen. Man darf aber nicht vergessen, daß die Oxydationsstärke eines Stoffes, wie Chromat oder Permanganat jenseits der üblichen Skala liegen, sie gehören ins Bereich der O_2-Überspannung, und die Reduktionsstärke der Chromosalze reicht ins Gebiet der H_2-Überspannung. Wenn es auch schwer ist, das Potential eines überspannten Systems wirklich exakt zu messen, so ist es doch leicht zu zeigen, daß es außerhalb der üblichen Skala liegt, und ein objektiv begründeter Anfang oder Ende der Skala scheint nicht zu existieren und daher auch nicht ein objektiver Mittelpunkt oder Neutralpunkt der Skala.

12. Das Grenzpotential.

Die Theorie verlangt, daß die reine Lösung der reduzierten Form eines jeden reversiblen Systems das Potential $-\infty$, die reine Lösung der oxydierten Form das Potential $+\infty$ haben soll. Diese Fälle sind niemals realisierbar. Verbessern wir diese Theorie, indem wir das Wasser als Lösungsmittel als oxydierbares und reduzierbares Agens mit in Betracht ziehen und nehmen an, daß das Reaktionsgefäß stets unter dem Druck 1 Atmosphäre gehalten wird, so kann das Potential eines Reduktionsmittels niemals negativer werden als das der H_2-Elektrode von 1 Atm. Druck für das betreffende p_H. Aber nicht einmal dieser Grad der Negativität wird von den meisten Reduktionsmitteln erreicht. Ein Beispiel wird die realen Verhältnisse klar machen.

Ein reversibler Farbstoff, wie Indigocarmin, wird mit einer Spur kolloidalem Palladium vermischt und im Elektrodengefäß mit H_2 durchströmt. In dem Maße wie die Entfärbung vorschreitet, wird das Potential negativer. Nachdem die blaue Farbe völlig verschwunden ist und der hellgelben Farbe des Leukofarbstoffes Platz gemacht hat, erreicht man bei weiterer H_2-Durchströmung sehr bald das Potential der H_2-Elektrode, und dieses bleibt konstant. Wenn man nun den Wasserstoff durch reinen Stickstoff verdrängt, wird das Potential allmählich positiver. Ist der Stickstoff rein, so tritt auch nach stundenlanger Durchströmung keine erkennbare Blaufärbung ein, aber das Potential erhebt sich mehr und mehr und bleibt schließlich in einem Bereich, sagen wir 200 bis 150 Millivolt unterhalb des Normalpotentials des Farbstoffs stehen. Diese Zahl ist nicht gut reproduzierbar, auch zeitlich nicht sehr konstant. Sie hängt von der Reinheit des N_2 ab — es gibt natürlich keinen O_2-freien N_2 im strengsten Sinne, und auch von der Tatsache, daß so schlecht beschwerte Systeme überhaupt nicht scharf reproduzierbare Potentiale entwickeln. Aber immerhin wird sich dieses mehr oder weniger gut definierte Grenzpotential etwa 100—200 Millivolt unterhalb des Normalpotentials des betreffenden Farbstoffs einstellen. In diesem Sinne, aber nur in diesem vagen Sinne, kann man von dem Grenzpotential eines Leukofarbstoffes sprechen.

Besonders bei manchen irreversiblen Systemen hat man oft Gelegenheit, Grenzpotentiale zu beobachten. So ist z. B. beim Zucker die reduzierte Stufe (der „aktive" Zucker) eine chemisch zwar nicht ganz aufgeklärte, aber haltbare und nachweisliche Substanz, oder vielleicht eine Gruppe von chemischen Individuen. Die aus ihr erhältliche primäre, reversible oxydierte Stufe ist sehr labil und verschwindet nach ihrer Entstehung in unmeßbar kurzer Zeit, indem sie sich irreversibel in stabilere Substanzen umwandelt. In einer Zuckerlösung haben wir also von dem potentialbestimmenden, reversiblen System, immer nur die reduzierte Form in endlicher Konzentration in Lösung, und die gemessenen Potentiale haben immer nur den Charakter eines Grenzpotentials. Wenn man nur kritisch im Auge behält, daß solche Grenzpotentiale nicht die thermodynamische Bedeutung eines wirklichen Gleichgewichtspotentials haben, können sie mit Nutzen als charakteristische Größen behandelt werden. Es ist doch gewiß eine interessante und die weitere Forschung anregende Tatsache, daß das Grenzpotential einer Zuckerlösung, nach Wurmser, von der Art und der Konzentration des Zuckers unabhängig ist, während es, nach Dixon und Quastel, Michaelis und Flexner, beim Cystein ungefähr logarithmisch von der Konzentration abhängt; daß sie in beiden Fällen vom p_H abhängen; daß die Geschwindigkeit ihrer Einstellung beim Cystein vom p_H unabhängig, beim Zucker sehr stark vom p_H abhängig ist. Es trifft auch häufig zu, daß diese Grenzpotentiale eine Voraussage darüber gestatten, welche reversiblen Farbstoffe von dem irreversiblen Reduktionsmittel reduziert, und welche nicht reduziert werden können. Nur darf man an die Exaktheit dieser Angaben nicht zu große Ansprüche stellen. Eine Reproduzierbarkeit von $\pm 0{,}02$ Volt kann hier schon als gut bezeichnet werden.

Der Mechanismus der Einstellung des Grenzpotentials eines Reduktionsmittels ist verschieden, je nachdem das Reduktionsmittel reversibel oder irreversibel ist. Ein irreversibles Reduktionsmittel ist ein solches, dessen primäres, durch Elektronenabgabe entstanden gedachtes Oxydationsmittel nicht existenzfähig ist und sich quantitativ in sekundäre Produkte umwandelt. Bei reversiblen Reduktionsmitteln wird das Grenzpotential vorgeschrieben durch die Menge seines Oxydationsprodukts, welche im definitiven Zustande des Potentials vorhanden ist. Die, wenn auch nur sehr angenähert realisierbare Existenz eines Grenzpotentials beruht hier einfach auf der Tatsache, daß es nicht möglich ist, das Reduktionsmittel ganz rein von seiner oxydierten Stufe darzustellen.

Anders bei den irreversiblen Reduktionsmitteln, wie Zucker. Bei Abschluß von Sauerstoff verschwindet das primäre Oxydationsprodukt spontan, schnell und vollständig, und wir haben immer mit der reinen reduzierten Stufe des hypothetisch reversiblen Systems zu tun. Ein Grenzpotential kann entweder mit der Elektrode oder mit einem reversiblen Farbstoffindicator gemessen werden. Betrachten wir zunächst die Indicatorenmethode.

Eine alkalische Zuckerlösung werde mit einem reversiblen Farbstoff vermischt. Dann wird der Farbstoff reduziert mit einer Geschwindigkeit, welche der Konzentration des Zuckers, oder besser der aktiven Form des Zuckers, und der Konzentration des Farbstoffs (in seiner oxydierten Form) proportional ist. Indem nun im Laufe der Reaktion die Konzentration des Farbstoffs immer geringer wird, wird auch die Reduktionsgeschwindigkeit geringer, bis sie schließlich unmeßbar klein wird. Dann steht die Reaktion praktisch still, ohne daß im thermodynamischen Sinne Gleichgewicht im System herrscht.

Mißt man das Potential mit Hilfe einer Elektrode, so liegen im wesentlichen die Verhältnisse ähnlich. Auch hier spielt eine

Reaktionsgeschwindigkeit eine Rolle, nämlich die Geschwindigkeit, mit der die Elektrode von dem Reduktionsmittel mit Elektronen (oder, wenn man will, H-Atomen) beladen wird, oder, wie man sagen kann, von der Geschwindigkeit, mit der die Elektrodenoberfläche reduziert wird. Auch diese Geschwindigkeit wird mit dem Fortschritt der Reduktion erlahmen und daher zu einem Stillstand statt zu einem wahren Gleichgewicht führen. Diese Grenzpotentiale werden bei der Betrachtung physiologischer Systeme am Schluß des Buches eine große Rolle spielen.

13. Anorganische Redoxsysteme.

Redoxsysteme, deren Potential nach der Formel (5) (S. 39) darstellbar sein soll, müssen vor allem der Bedingung genügen, daß sowohl die oxydierte wie die reduzierte Stufe homogen gelöst sind. Nur solche Systeme sollen zunächst betrachtet werden und zwar zuerst die anorganischen. Wenn man sich mit der ersten Annäherung begnügt, ist es leicht, die Theorie an einigen Fällen recht gut zu bestätigen. Das heißt: es gibt einige Redoxsysteme, für welche das charakteristische Potential E_0 einen von der absoluten Konzentration der Komponenten unabhängigen Wert hat, solange man nur im Bereich großer Verdünnungen bleibt, und bei denen die Anwesenheit anderer, an dem Oxydationsreduktionsprozeß nicht beteiligter Substanzen ohne Einfluß auf das Potential ist, solange deren Konzentration gering ist. In diesem Sinne kann die folgende Tabelle des Potentials einiger anorganischer Systeme für die erste Annäherung, zur Orientierung, benutzt werden.

Einige dieser Werte liegen im Bereich der O_2-Überspannung (Co, Pb), einige im Bereich der H_2-Überspannung (V, Cr). Es ist zu erwarten, daß solche Potentialangaben meist nur Näherungswerte sind. Unter den anderen gibt es einige, bei denen die Abhängigkeit des Potentials, in einem Gemisch von beliebigem Mischungsverhältnis, ganz befriedigend mit der Formel (5) in Übereinstimmung steht, wenigstens unter manchen Bedingungen. Es ist leicht zu sehen, worin die Bedingungen der Theorie in ihrer vorher dargestellten einfachen Form zu suchen sind. Die Formel (5) enthält die Konzentrationen, während die thermodynamische Ableitung der Formel verlangt, daß sie Aktivitäten statt der Konzentrationen enthalten soll. Der hierdurch verursachte Fehler fällt

Tabelle 2. **Potential E_0 eines Gemisches gleicher molarer Menge der oxydierten und reduzierten Stufe eines Redoxsystems, bezogen auf das Potential der Normalwasserstoffelektrode, welches $= 0$ gesetzt wird.** Sie sind zumeist entnommen der Veröffentlichung der Potentialkommission der Deutschen Bunsengesellschaft (Abhandlungen der D. B. G.; Bericht von Abegg, Auerbach und Luther).

Oxydierte Stufe	Reduzierte Stufe	E_0 in Volt bei etwa 18° C
Co^{+++}	Co^{++}	$+ 1,8$
Pb^{++++}	Pb^{++}	$+ 1,8$
Tl^{+++}	Tl^{+}	$+ 1,21$
Hg^{++}	Hg^{+}	$+ 0,92$
Fe^{+++}	Fe^{++}	$+ 0,75$
$Fe(CN)_6^{\equiv}$	$Fe(CN)_6^{\equiv}$	$+ 0,40$
Sn^{+++}	Sn^{++}	etwa $+ 0,2$
Cu^{++}	Cu^{+}	$+ 0,18$
V^{+++}	V^{++}	etwa $- 0,2$
Cr^{+++}	Cr^{++}	etwa $- 0,4$

um so mehr ins Gewicht, weil es sich zum großen Teil um mehrwertige Ionen handelt und ganz besonders deshalb, weil die reduzierte und die oxydierte Stufe stets von verschiedener Valenz sind. Die korrigierte Formel müßte lauten:

$$E = 0{,}060 \log \frac{f_0\,Ox}{f_r\,Re},$$

wo f_0 bzw. f_r der Aktivitätsfaktor ist, d. h. diejenige Größe (< 1), mit welcher die Konzentration multipliziert werden muß, um die Aktivität zu ergeben. Bei genügender Verdünnung des Systems wird $f_0 = f_r = 1$. Aber eine derartige Verdünnung, in der mit genügender Annäherung der Aktivitätsfaktor $= 1$ gesetzt werden darf, ist eigentlich nur zu erreichen, wenn bloß einwertige Ionen vorhanden sind. Da aber mindestens eine der beteiligten Ionenarten mehrwertig sein muß, ist der Fall kaum realisierbar, wo man bei Variation des Mengenverhältnisses eine strenge Gültigkeit der Formel (5) erwarten kann. Wenn z. B. Peters fand, daß verdünnte Lösungen des Systems $FeCl_3/FeCl_2$ (etwa $^1/_{100}$ molar zusammengenommen), gelöst in $^1/_{100}$ mol. HCl, bei weitgehender Variierung des Mengenverhältnisses von $FeCl_3:FeCl_2$ der Formel (5) recht gut folgen, so ist das wohl nur einer zufälligen Kompensation entgegengesetzt gerichteter Einflüsse zuzuschreiben. Es ist nicht

Tabelle 3.

Entnommen aus H. Jermin Creighton, Principles and Application of Electrochemistry, New York 1924. Alle Potentiale gemessen an Pt-Elektroden, bezogen auf die Normal-H_2-Elektrode.

	Temperatur	Volt	Literaturquelle
Co^{+++}/Co^{++}	—	+ 1,76	Oberer, Diss. Zürich, 1903
Mn^{++++}/Mn^{+++} in 15n H_2SO_4	12°	+ 1,642	Grube u. Huberich, Z. Elektrochem. 29, 8 (1923)
Mn^{++++}/Mn^{++} in 15n H_2SO_4	12°	+ 1,577	Grube u. Huberich, Z. Elektrochem. 29, 8 (1923)
Ce^{++++}/Ce^{+++} (Nitrate, in HNO_3)	17°	+ 1,567	Baur u. Glaesson, Z. Elektrochem. 9, 534 (1903)
Mn^{+++}/Mn^{++} in 15n H_2SO_4	12°	+ 1,511	Grube u. Huberich l. c.
Ce^{++++}/Ce^{+++} (Sulfate mit H_2SO_4)	17°	+ 1,431	Baur u. Glaesson l. c.
Tl^{+++}/Tl^{+} in O_1 in H_2SO_4	18°	+ 1,2113	Grube u. Hermann, Z. Elektrochem. 26, 291 (1920)
Fe^{+++}/Fe^{++} (schwach sauer)	25°	+ 0,743	Maitland, Z. Elektrochem. 12, 263 (1906)
$Fe(Cy)_6^{---}/Fe(Cy)_6^{----}$	25°	+ 0,406	Schaum u. Linde, Z. Elektrochem. 9, 406 (1902)
Ti^{++++}/Ti^{+++} in 4n H_2SO_4	18°	+ 0,056	Diethelm u. Förster, Z. physikal. Chem. 62, 129 (1908)
V^{+++}/V^{++} in 1n H_2SO_4	18°	— 0,204	Rutter, Z. anorgan. Chem. 52, 368 (1907)
Cr^{+++}/Cr^{++} in 0,1n HCl (Hg-Elektrode!)	25°	— 0,400	Forbes u. Richter, J. Amer. Chem. Soc. 39, 1140 (1917)
Sn^{++++}/Sn^{++} + HCl (Hg-Elektrode!)	25°	— 0,426	Forbes u. Bartlett, J. Amer. Chem. Soc. 36, 2030 (1914)
		+ 0,011 [HCl]	
Sn^{++++}/Sn^{++} + 0,6n NaOH	18°	— 0,854	Förster u. Dolch, Z. Elektrochem. 16, 599 (1910)

weiter auffällig, daß die Übereinstimmung nicht ganz so gut war, wenn er das Fe-System in KCl-Lösungen untersuchte.

Eine Zusammenstellung neuerer Daten ist Tabelle 3.

Um eine angenäherte Vorstellung von dem Einfluß der Konzentration und der Gegenwart unbeteiligter Elektrolyte zu gewinnen, kann man die Debyeschen Formeln für die Berechnung der Aktivitätskoeffizienten anwenden. Diese lauten in ihrer einfachsten Form:

$$-\log f_i = 0{,}5 z_i^2 \sqrt{\mu} \qquad (8)$$

$$\mu = \frac{z_a^2 [a] + z_b^2 [b] + z_c^2 [c] + \ldots}{2} \qquad (9)$$

f_i ist der Aktivitätsfaktor der Ionenart i, welche eine der nebeneinander in Lösung vorhandenen Ionenarten a, b, c ... sein möge. Diese Ionenarten sind teils Kationen, teils Anionen, aber dieser Unterschied ist hier belanglos. Ferner ist z_a, z_b, z_c ... die Wertigkeit der Ionenart a, bzw. b, bzw. c. Der Ausdruck μ heißt die „Ionenstärke" (ionic strength nach G. N. Lewis; den doppelten Wert von μ hatte N. Bjerrum unabhängig von Lewis als „ionale Konzentration" definiert).

Beispiel:

Gegeben sei eine Lösung, welche pro Liter enthält:

Kaliumferricyanid	0,001 Mole
Kaliumferrocyanid	0,001 „
Kaliumchlorid	0,002 „

Diese Lösung enthält also, vorausgesetzt, daß alle Salze total dissoziiert sind:

a) K^+ $= 3 \times 0{,}001 + 4 \times 0{,}001 + 0{,}002 = 0{,}009$ Mole $\quad z_a = 1$

b) Ferricy $\equiv\ = 0{,}001$ Mole $\quad z_b = 3$

c) Ferrocy $\equiv\ = 0{,}001$ Mole $\quad z_c = 4$

d) Cl^- $= 0{,}002$ Mole $\quad z_d = 1$

nach Formel (9) ist also

$$\mu = \frac{1^2 \times 0{,}009 + 3^2 \times 0{,}001 + 4^2 \times 0{,}001 + 1^2 \times 0{,}002}{2} = 0{,}018$$

und

$$\sqrt{\mu} = 0{,}133$$

Anorganische Redoxsysteme.

und nach Formel (8)

$-\log f_k = 0{,}5 \times 1^2 \times 0{,}133 = 0{,}067$
$-\log f_{Cl} = 0{,}5 \times 1^2 \times 0{,}133 = 0{,}067$
$-\log f_{Ferricy} = 0{,}5 \times 3^2 \times 0{,}133 = 0{,}60$
$-\log f_{Ferrocy} = 0{,}5 \times 4^2 \times 0{,}133 = 1{,}06$.

Die Aktivitätsfaktoren selbst betragen also

$f_K = 0{,}85$
$f_{Cl} = 0{,}85$
$f_{Ferricy} = 0{,}25$
$f_{Ferrocy} = 0{,}087$.

Von diesen interessieren uns hier die beiden letzten. In dem Gemisch war das Konzentrationsverhältnis von Ferricyanat : Ferrocyanat $= \dfrac{0{,}001}{0{,}001} = \dfrac{1}{1}$, dagegen das Verhältnis der Aktivitäten ergibt sich nunmehr

$$= \frac{0{,}087 \times 0{,}001}{0{,}25 \times 0{,}001} = \frac{1}{2{,}9}.$$

Wenn wir also glaubten, das Potential dieses Systems als den E_0-Wert für das Ferri-Ferrocyanidsystem betrachten zu können, weil das Mengenverhältnis 1:1 war, so erkennen wir, daß das Aktivitätsverhältnis, welches doch allein von Wichtigkeit ist, 2,9:1 war, so daß das gemessene Potential um $0{,}060 \times \log 2{,}9 = -0{,}028$ Volt von dem wahren E_0-Potential abweicht. Und diese immerhin beträchtliche Abweichung von der für unendliche Verdünnung erwarteten Zahl ist schon in einer Lösung vorhanden, welche so verdünnt ist, daß man sie nicht gar viel weiter verdünnen könnte, ohne die Sicherheit der potentiometrischen Ablesung zu gefährden. Das Gebiet „unendlicher Verdünnung" ist praktisch hier nicht erreichbar.

Man kann sich leicht überzeugen, daß der Zusatz des KCl in dem Beispiel weniger ausmachte. Auch ohne ihn würde die Abweichung nicht viel kleiner sein. Die hohe Wertigkeit der Ferriund besonders der Ferrocyanidionen gibt ihnen einen überwiegenden Einfluß.

Das einzige Mittel, um die Formel (5) befriedigend durch das Experiment zu verifizieren, besteht darin, daß man das Redoxsystem selbst in sehr niedriger Konzentration beibehält wie im vorigen Beispiel, aber den fremden Elektrolyten (KCl) in so großem

Überschuß zusetzt, daß die Ionenstärke praktisch nur durch das KCl bestimmt wird. Wenn man in einer Versuchsreihe diese hohe KCl-Konzentration konstant hält, die Konzentration des Redoxsystems dagegen immer sehr gering hält und nun das Mengenverhältnis von Ferri- und Ferrocyanid variiert, so findet man die Formel (5) ausgezeichnet bestätigt, wie folgender Versuch zeigt.

Tabelle 4. (Eigener Versuch.) Temperatur: 25° C. Alle Lösungen sind 2 molar in bezug auf KCl, außerdem enthalten die Lösungen folgende molare Konzentrationen von Ferrocyanid und Ferricyanid:

	K_4-Ferrocyanid	K_3-Ferricyanid	E in Volt, bezogen auf die Normal-H_2-Elektrode
Lösung A	1/1000	1/1000	+ 0,4938
„ B	1/100	1/1000	+ 0,4348
„ C	1/1000	1/100	+ 0,5517
		beobachtet	berechnet
Differenz B—C		− 0,1169	− 0,1182
„ A—B		+ 0,0590	+ 0,0591
„ A—C		+ 0,0579	+ 0,0591

Tabelle 5. (Eigener Versuch.) Temperatur 25° C. Alle Lösungen sind 2 molar in bezug auf KCl, außerdem enthalten die Lösungen folgende molare Konzentrationen von Ferrocyanid und Ferricyanid:

	K_3-Ferricyanid	K_4-Ferrocyanid	E in Volt, bezogen auf die Normal-H_2-Elektrode	E berechnet
Lösung A	1/1000	1/1000	+ 0,4938	−
„ B	1/100	1/1000	+ 0,5517	+ 0,5529
„ C	1/1000	1/100	+ 0,4348	+ 0,4347

Der Unterschied im Potential hängt hier in der Tat genau nach (5) von dem Mengenverhältnis ab. Aber das Potential, welches dem Mengenverhältnis 1:1 entspricht, ist nicht das richtige E_0-Potential, weil die Aktivitäten in diesem Gemisch nicht = 1:1 sind. Es ist auch nicht möglich, die Aktivitäten in einem Gemisch von großer Ionenstärke zu berechnen. Die einfache Formel (8) kann man nur bis zu einer Ionenstärke von etwa 0,01 anwenden (schon das gegebene Beispiel überschreitet dieses Bereich etwas!). Eine kompliziertere, mit schwer zu eruierenden, neuen, für jede Ionenart individuellen Konstanten behaftete ausführlichere Formel von

Debye läßt sich bis etwa zur Ionenstärke 0,1 anwenden. In Lösungen von solcher Ionenstärke, wie sie für die Verifizierung der Formel (7) nötig sind, sind aber alle Berechnungen vergeblich und das einzige, was behauptet werden kann, ist, daß unter solchen Bedingungen das Verhältnis der Aktivitätsfaktoren $f_{Ferricy}$: $f_{Ferrocy}$ konstant bleibt. Man kann also das wahre E_0 überhaupt nicht ermitteln, erhält aber dafür ein empirisches E_0, welches das für Potential eines Mischungsverhältnisses 1:1 bei großem Überschuß eines indifferenten Elektrolyten gilt. Dieses „scheinbare E_0" hängt von der Konzentration des überschüssigen Elektrolyten, aber auch von seiner chemischen Natur ab. So wird man verstehen, daß die in der Tabelle 2 und 3 angegebenen E_0-Werte nur als Orientierung dienen können, da der gesamte Elektrolytgehalt bei derartigen Messungen nicht berücksichtigt worden ist. Je höherwertig die Ionen des Redoxsystems sind, um so größer werden diese störenden Einflüsse.

Tabelle 6. **Die folgende Tabelle gibt ein Beispiel für den Einfluß des gesamten Elektrolytgehalts auf das Potential einer Lösung von Ferricyankalium und Ferrocyankalium in gleichen Mengen, nach eigenen Messungen.**

Konzentration des Ferro- bzw. Ferricyankalium je:	KCl zugefügt bis zu einer Konzentration von:	Potential in Millivolt, bezogen auf die Normal-H_2-Elektrode bei 25° C
M/300	0	399,8
	M/20	421,5
	M/10	430,0
	M/2	460,7
	M/1	478,5
	2M	498,8
M/1000	0	381,3
	M/20	410,8
	M/10	420,8
	M 2	455,5
	M/1	473,0
	2M	493,8
M/20	0	442,4
M/100	0	412,5
M/300	0	399,8
M/1000	0	381,3

Zu alledem kommt noch hinzu, daß durchaus nicht alle Elektrolyte, die Redoxsysteme bilden, zu den starken Elektrolyten gehören, sondern zum großen Teil unvollständig dissoziiert sind oder komplexe Ionen bilden. In einem solchen Fall sind die Schwierigkeiten der theoretischen Behandlung unüberwindlich. Diese Beschränkung in der wirklich exakten theoretischen Behandlung hindert aber nicht, daß schon der jetzige Stand der Theorie uns ein gewaltiges Übergewicht gegenüber der rein empirischen Behandlung der Oxydationsintensität gibt. Die bloße Tatsache, daß es möglich ist, eine Skala aufzustellen, in der jedes Oxydationssystem wenn auch nicht einem scharfen Punkt, so doch wenigstens einer gewissen Zone entspricht, ist von hohem Wert und praktisch noch mancher Ausnutzung fähig. Es ist ein glücklicher Umstand, daß alle die erwähnten Abweichungen von der idealisierten Theorie bei den für den Biologen viel wichtigeren organischen Redoxsystemen meist erheblich geringer sind, wofür die Gründe bald gezeigt werden sollen.

14. Das Potential in Metall-Komplexsystemen.

Betrachten wir ein Gemisch von Ferricyanid und Ferrocyanid. Man kann sich vorstellen, daß das erstere mit einer kleinen Menge freier Ferri-Ionen, daß letztere mit einer kleinen Menge Ferro-Ionen in Gleichgewicht ist. Dann liegt ein Gemisch zweier Redoxsysteme vor, 1. ein sehr verdünntes Ferro-Ferri-Ionengemisch, 2. das System der beiden komplexen Ionen, die sich voneinander nur um ein Elektron unterscheiden und daher selbst ein Redoxgemisch bilden. Das Potential ist daher charakterisiert durch die Bedingung

$$E = 0{,}060 \cdot \log \frac{Fe^{+++}}{Fe^{++}} + E_1 = 0{,}060 \log \frac{Fe(CN)_6^{\equiv}}{Fe(CN)_6^{\equiv\equiv}} + E_2.$$

Fe^{+++} und Fe^{++} ist die Konzentration der neben den komplexen noch frei bleibenden Ferri- und Ferro-Ionen, E_1 ist das charakteristische Potential des Ferri-Ferro-Systems, E_2 das des Komplexsystems. In diesem speziellen System und in manchen ähnlichen ebenso, ist die Affinität der Komplexbildung sehr groß, und es bleiben nur wenig einfache Fe-Ionen übrig. Ist z. B. die Gesamtmenge des Ferri-Eisens gleich der des Ferro-Eisens, so ist auch mit sehr großer Annäherung das Verhältnis $Fe^{III}(CN)_6^{\equiv} : Fe^{II}(CN)_6^{\equiv\equiv} = 1$.

Das E_0-Potential des Fe^{+++}—Fe^{++}-Systems ist etwa $+0{,}70$, das des Ferricyanid-Ferrocyanid-Systems etwa $=+0{,}42$. In dem Ferri-Ferrocyanid-System ist eine kleine Menge des einfachen Ferri-Ferro-Systems übrig, dessen Mengenverhältnis dem Potential $0{,}42$ entsprechen muß. Dieses Potential ist um $0{,}28$ Volt von dem E_0-Potential des Ferri-Ferro-Systems verschieden, es muß daher ein Verhältnis $Fe^{+++}:Fe^{++} = 1:10^{\frac{0{,}280}{0{,}060}} = 1:10^{4,3} = 1:20000$ haben. Bei Ionen so hoher Wertigkeit muß noch besonders darauf hingewiesen werden, daß man statt Konzentrationen besser Aktivitäten sagen muß. Unter diesem Vorbehalt können wir also aussagen, daß, obwohl sowohl Fe^{+++} wie Fe^{++} sehr weitgehend vom CN-Ion gebunden werden, die übrig bleibende Menge der freien Fe^{++}-Ionen immer noch 20000 mal größer ist als die der übrigbleibenden Fe^{+++}-Ionen. Und doch sind beide in so geringer Konzentration vorhanden, daß man sie mit den üblichen Reagenzien nicht nachweisen kann.

Eine noch viel größere Potentialänderung erleidet das Fe^{+++}—Fe^{++}-System durch Zusatz eines Fluorids. Durch genügenden Überschuß von NaF wird das Potential des Ferri-Ferro-Systems, je nach der Konzentration und dem p_H, eventuell von $+0{,}70$ bis auf 0 und sogar auf die negative Seite verschoben. Eine Verschiebung bis auf 0 würde bedeuten, daß das Verhältnis der übrigbleibenden $Fe^{+++}:Fe^{++}$-Ionen $1:10^{\frac{0{,}7}{0{,}06}} = $ etwa $1:10^{11,3}$ ist. Der Komplex mit Fe^{++} mag weitgehend dissoziiert sein, vielleicht gar nicht nennenswert existenzfähig sein. Das geht aus solchen Messungen nicht hervor. Der Komplex mit Fe^{+++} ist sicher sehr fest. Aber die Verhältniszahl 10^{-11} für $Fe^{+++}:Fe^{++}$ ist so ungeheuer klein, daß sie nichts weiter aussagt, als daß der Ferrikomplex vollständig ist und das Ferri-Ferro-Ionensystem nicht mehr potentialbestimmend ist. Hieraus geht hervor, daß man vermittels NaF jede Spur Fe^{+++} entfernen kann, ohne Fe^{++} wesentlich zu vermindern. Das ist auch erkenntlich an der Tatsache, daß das Potential einer Lösung des reinsten darstellbaren $FeCl_2$ kaum jemals um $0{,}3$ Volt negativer als das E_0 des Fe^{+++}/Fe^{++}-Systems ($+0{,}70$ Volt) liegt, während es durch Zusatz von NaF leicht um $0{,}8$ Volt negativer gemacht werden kann.

Man kann die Konzentration eines Metall-Ions auch dadurch stark herabdrücken, daß man ein Anion zufügt, mit dem das Metall-Ion ein schwerlösliches Salz bildet. Man denke an die Kalomelelektrode. Nun gibt es aber auch Salze von so geringer Löslichkeit, daß die aus der Potentialdifferenz berechenbare Löslichkeit einen physikalisch sinnlosen Betrag annimmt. Dies ist z. B. der Fall bei den Sulfiden von Hg oder Ag. Solche Sulfide kann man wohl als wirklich unlöslich betrachten, denn die aus dem Potential errechenbare Löslichkeit hat bei Berücksichtigung der Avogadro'schen Zahl keinen physikalischen Sinn. Man ist einigermaßen in Verlegenheit, wenn man den chemischen Mechanismus erklären will, durch den solche doch immerhin einigermaßen reproduzierbare Potentiale festgelegt werden. Wahrscheinlich ist die Beschaffenheit der Phasengrenzfläche an der Elektrode hierfür verantwortlich.

Wird also in einem Ferri-Ferro-System das Potential durch Zusatz des CN^--Ion um etwa 0,3 Volt negativer gemacht, so kann dieser Einfluß bei anderen komplexbildenden Ionen noch größer werden. Schon Peters hatte beobachtet, daß der Zusatz von NaF zu einem Ferri-Ferro-System das Potential sehr stark ins Negative verschiebt. Systematische Untersuchungen hierüber fehlten lange Zeit. Neuerdings haben Michaelis und Friedheim Versuche nach dieser Richtung gemacht. Eine prinzipielle Schwierigkeit, sinnvolle Messungen auszuführen, mußte erst überwunden werden und besteht in folgendem.

Im allgemeinen ist die Reaktion zwischen einem Schwermetall-Ion und der komplexbildenden Atomgruppe reversibel, in anderen Worten, es ist im allgemeinen ein Überschuß des Komplexbildners nötig, um das Eisen praktisch vollständig zu binden. Auch können sich je nach dem Betrage dieses Überschusses Komplexe mit mehr oder weniger Gruppen bilden. So bildet z. B. Natriumoxalat oder -pyrophosphat, wenn einer $FeSO_4$-Lösung zugesetzt, zunächst das unlösliche einfache Eisensalz mit den Anionen dieser Salze. Bei genügendem Überschuß bilden sich dann die löslichen Komplexverbindungen, welche mindestens 2 der komplexbildenden Anionen auf ein Fe-Atom enthalten, aber in vielen Fällen bei genügendem Überschuß auch 3, und unter Umständen bis 6[1]. Nur wenn die Affinität der Komplexbildung sehr groß ist, bildet sich manchmal der höchste Komplex selbst ohne einen Überschuß. So ist z. B. keine Verbindung von Fe mit weniger als 6 CN bekannt, als

---

[1] Sechs Gruppen binden sich nur, wenn jede Gruppe nur eine Koordinationsstelle einnimmt, wie bei CN^- oder NH_3. Nimmt sie zwei Stellen ein (Oxysäuren, Aminosäuren, Sulfhydrilsäuren, zweiwertige Säuren, Dipyridil usw), so ist die Höchstzahl der gebundenen Molekeln drei.

$Fe(CN)_6^{\equiv}$ bzw. $Fe(CN)_6^{\equiv\equiv}$; ebenso gibt Fe mit $\alpha\alpha'$-Dipyridil nur einen einzigen Komplex und zwar mit 3 solcher Molekeln auf 1 Fe. Solche festen Komplexe sind daher auch gegen Säuren und Laugen relativ beständig, d. h. weder konkurrieren die H^+-Ionen wesentlich mit den Fe^{++}- oder Fe^{+++}-Ionen um das Anion, noch konkurrieren die OH^--Ionen wesentlich mit den komplexbildenden Anionen um das Eisen-Ion. Ist aber die Affinität der Komplexbildung geringer, so tritt eine solche Konkurrenz ein. Säuert man eine Mischung von $FeCl_3$ und Salicylsäure stark an, so binden sich eher die H^+-Ionen als die Fe^{+++}-Ionen an die Salicylsäure-Ionen. Macht man sie stark alkalisch, so binden sich an das Fe^{+++}-Ion eher die OH^--Ionen und erzeugen das unlösliche $Fe(OH)_3$, als daß sich Salicyl-Ionen an Fe^{+++} binden würden. Daher ist der violett gefärbte Fe^{+++}-Salicylsäurekomplex nur innerhalb eines beschränkten p_H-Bereichs existenzfähig, etwa zwischen p_H 3 und 5, und die Zusammensetzung der Komplexverbindung hängt auch hier vom Mengenverhältnis ab. Die aus solchen Lösungen gelegentlich erhältlichen kristallisierten Produkte geben nicht immer einen eindeutigen Anhaltspunkt dafür, welche Zusammensetzung der Komplex in dieser Lösung hatte.

Um vergleichbare Bedingungen zu erhalten, wurde stets ein großer Überschuß des Komplexbildners mit einer kleinen Menge $FeSO_4$ versetzt und durch Pufferung das p_H festgelegt. Meist konnten die komplexbildenden Anionen selbst als Puffergrundsubstanzen benutzt werden, und p_H wurde durch geeigneten Zusatz von HCl oder NaOH variiert. Unter diesen Bedingungen zeigte sich, daß für jeden einzelnen der untersuchten Komplexbildner bei konstantem p_H die Formel

$$E = E_0 + \log \frac{[\text{Ferrikomplex}]}{[\text{Ferrokomplex}]}$$

exakt zutraf. Der E_0-Wert aber hing bei schwachen Komplexbildnern stark vom p_H ab. Dies ist zum großen Teil dem Umstand zuzuschreiben, daß die Dissoziation eines lockeren Komplexes in seine Komponenten für den Ferrokomplex in anderer Weise mit p_H variiert als für den Ferrikomplex. Im allgemeinen sind die Ferrikomplexe fester. Außerdem kommt noch eine andere Wirkung des p_H auf das Potential zum Einfluß, welche später bei den organischen Systemen besprochen werden wird.

Die Resultate der Messungen des Normalpotentials E_0 (des Potentials bei gleichen Mengen Ferri und Ferro) für variiertes p_H ist in Abb. 2 zusammengestellt. Jede Kurve ist soweit ausgezogen, als die Existenzfähigkeit der Verbindung in homogen gelöster Form es gestattete. Man sieht aus dieser Kurve, daß man, selbst für ein konstantes p_H, in einem Eisensystem je nach der Natur des

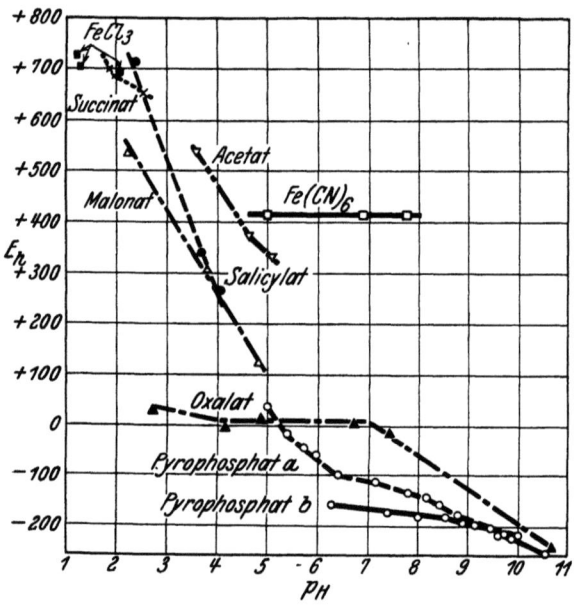

Abb. 2. Normalpotentiale verschiedener komplexer Eisensysteme bei variiertem pH. (Das Pyrophosphatsystem für zwei verschiedene Konzentrationen.)
Nach Friedheim und Michaelis.

Komplexbildners das Potential in weitesten Grenzen variieren kann. Oxalat oder Pyrophosphat sind sehr negativ; ihre Ferroformen sind kräftige Reduktionsmittel. Andererseits ist Ferricyanid schon ein kräftiges Oxydationsmittel. Abb. 3 ist ein Beispiel für die Bestimmung eines solchen Normalpotentials. Eine Lösung von Ferropyrophosphat in einem Überschuß des Pyrophosphats wird mit Phenol-Indophenol als Oxydationsmittel titriert, bei konstantem p_H.

Ein besonders interessanter Komplex ist der des α, α'-Dipyridil. Er ist nicht in die Abbildung mit eingezeichnet, weil die

Potentiale nicht gut reproduzierbar sind. Dies liegt zum Teil an der Unbeständigkeit des (blauen) Ferrikomplexes, welcher auf Kosten der Oxydation eines Teils des organischen Bestandteils schnell zum (roten) Ferrokomplex reduziert wird; zum Teil aber daran, daß das Potential dieses Systems so positiv, so nahe an

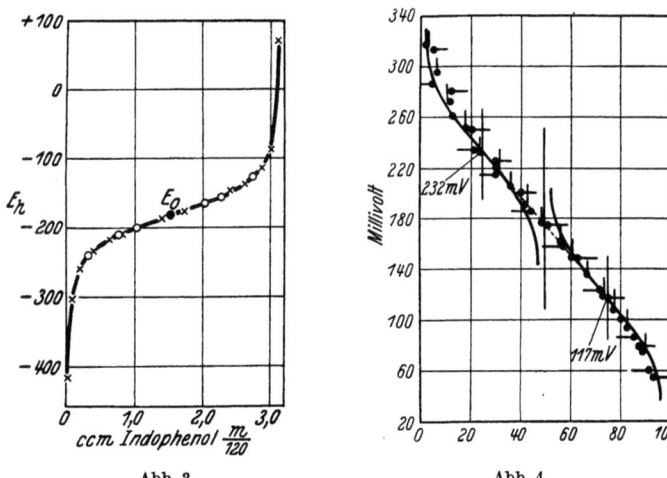

Abb. 3. Abb. 4.

Abb. 3. Ferropyrophosphat, mit Phenol-Indophenol oxydiert, bei $p_H = 8{,}068$. Abszisse: 1 ccm des Oxydans. Ordinate: Potential.

Abb. 4. Natrium-pentacyano-aquoferriat reduktiv titriert; als Reduktionsmittel wird der Leukofarbstoff von Rosindulin GG benutzt.

der Sauerstoffelektrode liegt, daß die Platinelektrode keine verläßlichen Werte mehr gibt. Damit steht auch in Übereinstimmung, daß der (rote) Ferrokomplex nur durch freies Chlor (oder Permanganat), aber nicht einmal durch Brom oxydiert werden kann. Der Eisenkomplex des Phenanthrolin ist ebenso schwer zur Ferriform oxydierbar und hat ebenfalls ein sehr positives Potential.

Ein Eisenkomplex von besonders eigenartiger Potentialbildung ist der Pentacyano-aquo-Komplex. Wenn in Ferrocyankalium bzw. Ferricyankalium eine der sechs Cyangruppen durch H_2O ersetzt wird, erhält man diese zuerst von W. Hofmann dargestellten Verbindungen. Die Ferroverbindung ist gelb, die Ferriverbindung ist bei schwach saurer Reaktion blau. Davidsohn versuchte zuerst das Potential eines Gemisches der Ferro- und der Ferriverbindung zu bestimmen und erkannte die Absonderlichkeit des

Systems. Im einzelnen scheinen seine Deutungen durch gewisse Fehlerquellen getrübt zu sein. Michaelis und Smythe erhielten bei der Reduktion der Ferriverbindung durch ein geeignetes Reduktionsmittel (reduziertes Rosindulin GG) eine recht gut reproduzierbare Potentialkurve, welche in Abb. 4 abgebildet ist und bisher nur mit folgender Deutung vereinbar ist. Sowohl der Ferro- wie der Ferrikomplex existiert in wässeriger Lösung in polymerisierter Form, als Doppelmoleküle, und es existiert ein intermediäres Molekül, welches aus 1 Mol des einfachen Ferri- und 1 Mol des einfachen Ferrokomplexes besteht. Die drei Formen sind also

$$2[F_e^{II}(CN)_5 \cdot OH_2K_3]$$
$$2[F_e^{III}(CN)_5 \cdot OH_2 \cdot K_2]$$
$$[F_e^{III}(CN)_5 \cdot F_e^{II}(CN)_5OH_2]K_5$$

15. Die organischen reversiblen Redoxsysteme.

Der Prototyp dieser Systeme ist Chinon—Hydrochinon.

Chinon $\quad$ Hydrochinon
$C_6H_4O_2 \quad C_6H_4(OH)_2$

Um die thermodynamische Betrachtung hier ebenso wie bei den anorganischen Systemen durchzuführen, legen wir der Potentialeinstellung denselben atomistischen Vorgang zugrunde wie bei diesen, nämlich Abgabe und Aufnahme von Elektronen. Das Resultat der Rechnung ist ja unabhängig von dem gewählten Mechanismus, wenn es sich um Gleichgewichte handelt. Wir müssen nur vorher zeigen, daß ein solcher Mechanismus hier denkbar ist, ohne in Widerspruch mit der Thermodynamik zu geraten. Ob es wirklich so ist, oder ob daneben noch andere Mechanismen bestehen, die zu dem gleichen Gleichgewichtszustand führen, ist belanglos.

Wir operieren hier mit folgendem Mechanismus der Potentialeinstellung: Hydrochinon ist eine zweibasische Säure mit den Dissoziationskonstanten $k_1 = 1 \cdot 10^{-10}$, $k_2 = 3 \cdot 10^{-12}$. Es ist also neben dem undissoziierten Hydrochinon je nach der Wasserstoffionenkonzentration der Lösung daneben immer noch eine gewisse Menge einwertiger und zweiwertiger Ionen des Hydrochinon vorhanden.

einwertiges zweiwertiges
Ion des Hydrochinon[1]

Für die weiteren Betrachtungen ist das einwertige Ion zunächst bedeutungslos. Aber es ist ersichtlich, daß das zweiwertige Ion eine enge Beziehung zu Chinon hat, indem es durch Abspaltung von zwei Elektronen glatt in Chinon übergeht:

oder:

$$C_6H_4O_2^= \rightleftarrows C_6H_4O_2 + 2\ominus$$
zweiwertiges   Chinon
Ion des Hydrochinon

Nehmen wir diesen Verlauf der Reaktion an, so müßten wir das zweiwertige Hydrochinon-Ion als die eigentliche reduzierte Stufe und das Chinon als die oxydierte Stufe betrachten. Übertragen wir die an dem Redoxsystem mit Ferro-Ferrisalz abgeleitete Formel auf diesen Fall, so ergibt sich das Potential einer indifferenten Metallelektrode gegen ein Gemisch von Chinon und Hydrochinon, da der Oxydationsprozeß mit dem Übergang von gleichzeitig zwei Elektronen begleitet ist, nach Formel (5), S. 39:

$$E = E_0 + \frac{0{,}060}{2} \cdot \log \frac{[\text{Chinon}]}{[\text{zweiwertiges Hydrochinon-Ion}]}. \tag{11}$$

---

[1] In diesen und den folgenden Formeln ist zur Vermeidung von Mißverständnissen eine negative Ladung durch das Symbol ⊖ statt eines einfachen Striches ausgedrückt.

Wir wollen in Zukunft das primäre ursprüngliche Produkt der Reduktion, also hier das zweiwertige Ion des Hydrochinon, als Rep bezeichnen, und die reduzierte Substanz in der Gesamtheit ihrer möglichen Existenzformen als Ret („die totale Reduktionsstufe") bezeichnen. Dies ist also in diesem Falle die Summe der zweiwertigen, der einwertigen Ionen und der undissoziierten Molekeln des Hydrochinon. Ebenso wollen wir unterscheiden Oxp, die primäre, direkt durch Elektronenverlust entstehende Oxydationsstufe, und Oxt, die Gesamtmenge der oxydierten Substanz, also außer Oxt auch noch alle Formen derselben, welche im Gleichgewicht neben Oxt vorhanden sein müssen. In dem Beispiel des Chinon, wo keine weitere Umlagerung möglich ist, ist allerdings Oxp = Oxt. In diesem Sinne lautet also die letzte Formel:

$$E = 0{,}030 \log \frac{\text{Oxp}}{\text{Rep}} + E_0. \qquad (5)$$

Wenn wir das Potential statt durch Rep und Oxp durch Ret und Oxt ausdrücken wollen, so ergibt sich zunächst:

$$\text{Oxp} = \text{Oxt}$$

ferner[1]

$$\text{Rep} = \text{Ret} \cdot \frac{k_1 k_2}{k_1 k_2 + k_1 h + h^2},$$

---

[1] Es sei a die Konzentration der undissoziierten Molekel einer zweibasischen Säure,
a' die Konzentration der einwertigen Anionen,
a" die Konzentrationen der zweiwertigen Anionen,
s die Konzentration der Säure in allen Formen zusammengenommen,
h die Konzentration der H$^+$-Ionen,
k_1, k_2 die beiden Dissoziationskonstanten der Säure.

Dann ist nach dem Massenwirkungsgesetz:

$$\frac{a' \cdot h}{a} = k_1 \quad (1) \quad \text{also} \quad a' = \frac{k_1 a}{h} \qquad (2)$$

$$\frac{a'' \cdot h}{a'} = k_2 \quad (3) \quad \text{also} \quad a'' = \frac{k_2 a'}{h} = \frac{k_1 k_2 a}{h^2} \qquad (4)$$

Nun ist
$$a = s - a' - a''$$

$$a = s - \frac{k_1 a}{h} - \frac{k_1 k_2 a}{h^2}$$

$$a = \frac{s \cdot h^2}{h^2 + k_1 h + k_1 k_2}. \qquad (5)$$

wo k_1 und k_2 die erste und die zweite Säuredissoziationskonstante des Hydrochinon und h die Wasserstoffionenkonzentration bezeichnet. Also:

$$E = 0{,}030 \log \left[\frac{\text{Oxt}}{\text{Ret}} \cdot \frac{k_1 k_2 + k_1 h + h^2}{k_1 k_2}\right] + E_0 \qquad (12)$$

Beziehen wir den Faktor $k_1 k_2$ unter dem Bruchstrich in die Konstante ein und nennen die neue Konstante E_0', so wird:

$$E = 0{,}030 \log \left[\frac{\text{Oxt}}{\text{Ret}} (k_1 k_2 + k_1 h + h^2)\right] + E_0',$$

wobei nicht zu vergessen ist, daß der Sinn der Konstante E_0' nicht mehr derselbe ist wie der von E_0. Oder:

$$E = 0{,}030 \log \frac{\text{Oxt}}{\text{Ret}} + 0{,}030 \log (k_1 k_2 + k_1 h + h^2) + E_0'. \qquad (13)$$

Die letzte Formel zeigt folgendes. Wenn wir das Potential auf die Gesamtmenge von Hydrochinon und Chinon beziehen, so ist das Potential nicht nur von dem Mengenverhältnis dieser beiden, sondern auch von der Wasserstoffionenkonzentration abhängig. Betrachten wir zunächst die Abhängigkeit des Potentials von dem Mengenverhältnis der Stoffe bei konstanter Wasserstoffionenkonzentration. In diesem Falle wird das zweite Glied der rechten Seite konstant, und wir können es mit der anderen Konstante vereinigen und schreiben

$$E = 0{,}030 \cdot \log \frac{\text{Oxt}}{\text{Ret}} + E_0'', \qquad (14)$$

wobei wir im Auge behalten müssen, daß die neue Konstante E_0'' von der Wasserstoffionenkonzentration abhängig ist. Um ein bestimmtes Redoxsystem zu charakterisieren, könnten wir z. B. das Potential, bezogen auf die Normal-Wasserstoffelektrode, angeben unter der Voraussetzung, daß

$$\frac{\text{Oxt}}{\text{Ret}} = 1$$

Dies in (4) eingesetzt:

$$a'' = s \cdot \frac{k_1 k_2}{h^2 + k_1 h + k_1 k_2}. \qquad (6)$$

Im Fall des Hydrochinon ist $a'' = \text{Rep}$, und $s = \text{Ret}$, daher

$$\text{Rep} = \text{Ret} \cdot \frac{k_1 k_2}{k_1 k_2 + k_1 h + h^2}.$$

ist, und daß die Wasserstoffionenkonzentration = 1 oder $p_H = 0$ ist. In diesem Falle wird das erste Glied der rechten Seite von (14) = 0, und $E = E_0''$. Also ist E_0'' die das betreffende Redoxsystem, also hier das System Chinon—Hydrochinon, charakterisierende Konstante.

Die Formel (13) gestattet unter gewissen Umständen eine bedeutende Vereinfachung. Das Hydrochinon ist, selbst in seiner ersten Stufe, eine ziemlich schwache Säure. Wenn daher h nicht zu klein ist, sagen wir $> 10^{-8}$, so kann $k_1 k_2$ und $k_1 h$ als Summand neben h^2 vernachlässigt werden, und die Formel vereinfacht sich zu

$$E = 0{,}030 \cdot \log \frac{Oxt}{Ret} + 0{,}030 \log h^2 + E_0''$$

oder

$$E = 0{,}030 \cdot \log \frac{Oxt}{Ret} + 0{,}060 \log h + E_0''. \qquad (15)$$

Diese Formel stellt E als die Funktion zweier Variabler dar, erstens $\frac{Oxt}{Ret}$, zweitens h. Halten wir h konstant, so ergibt sich

$$E = 0{,}030 \log \frac{Oxt}{Ret} + E^*. \qquad (16)$$

Halten wir dagegen $\frac{Oxt}{Ret}$ konstant, so ergibt sich

$$E = 0{,}060 \log h + E^{**},$$

wobei jedes mit irgendeinem Index versehene E, wie E^* usw., eine Größe bedeutet, die von den im ersten Glied der rechten Seite der zugehörigen Gleichung genannten Variablen unabhängig ist. Das Potential hängt also in (16) von der Konzentration der H-Ionen genau in derselben Weise ab wie das Potential einer Platin-Wasserstoffelektrode. Der Potentialunterschied zweier Lösungen von verschiedenem p_H, aber mit gleichem Gehalt an Chinon und Hydrochinon, ist derselbe wie der zweier Lösungen von verschiedenem p_H ohne Chinon oder Hydrochinon in Berührung mit einer Wasserstoffelektrode; aber nur der Unterschied der beiden Potentiale ist derselbe, der absolute Wert des Potentials einer Lösung von bestimmtem p_H, einmal in einer Chinon-Hydrochinonelektrode, das andere Mal in einer Wasserstoffgaselektrode, beträgt nach den Messungen von Biilman 0,717 Volt bei 18° C und hat einen nicht unbeträchtlichen Temperaturkoeffizienten.

Die Chinon-Hydrochinonelektrode verhält sich demnach wie eine Wasserstoffelektrode von sehr geringem Wasserstoffdruck. Wenn nämlich eine Lösung von bestimmtem p_H in Berührung gebracht wird mit zwei Platinelektroden, die mit Wasserstoff von verschiedenem Druck in Gleichgewicht stehen, so zeigen diese einen Potentialunterschied an, welcher in folgender Weise vom Druck des Wasserstoffgases abhängt:

$$E_1 - E_2 = \frac{0{,}060}{2} \cdot \log \frac{P'_{H_2}}{P''_{H_2}}, \qquad (17)$$

wo P'_{H_2} und P''_{H_2} den Druck des Wasserstoffgases auf der einen und der anderen Seite bezeichnen. Zu derselben Anschauung wären wir aber ebenso gekommen, wenn wir dem Oxydationsprozeß die Deutung zugrunde legten, daß das Hydrochinon einfach zwei Wasserstoffatome abspaltet und die Platinelektrode mit Wasserstoff von einem bestimmten Druck beladet. Wir sehen hieraus, daß es aus dem elektromotorischen Verhalten nicht möglich ist, zu entscheiden, ob die Reduktion auf einer direkten Aufnahme von Wasserstoff oder primärer Abspaltung von Elektronen besteht. Für die thermodynamischen Berechnungen ist es auch gleichgültig, welche der beiden Möglichkeiten man zugrunde legt. Es ist beweisend für die Richtigkeit der Überlegungen, daß das Endresultat der Rechnung, in welchem alle willkürlichen Annahmen über die atomistischen Vorgänge schließlich eliminiert sind, in beiden Fällen übereinstimmt. Der Unterschied besteht schließlich nur noch in der Ausdeutung der Konstanten.

16. Der atomistische Mechanismus der organischen reversiblen Redoxprozesse.

Jetzt muß gezeigt werden, daß derselbe Elektronenmechanismus für die Potentialeinstellung für die reversiblen organischen Systeme im allgemeinen denkbar ist, wobei nochmals betont wird, daß es für die thermodynamische Entwicklung des Gleichgewichts belanglos ist, ob außer diesem Mechanismus noch ein zweiter oder noch ein dritter existiert. Wir versuchen also, das beim Chinon-Hydrochinonsystem benutzte Schema für kompliziertere Systeme durchzuführen. Wir wählen zur Illustration einfache, typische organische Farbstoffe und beginnen mit dem verhältnismäßig einfachsten Indophenol, dem Phenol-Indophenol, welches wir kurz als Indophenol bezeichnen werden. Wenden wir die beim Chinon entwickelten Grundsätze hier an, so können wir schreiben:

HO—⟨⟩—N(H)—⟨⟩—OH   → minus 2 H⁺-Ionen →
(diese Dissoziation erfolgt in zwei Stufen)

I. Leuko-Indophenol (farblos).

$^\ominus$O—⟨⟩—N$^\ominus$—⟨⟩—OH   → minus 2 Elektronen →

II. Zweiwertiges negatives Ion des Leukoindophenol (farblos).

O=⟨⟩=N—⟨⟩—OH

III. Indophenol (blau).

Um diese Auffassung durchzuführen, muß man der NH-Gruppe in Formel I saure Eigenschaft zuschreiben, d. h. die Fähigkeit, ein H⁺-Ion abzudissoziieren. Die Dissoziationskonstante dieser Reaktion ist sicherlich sehr gering, so klein, daß sie mit den gewöhnlichen Methoden nicht mehr meßbar ist[1]. Das hypothetische zweiwertige Ion hat die Konstitution II.

Der Vollständigkeit halber sei hinzugefügt, daß das Indophenol von der Formel III seine tiefblaue Farbe nur in alkalischer Lösung hat, wenn die OH-Gruppe ionisiert ist. In saurer Lösung, wo diese Gruppe undissoziiert ist, ist die Farbe rosa. Diese Tatsache hat nichts mit Oxydation oder Reduktion zu tun, sondern nur mit Ionisation, und mit einer dadurch bedingten Änderung der Schwingungsmöglichkeiten der Struktur.

Als weiteres typisches Beispiel wählen wir einen Fall, bei dem nur Iminogruppen statt der chinonartig gebundenen O-Atome in Betracht kommen, etwa das Lauthsche Violett (Thionin).

H_2N—⟨S⟩—NH_2 → minus 2 H⁺ →
        N(H)   (Dissoziation in 2 Stufen)

I. Leukothionin (farblos).

---

[1] Dissoziationskonstanten < etwa 10^{-13} oder 10^{-14} können mit den üblichen potentiometrischen oder Leitfähigkeitsmethoden nicht mehr gemessen werden. Das hindert aber nicht, daß sie eine physikalische Bedeutung haben. Im übrigen ist die saure Natur einer Iminogruppe etwas ganz Geläufiges.

Der atomistische Mechanismus der organ. reversibl. Redoxprozesse. 79

$^{\ominus}$HN—[ring]—S—[ring]—NH$_2$
              |
              N
              $\ominus$

→ minus 2 Elektronen →

II. Zweiwertiges Anion des Leukothionin.

HN—[ring]—S—[ring]—NH$_2$
            |
            N

III. Thionin (violett).

Dieser Prozeß ist aber auch noch auf eine andere Weise vorstellbar. Wir können nämlich die Abgabe der zwei Elektronen auch an dem einwertigen Anion des Leukothionins vollzogen denken, und diese Darstellung hat den Vorzug, daß wir die sicherlich nur in ungeheuer geringer Menge existenzfähigen zweiwertigen Ionen (Formel II) außer Betracht lassen können:

H$_2$N—[ring]—S—[ring]—NH$_2$
             |
             N
             $\ominus$

→ minus 2 Elektronen →

IIa. Einwertiges Anion des Leukothionin.

$^+$H$_2$N—[ring]—S—[ring]—NH$_2$
              |
              N

IIIa. Positives Ion des Thionin.

Die Form IIIa verhält sich zu III wie NH$_4^+$ zu NH$_3$, die beiden Formen sind insofern dasselbe, als die eine Form die bei saurer Reaktion, die andere die bei alkalischer Reaktion vorherrschende Form zweier miteinander im Gleichgewicht stehender Dissoziationsstufen der gleichen Molekelart darstellt.

Beide Darstellungsweisen sind brauchbar, und sie sind absichtlich beide erörtert worden, weil es Fälle gibt, in denen nur die eine, und andere Fälle, in denen nur die andere denkbar ist. Die erste Darstellungsweise entspricht ganz der beim Chinon und beim Indophenol. Die zweite entspricht demjenigen Vorgang, welcher bei dem nunmehr folgenden Beispiel eines wichtigen neuen Typus die einzig denkbare ist. Als Beispiel für diesen neuen Typus wählen wir das **Methylenblau**, welches sich vom Thionin dadurch unterscheidet, daß beide Aminogruppen vollständig methyliert sind.

$(CH_3)_2N$—[ring system with S on top, N-H on bottom]—$N(CH_3)_2$

→ minus 1 H$^+$-Ion →

I. Leukomethylenblau.

$(CH_3)_2N$—[ring system with S on top, N$^\ominus$ on bottom]—$N(CH_3)_2$

→ minus 2 Elektronen →

II. Einwertiges Anion des Leukomethylenblau.

$^+(CH_3)_2N$—[ring system with S on top, N on bottom]—$N(CH_3)_2$

III. Kation des Methylenblau.

Da das Leukomethylenblau außer dem H-Atom der NH-Gruppe kein dissoziierbares H-Atom enthält, ist ein zweiwertiges Anion undenkbar, und wir sind gezwungen, von dem einwertigen Anion (Formel II) als Vorstufe der Elektronenabgabe auszugehen. Aus diesem entsteht das Kation des Methylenblaus, und dies ist das Kation einer quaternären Ammoniumbase, welche eine starke Base ist, wie NaOH, und in undissoziiertem Zustande (wo also statt der positiven Ladung eine OH-Gruppe in der Formel III stehen würde) nicht oder jedenfalls nicht in nennenswerter Menge existenzfähig ist, selbst nicht bei stark alkalischer Reaktion.

Dieses Beispiel ist von ganz besonderem Interesse. Hier ist es nämlich nicht möglich, die Oxydation durch die Abgabe von zwei H-Atomen zu charakterisieren. Wie man die Sache auch drehen mag, immer gibt das Leukomethylenblau höchstens ein H-Atom ab, und außerdem noch ein Elektron. Die Oxydation ist hier nicht gleichwertig mit der Abgabe von zwei H-Atomen, und die Auffassung der Oxydation als bloße Dehydrogenation ist nicht durchführbar. Dagegen ist die Auffassung der Oxydation als Abgabe zweier Elek-

Die organischen reversiblen Redoxsysteme.

tronen bei den Farbstoffsystemen widerspruchslos durchführbar. Wielands Vorstellung, daß die Oxydationen nur gelegentlich in einer Addition von Sauerstoff, meistens aber in einer Abgabe von Wasserstoff bestehen, erweist sich als nicht umfassend genug. Die Abgabe von Elektronen ist in seinem Schema nicht berücksichtigt und doch ist diese, wenigstens für die reversiblen Systeme, die einfachste und einzig allgemein durchführbare Charakterisierung der Oxydation.

An dieser Stelle ist es angebracht, auf einen wesentlichen Unterschied zwischen dem elementaren Träger der negativen Elektrizität, dem Elektron, und dem der positiven, dem Proton, hinzuweisen. Ein Proton kann von einer Molekel ohne weiteres in reversibler Weise abgegeben werden. Eine Molekel, welche zur Abgabe von Protonen in meßbarem Grade befähigt ist, nennt man eine Säure. Insbesondere trifft dies zu, wenn man die erweiterte Definition der Säure nach Brönstedt anwendet. Der Acceptor für das abdissoziierte Proton ist das Lösungsmittel. Ist dieses Wasser, so existiert also das abgegebene Proton in Form des Oxonium-Ions, OH_3^+.

Die Abgabe eines Elektrons dagegen imponiert viel mehr als eine „chemische Reaktion". Nur in seltenen Fällen ist OH_2 in meßbarem Umfang ein Acceptor für das Elektron, und das mit dem Elektron beladene Wasser ist nicht eine existenzfähige Molekelart, sondern unterliegt sekundären, irreversiblen Vorgängen, z. B.

$$Na + OH_2 \rightarrow Na^+ + OH^- + 1/2\,H_2.$$

Aber nur die allerstärksten Reduktionsmittel geben das Elektron direkt an das Wasser ab. Die meisten Reduktionsmittel erfordern in der Regel einen empfindlicheren Acceptor für das Elektron.

Deshalb ist Abgabe oder Annahme von Protonen (elektolylische Säure-Dissoziation) und Abgabe oder Annahme von Elektronen (Oxydation-Reduktion) von so verschiedener Bedeutung. Man kann in Kürze sagen, der Unterschied beruhe darauf, daß Wasser sich wohl mit einem Proton, aber nicht mit einem Elektron zu einer existenzfähigen Molekelart reversibel verbinden kann. Dieser Umstand hat bewirkt, daß die sonst vorhandenen Analogien zwischen Säure-Dissoziation und Oxydation-Reduktion so lange verborgen geblieben sind.

17. Die Berücksichtigung der Aktivitätstheorie bei den organischen Redoxsystemen.

Wenn man für die organischen Systeme die von der Aktivitätstheorie geforderten Korrekturen anbringen will, so kann man das folgendermaßen an dem Beispiel Chinon-Hydrochinon zeigen. Um die thermodynamische Grundformel der Redoxpotentiale zu schreiben, müssen wir statt der Konzentrationen die Aktivitäten setzen, also

$$E = \frac{RT}{n} \ln \frac{a_{Oxp}}{a_{Rep}} + E_0.$$

Die Aktivität des Oxp, in der Formel bezeichnet als a_{Oxp}, wird im allgemeinen mit seiner Konzentration [Oxp] nicht identisch sein. Da aber Chinon ein Nichtelektrolyt ist, so ist der Aktivitätsfaktor selbst bei mäßig großem Salzgehalt der Lösung nicht gar viel verschieden von 1, d. h.

$$a_{Oxt} = f_{Oxt} \cdot [Oxt],$$

wobei f_{Oxt} wenigstens angenähert $= 1$ ist.

Rep ist das zweiwertige Ion des Hydrochinons. Mehrwertige Ionen haben schon in Lösungen geringer Ionenstärke einen stark von 1 abweichenden Aktivitätsfaktor, und wenn wir annehmen, daß in der Formel

$$a_{Rep} = f_{Rep} \cdot [Rep]$$

f_{Rep} stark verschieden von 1 ist, so erscheint es bei flüchtiger Betrachtung, als ob die Aktivitätstheorie eine wesentliche Korrektur der einfachen Formel (5), S. 39 erforderlich machte. Das ist aber bei genauer Betrachtung nicht so schlimm. Drückt man nämlich a_{Rep} als Funktion von [Ret] aus, indem man das korrigierte Massenwirkungsgesetz anwendet, so ergibt sich, wenn RH_2 das undissoziierte Hydrochinon und A die gesamte Konzentration des Hydrochinons ausdrückt:

$$\frac{a_{RH^-} \cdot a_{H^+}}{a_{RH_2}} = k_1 \qquad (1)$$

$$\frac{a_{R^=} \cdot a_{H^+}}{a_{RH^-}} = k_2 \qquad (2)$$

$$\frac{a_{RH_2}}{f_{RH_2}} + \frac{a_{RH^-}}{f_{RH^-}} + \frac{a_{R^=}}{f_{a^=}} = A \qquad (3)$$

Die Berücksichtigung der Aktivitätstheorie.

Aus diesen drei Gleichungen könnte man die Aktivität von $R^=$ als Funktion der Konzentration des gesamten Hydrochinons ausdrücken und das gestellte Problem formal exakt lösen. Die Funktion ist sehr kompliziert. Nun ist aber zu bedenken, daß, ausgenommen bei sehr stark alkalischer Reaktion, das zweite Glied der Gleichung (3), und noch mehr das dritte Glied sehr klein gegenüber dem ersten ist. Bedenken wir ferner, daß f_{RH_2} sehr angenähert $= 1$ ist, weil RH_1 eine unelektrische Molekelart ist. Solange das der Fall ist, begehen wir nur einen kleinen Fehler, wenn wir statt (3) schreiben

$$a_{RH_2} + a_{RH^-} + a_{R^=} = A, \tag{3a}$$

Somit haben diese drei Gleichungen (1), (2) und (3a) genau dieselbe Form wie gewöhnlich, nur mit dem Unterschied, daß überall die Aktivitäten statt der Konzentrationen stehen, und es wird in Analogie mit dem früheren sich ergeben:

$$\frac{a_{R^=}}{A} = \frac{k_1 k_2}{k_1 k_2 + k_1 a_h + a_h^2}.$$

Statt der Formel (13), S. 75 erhalten wir also angenähert:

$$E = 0{,}030 \log \frac{[\text{Chin}]}{[\text{Hydroch}]} - 0{,}030 \log (k_1 k_2 + k_1 a_{H^+} + a_{H^+}^2) + E_0', \tag{4}$$

welche sich von der anderen nur dadurch unterscheidet, daß sie a_{H^+} statt $[H^+]$ oder h enthält. Nun ist das, was wir bei der p_H-Messung bestimmen, immer a_{H^+} und nicht die Konzentration h selbst. Das kommt schließlich darauf hinaus, daß man die Formel (13), S. 75 anwenden darf, wenn man unter h die Aktivität statt der Konzentration der H^+-Ionen versteht. Durch die Anwesenheit der Salze wird also die Konstante E_0' nicht geändert, die Berücksichtigung der Aktivitätstheorie führt überhaupt zu keiner bemerkbaren Konsequenz. Dies ist natürlich nur eine Annäherung, welche nicht bei allen organischen Systemen so gut zutrifft wie beim Chinonsystem, und selbst bei diesem versagt sie in sehr salzreichen Lösungen. Die innere Ursache, warum im Gegensatz zu den anorganischen Systemen der Salzfehler hier in der Regel so unbedeutend ist, ist der Umstand, daß die primäre Reduktionsstufe, welche oft ein mehrwertiges Ion ist, gewöhnlich nur in verschwindender Konzentration vorhanden ist und im Gleichgewicht steht mit einer elektroneutralen Molekelart, welche in großem Überschuß vorhanden ist und auf alle Abweichungen, welche der Salzgehalt hervorruft, als Dämpfer wirkt.

Es trifft natürlich nicht streng zu, daß für unelektrische Molekel der Aktivitätsfaktor immer $= 1$ gesetzt werden darf. Die hierdurch verlangte Korrektur der Formel (4), S. 83 besteht aber nur darin, daß es in dem ersten Glied statt $\log \frac{[\text{Chin}]}{[\text{Hydroch}]}$ heißen muß $\log \frac{f_{\text{Chin}} \cdot [\text{Chin}]}{f_{\text{Hydr}} \cdot [\text{Hydroch}]}$. Da Chinon und Hydrochinon beide, außer bei sehr alkalischer Reaktion, unelektrische Molekel sind, so wird wenigstens bis zu mittleren Salzkonzentrationen $\frac{f_{\text{Chin}}}{f_{\text{Hydr}}}$ etwa $= 1$ bleiben, und der Salzeffekt verschwindet wiederum. In hohen Salzkonzentrationen trifft schließlich auch das nicht mehr zu.

Wir können die Betrachtungen folgendermaßen zusammenfassen: Sowohl die reduzierte wie die oxydierte Stufe des Redoxsystems ist im allgemeinen in mehreren Dissoziationszuständen nebeneinander vorhanden. Ist aber der überwiegende Anteil der reduzierten, wie auch der oxydierten Stufe, eine unelektrische Molekelart, so braucht man auf die Aktivitätsfaktoren keine Rücksicht zu nehmen. Dasselbe gilt auch in solchen Fällen, wo das Redoxsystem ein Elektrolyt im gewöhnlichen Sinne ist, etwa bei Systemen aus Sulfosäurestoffen. Wenn nur die Hauptmenge der oxydierten und der reduzierten Stufe Ionen von gleicher Valenz sind, so wird unter den gegebenen Bedingungen der Aktivitätsfaktor für beide angenähert gleich, wenn auch verschieden von 1 sein, und das Verhältnis der Aktivitäten der beiden Molekelarten wird angenähert gleich dem ihrer Konzentrationen. Gelegentlich können die Umstände ungünstiger liegen. So ist z. B. bei Methylenblau die oxydierte Stufe ein sehr starker Elektrolyt, denn die freie Base ist eine quaternäre Ammoniumbase, aber Leukomethylenblau ist eine schwache Base. Bei alkalischer Reaktion ist also das Methylenblau so gut wie ganz als Ion, das Leukomethylenblau überwiegend als undissoziierte Molekel vorhanden. Hier wird der Salzfehler größer sein, was W. M. Clark in der Tat experimentell gefunden hat.

Es gelang Sörensen und Linderström-Lang eine Chinonelektrode zu konstruieren, welche nicht nur angenähert, sondern exakt bei jedem beliebigen Salzgehalt der Lösung immer das gleiche

Verhältnis der Aktivitäten von Chinon und Hydrochinon hat. Wegen der Fähigkeit dieser zwei Molekelarten, sich zu einer neuen dritten, nämlich Chinhydron, zu verbinden, wird in jeder Lösung, die man aus nur zwei dieser Substanzen herstellt, die dritte sich stets bis zur Erreichung des Gleichgewichtes von selbst bilden. Ferner ist es ein thermodynamisches Postulat, daß jede gesättigte Lösung einer Molekelart, welche mit den festen Kristallen derselben im Gleichgewicht steht, unabhängig davon, ob noch andere Substanzen gelöst sind, die gleiche Aktivität dieser Molekelart besitzt. Wenn man irgendeine Lösung, deren p_H gemessen werden soll, mit zwei von den drei Substanzen sättigt, wird daher das Aktivitätsverhältnis von Chinon zu Hydrochinon immer das gleiche sein, oder mit anderen Worten, E_0' hat einen vom Salzgehalt der Lösung unabhängigen Wert. In der Praxis wird man die zwei schwerlöslichsten dieser Substanzen bevorzugen. Man sättigt daher die zu untersuchende Lösung sowohl mit Chinon wie mit Chinhydron, und gewinnt so eine Elektrode, deren Potential bei beliebigem Salzgehalt vom p_H genau so abhängig ist, wie das einer Wasserstoffelektrode.

Die Potentiale der Chinhydrone, bezogen auf eine
Wasserstoffelektrode bei gleichem p_H in Volt
(nach E. Biilmann).

Temperatur	Chinhydron	Toluchinhydron	Xylochinhydron
18°	+ 0,7044	0,6507	0,6014
25°	0,6990	0,6454	0,5960
	r_H für dieselben		
18°	24,40	22,54	20,83
25°	23,64	21,83	20,16

Das Potential der Chinon-Chinhydron-Elektrode bei 18° C: + 0,7562 Volt (nach Sörensen, Sörensen und Linderström-Lang: 0,7546).
Das Potential der Hydrochinon-Chinhydron-Elektrode bei 18° C: + 0,6179 Volt (nach Sörensen usw.: 0,6191).

Man kann aber auch die Lösung mit Hydrochinon und Chinhydron sättigen. Dieses Verfahren ist von Biilmann empfohlen worden und bietet nach einer sehr schätzbaren Seite einen Vorteil. Während nämlich die Chinhydronelektrode als Mittel zur Messung von p_H aus den erwähnten Gründen nur bei saurer, neutraler und sehr schwach alkalischer Reaktion höchstens bis $p_H = 8$ benutzt werden kann, erstreckt sich das zulässige p_H-Bereich der Hydrochinonelektrode — wie wir sie kurz nennen wollen — um mindestens eine p_H-Einheit weiter ins alkalische Gebiet. Das ist besonders für physiologische Zwecke sehr nützlich. Die Ursache für diese Erscheinung ist wahrscheinlich folgende.

Das Hydrochinon, besonders in alkalischer Lösung, ist nicht völlig stabil, sondern kann in Berührung mit den Substanzen der Lösung allmählich irreversible Reaktionen eingehen, die sich durch Verfärbungen manifestieren. Der relative Grad der Deteriorierung ist nun um so geringer, je höher die Konzentration des Hydrochinons ist, weil das Mengenverhältnis Hydrochinon:Chinon dann weniger geändert wird. Das Potential der Hydrochinonelektrode schien Biilmann in einem Phosphatpuffer von $p_H = 6{,}8$ (gleiche Teile M/15 primäres und sekundäres Phosphat nach Sörensen) so stabil und so gut reproduzierbar, daß er diese Hydrochinon-Phosphatelektrode geradezu als best reproduzierbare Vergleichselektrode empfohlen hat. In stark sauren Lösungen (0,1 norm. HCl in 1 norm. KCl) dagegen ist die Hydrochinonelektrode weniger beständig als die Chinhydronelektrode.

18. Die allgemeine Formulierung des Potentials der organischen Redoxsysteme mit Berücksichtigung der Wasserstoffionenkonzentration.

Die Komplikation, welche bei dem Beispiel des Chinon-Hydrochinonsystems eine Modifikation der einfachen Formel (5), und die Aufstellung der komplizierteren Formel (13), S. 75 veranlaßte, war der Umstand, daß die primäre Reduktionsstufe, das zweiwertige Hydrochinonion, nicht als solche bestehen bleibt, sondern sich größtenteils durch Addition von zwei H^+-Ionen hintereinander in andere Formen des Hydrochinons umwandelt, indem ein Gleichgewicht zwischen diesen und den Wasserstoffionen eintritt. Komplikationen ähnlicher Art sind in der Regel bei den organischen Redoxsystemen vorhanden, und sie können auch gelegentlich bei anorganischen auftreten.

In diesem Kapitel soll versucht werden, eine möglichst allgemeine theoretische Behandlungsweise derartiger Komplikationen zu zeigen. Das Problem ist das folgende. Gegeben sei ein reversibles Redoxsystem, in dem die Konzentration von Oxt und Ret

Allgemeine Formulierung d. Potentials d. organischen Redoxsysteme. 87

bekannt ist und konstant gehalten wird, während p_H variiert wird. Die gestellte Frage ist: wie hängt unter diesen Umständen das Potential E vom p_H ab? Die allgemeine Antwort ist:

$$E = E_0 + \frac{RT}{nF} \ln \frac{Oxp}{Rep}$$

und

$$Oxp = \varphi(Oxt, H^+)$$
$$Rep = \psi(Rep, H^+),$$

wo φ und ψ Symbole für je eine Funktion sind, die von den Dissoziationskonstanten der beteiligten Substanzen und vom p_H abhängt. In der Praxis wird das Problem häufig umgekehrt liegen. Das Experiment zeigt uns das Potential E bei variiertem p_H, und aus dem Verlauf der Kurve sollen die Dissoziationskonstanten der beteiligten Substanzen berechnet werden. Wir nehmen aber zunächst die erste Fragestellung auf. Es kommt also nur darauf an, wie man auf Grund der Dissoziationskonstanten k_{o_1}, k_{o_2}, . . ., der oxydierten Stufe die Funktion φ, und auf Grund der Dissoziationskonstanten k_{r_1}, k_{r_2}, . . . der reduzierten Stufe die Funktion ψ bestimmen kann. Beschränken wir uns auf den bei organischem Farbstoff fast stets realisierten Fall, daß die Reduktion der Aufnahme von zwei H-Atomen auf einmal entspricht. Dann unterscheidet sich Rep von Oxp stets dadurch, daß ersteres zwei Elektronen mehr als letzteres enthält. Jede freie negative Ladung stempelt das Molekül zu einem Säureanion, und dieses steht im Gleichgewicht mit den H^+-Ionen der Lösung. Schließen wir zunächst das Vorkommen basischer Gruppen (NH_2, NH) aus, so können wir aussagen, daß, wenn die oxydierte Stufe eine n-wertige Säure ist, die reduzierte Stufe eine (n+2)-wertige Säure sein muß.

Erstes Beispiel, n = 0.

Ist n = 0, oder ist die oxydierte Stufe eine nicht als Säure funktionierende Molekelart, wie Chinon oder Anthrachinon, so liegt der Fall so, wie es vorher für das Chinon-Hydrochinonsystem abgeleitet worden ist und wir erhalten

$$E = E_0' + \frac{RT}{2F} \ln \frac{Oxt}{Ret} + \frac{RT}{2F} \ln (k_{r_1} k_{r_2} + k_{r_1} h + h^2).$$

Hier kommen nur Dissoziationskonstanten mit dem Index r vor. Wir wollen deshalb in den nächsten paar Gleichungen diesen Index vorläufig wieder fortlassen.

Um den Verlauf der E-Kurve zu verfolgen, differenzieren wir nach p_H:

$$\frac{dE}{dh} = +\frac{RT}{2F} \cdot \frac{k_1 + 2h}{k_1 k_2 + k_1 h + h^2}$$

$$\frac{dE}{d \ln h} = \frac{RT}{2F} \cdot \frac{h(k_1 + 2h)}{k_1 k_2 + k_1 h + h^2}$$

$$\frac{dE}{dp_H} = -0{,}030 \cdot \frac{(k_1 h + 2h^2)}{(k_1 k_2 + k_1 h + h^2)}. \tag{1}$$

Solange $h \gg k_1$, und also erst recht wenn $h \gg k_2$ ist, wie man aus (1) sieht,

$$\frac{dE}{dp_H} = -0{,}060,$$

und zwar unabhängig von p_H, d. h. das Potential ist linear von p_H abhängig mit der Neigung 0,060 Volt pro p_H-Einheit. Wenn $k_1 \gg h \gg k_2$, ist angenähert

$$\frac{dE}{dp_H} = -0{,}030,$$

wiederum unabhängig von p_H, die Kurve selbst also linear abhängig von p_H, mit der Neigung 0,030 Volt pro p_H-Einheit. Wenn $h \ll k_2$, ist angenähert

$$\frac{dE}{dp_H} = 0.$$

Die Potentialkurve selbst ist horizontal, unabhängig von p_H. Die Kurve muß also aus drei annähernd linearen Strecken bestehen mit den Neigungen 0,06, 0,03, 0 (siehe Abb. 1 und 2). Die drei Strecken sind durch zwei etwas abgerundete Knicke verbunden. Ist $h = k_1$, so ist

$$\frac{dE}{dp_H} = -0{,}030 \cdot \frac{3k_1^2}{2k_1^2 + k_1 k_2}$$

oder, da $k_2 \ll k_1$, angenähert

$$\frac{dE}{dp_H} = -0{,}045.$$

Hier ist gerade der Mittelpunkt des Überganges von der 0,06-Neigung zur 0,03-Neigung. Ist $h = k_2$, so ist

$$\frac{pE}{dp_H} = -0{,}030 \cdot \frac{k_1 k_2 + 2k_2^2}{2k_1 k_2 + k_2^2} = \text{angenähert } 0{,}015.$$

Allgemeine Formulierung d. Potentials d. organischen Redoxsysteme. 89

Hier ist also gerade der Mittelpunkt des Überganges von der 0,030-Neigung in die 0-Neigung. Die Ordinate des Mittelpunktes des Überganges der Kurvenstücke mit der Neigung 0,06 und 0,03 stellt also die Lage der ersten Dissoziationskonstante des Hydrochinons, die Ordinate der Mittelpunkte der Kurvenstücke mit der Neigung 0,03 und 0 die der zweiten dar. Die Ordinate dieser Mittelpunkte kann man graphisch dadurch ermitteln, daß die Gerade mit der Neigung 0,06 und die

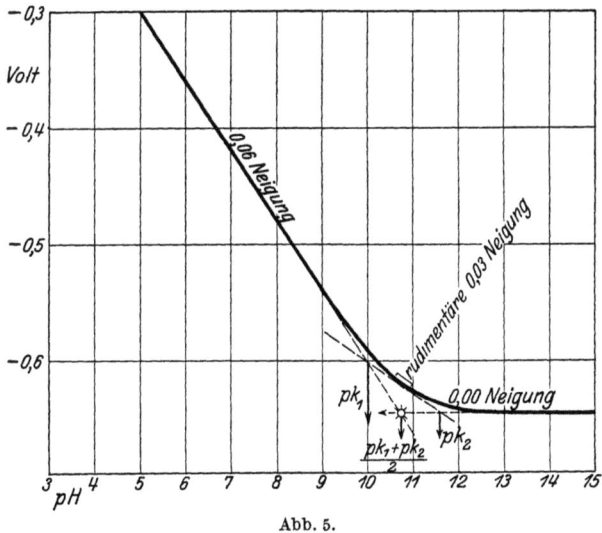

Abb. 5.

mit der Neigung 0,03 genügend verlängert. Der Schnittpunkt hat dann praktisch dieselbe Ordinate wie der theoretische Wendepunkt der Kurve. Der Fußpunkt dieser Ordinate auf der Abszisse zeigt die Größe der betreffenden Dissoziationskonstante in logarithmischem Maße an. Es ist der ,,Dissoziationsindex'' p_k, welcher zu k in der Beziehung steht

$$p_k = -\log k.$$

Die beiden p_H-Werte, die den beiden Knickpunkten der Kurve (Abb. 5) entsprechen, sind p_{k_1} und p_{k_2} des Hydrochinons. Diese liegen so dicht beieinander, daß es in dem speziellen Fall des Hydrochinons kaum möglich wäre, ihre genaue Lage zu erkennen. Nehmen wir aber ein fiktives Beispiel entsprechend dem Chinon-Hydrochinonsystem, bei dem die beiden Konstanten des dem Hydrochinon entsprechenden Stoffes weiter auseinanderliegen, so werden die Verhältnisse klarer, wie Abb. 6 zeigt. In dem Falle der Abb. 5 können wir mit Sicherheit nur sagen, daß die 0,06-Neigung allmählich in die 0,00-Neigung übergeht. Da eine einzelne Säurekonstante die 0,06-Kurve nur bis zur 0,03-Kurve abflachen kann, folgt daraus, daß zwei sehr benachbarte Konstanten des Hydrochinons diese Abflachung bewirken müssen. Das arithmetische Mittel dieser beiden Konstanten kann durch eine leicht verständliche geome-

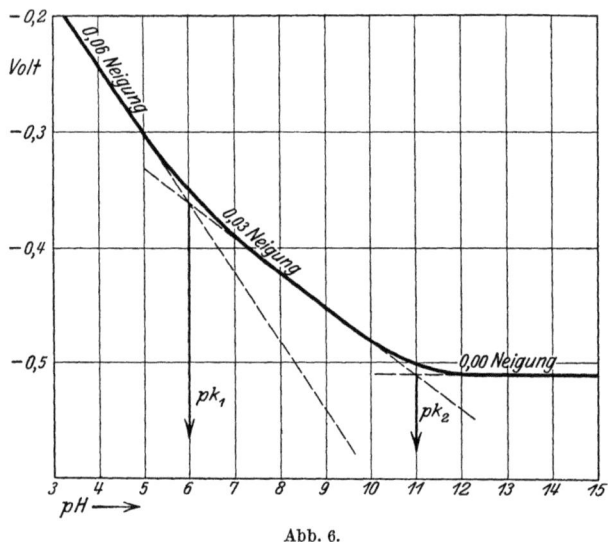

Abb. 6.

trische Konstruktion erhalten werden. Die zu dem Schnittpunkt ✹ der zwei Tangenten gehörige Ordinate (Abb. 5) zeigt nämlich das arithmetische Mittel aus den beiden p_k-Werten an, es ist 10,75, und es folgt daraus, daß p_{k_1} ein wenig kleiner sein muß als 10,75, und p_{k_2} um ebensoviel größer als 10,75. In dem in Abb. 6 wiedergegebenen Fall kann man dagegen die zwei Dissoziationskonstanten leicht einzeln erkennen.

Zweites Beispiel.

Die oxydierte Stufe sei eine Säure mit der Dissoziationskonstante k_{o_1}, etwa Naphthochinonsulfosäure. Dann ist die reduzierte Stufe eine dreibasische Säure mit den drei Konstanten k_{r_1}, k_{r_2}, k_{r_3}. Die oxydierte Stufe ist also existenzfähig als undissoziierte Säure

Allgemeine Formulierung d. Potentials d. organischen Redoxsysteme. 91

RH oder als Ion R$^-$, und die reduzierte Stufe in den Formen RH$_3$, RH$_2^-$, RH$_1^=$ und R$^\equiv$. RH unterscheidet sich von RH$_1^=$ nur um zwei Elektronen, und dasselbe gilt für die Beziehung zwischen R$^-$ und R$^\equiv$. Wir haben daher die Wahl, entweder RH und RH$^=$, oder R$^-$ und R$^\equiv$ als das zueinander gehörige Paar Rep und Oxp zu betrachten. Da das System im Gleichgewicht ist, ist es belanglos, welches der beiden Paare wir wählen. Betrachten wir also R$^-$ als Oxp und R$^\equiv$ als Rep.

Nun ist[1]
$$\text{Oxp} = \text{R}^- = \text{Oxt} \cdot \frac{k_{0_1}}{k_{0_1} + h}$$

und

$$\text{Rep} = \text{R}^\equiv = \text{Ret} \cdot \frac{k_{r_1} k_{r_2} k_{r_3}}{k_{r_1} k_{r_2} k_{r_3} + k_{r_1} k_{r_2} h + k_{r_1} h^2 + h^3},$$

---

[1] Das Massenwirkungsgesetz ergibt folgende Beziehungen (s. L. Michaelis, Wasserstoffionenkonzentration):

I. Für eine einwertige Säure, AH.

$$\frac{A^-}{A^- + AH} = \alpha = \frac{k}{k+h} \qquad \frac{AH}{A^- + AH} = \varrho = \frac{h}{k+h}.$$

II. Für eine zweiwertige Säure, AH$_2$.

$$\frac{A^=}{A^= + AH^- - AH} = \alpha_2 = \frac{k_1 k_2}{k_1 k_2 + k_1 h + h^2}$$

$$\frac{A^-}{A^= + AH^- + AH} = \alpha_1 = \frac{k_1 h}{k_1 k_2 + k_1 h + h^2}$$

$$\frac{A}{A^= + AH^- + AH} = \varrho = \frac{h^2}{k_1 k_2 + k_1 h + h^2}.$$

III. Für eine dreiwertige Säure, AH$_3$.

$$\frac{A^\equiv}{A^\equiv + AH^= + AH_2^- + AH_3} = \alpha_3 = \frac{k_1 k_2 k_3}{k_1 k_2 k_3 + k_1 k_2 h + k_1 h^2 + h^3}$$

$$\frac{A^=}{A^\equiv + AH^= + AH_2^- + AH_3} = \alpha_2 = \frac{k_1 k_2 h}{k_1 k_2 k_3 + k_1 k_2 h + k_1 h^2 + h^3}$$

$$\frac{AH_2^-}{A^\equiv + AH^= + AH_2^- + AH_3} = \alpha_1 = \frac{k_1 h^2}{k_1 k_2 k_3 + k_1 k_2 h + k_1 h^2 + h^3}$$

$$\frac{AH^2}{A^\equiv + AH^= + AH_2^- + AH_3} = \varrho = \frac{h^3}{k_1 k_2 k_3 + k_1 k_2 h + k_1 h^2 + h^3}.$$

Es ist leicht, das Bildungsgesetz dieser Regeln zu erkennen und die Formeln für Säuren von beliebiger Wertigkeit danach einfach hinzuschreiben.

Es sei daran erinnert, daß die Indices der k stets so gewählt sind, daß $k_1 > k_2 > k_3 \ldots$

und daher

$$E = E_0 + \frac{RT}{2F} \ln \frac{Oxp}{Rep},$$

$$E = E_0 + \frac{RT}{2F} \ln \frac{Oxt}{Ret} + \frac{RT}{2F} \ln(k_{r_1} k_{r_2} k_{r_3} + k_{r_1} k_{r_2} h + k_{r_1} h^2 + h^3) - \frac{RT}{2F} \ln(k_{o_1} + h),$$

wobei in E_0^* alle von Ox, Re und h unabhängigen Größen zu einer Konstante vereinigt sind. Verfolgen wir den Verlauf der E/p_H-Kurve. Es ist

$$\frac{dE}{dp_H} = 0{,}03 \frac{k_{r_1} k_{r_2} h + 2 k_{r_1} h^2 + 3 h^3}{k_{r_1} k_{r_2} k_{r_3} + k_{r_1} k_{r_2} h + k_{r_1} h^2 + h^3} - 0{,}03 \frac{h}{k_{o_1} + h}. \quad (1)$$

Sehr häufig unterscheiden sich je zwei aufeinander folgende Dissoziationskonstanten um mehrere Zehnerpotenzen. Dann können wir uns vorstellen, daß wir h in beträchtlichem Umfange variieren können, und daß doch h stets kleiner als eine der Konstanten und gleichzeitig größer als die folgende Konstante bleibt. Nehmen wir z. B. an, h werde variiert, aber nur in solchen Grenzen, daß h stets $\gg k_{r_3}$ aber $\ll k_{r_2}$ bleibt. Dann ist auch $h \ll k_1$. Dann ist in diesem Gebiet also angenähert:

$$\frac{dE}{dp_H} = 0{,}03 - 0{,}03 \frac{h}{k_{o_1} + h} = 0{,}03 \left(1 - \frac{1}{\frac{k_{o_1}}{h} + 1}\right).$$

Nun kommt es darauf an, wie groß k_{o_1} ist. Ist $k_{o_1} \gg h$, so verschwindet das zweite Glied, und

$$\frac{dE}{dp_H} = 0{,}03.$$

Ist aber $k_{o_1} \ll h$, so wird

$$\frac{dE}{dp_H} = 0.$$

Liegt aber k_{o_1} gerade in dem Größenbereich unseres p_H, so muß bei steigendem h zuerst $h < k_{o_1}$ sein, und $\frac{dE}{dp_H}$ etwas kleiner als 0,03, und später muß $h > k_{o_1}$ sein, und $\frac{dE}{dp_H}$ wird etwas größer als 0.

So wird die Kurve bei steigendem p_H von der Neigung 0 zu der Neigung 0,03 übergehen, und der Wendepunkt wird sich beinahe als Knick in dem sonst fast linearen Verlauf manifestieren. Der Knick wird der Konstante k_{o_1} (genauer gesagt, ihrem negativen Logarithmus pk_{o_1}) entsprechen. Die Kurve wird mit steigendem p_H in diesem Knickpunkt plötzlich steiler.

Daraus kann man leicht folgende Regel ableiten: **Wenn mit steigendem p_H ein Knick im Sinne der Versteilerung eintritt, so manifestiert sich eine Dissoziationskonstante der oxydierten Stufe.**

Nun nehmen wir zweitens an, die Konstante k_{o_1} falle weit außerhalb des variierten p_H-Bereiches, aber h sei zu Anfang ein wenig kleiner, nachher ein wenig größer als eine der Konstanten der reduzierten Stufe, sagen wir k_{r_2}. Dann ist, solange $k_{r_3} \ll h \gg k_{r_2}$ nach (1), S. 92 angenähert

$$\frac{dE}{dp_H} = 0{,}03,$$

vorausgesetzt, daß infolge von $k_0 \ll h$ das zweite Glied verschwindet; und sobald $k_{r_2} \gg h \ll k_{r_1}$, ist nach (1), S. 92 angenähert

$$\frac{dE}{dp_H} = 0{,}06.$$

Wenn also mit steigendem h ein Knick nach oben eintritt, mit anderen Worten, **wenn mit steigendem p_H ein Knick im Sinne der Abflachung eintritt, so zeigt dieser Knick eine Dissoziationskonstante der reduzierten Stufe an.**

In einiger Entfernung von den Knicken ist die Kurve angenähert linear, mit einer Neigung, welche je nach den jeweiligen Größenbeziehungen der Konstanten verschieden sein kann. Am häufigsten ist die Neigung dieser linearen Strecken 0,06 oder 0,03; es kann aber auch in sehr alkalischem Gebiet die Neigung 0, in sehr saurem Gebiet gelegentlich (Methylenblau) die Neigung 0,09 vorkommen.

Wenn eine Dissoziationskonstante der reduzierten Stufe sehr nahe einer solchen der oxydierten Stufe liegt, wird in der Kurve nur ein leichter bajonettartiger Doppelknick eintreten. Wenn eine Dissoziationskonstante der reduzierten Stufe mit einer der oxydierten zusammenfällt, wird sich der Einfluß beider auf den Verlauf der Kurve gegenseitig kompensieren. Wenn also irgendeine Dissoziationskonstante nicht verändert wird durch die Reduktion oder die Oxydation des Systems, so macht sie sich nicht bemerkbar. Nur solche Konstanten sind erkennbar, die in der reduzierten und oxydierten Form ihre Größe merklich ändern. In der Regel kann man allerdings damit rechnen, daß die Dissoziationskonstante einer sauren Gruppe geändert wird, wenn an irgendeiner Stelle in der

Molekel eine Änderung der Struktur oder Konstitution eintritt, und daher werden selbst die chemisch einander entsprechenden Dissoziationskonstanten der oxydierten und der reduzierten Stufe kaum jemals völlig zusammenfallen.

Ziemlich häufig kommt es vor, daß eine Konstante so groß oder auch so klein ist, daß sie nicht im Bereich des vernünftigerweise brauchbaren Titrationsgebietes zwischen $p_H = 1$—13, oder allenfalls 0—14 gelegen sind.

Dritter Fall: Beteiligung basischer Dissoziationskonstanten.

Es bleibt nur übrig, die Dissoziation auch der basischen Gruppen zu erörtern. Die formal leichteste Methode, beruhend auf den Vorschlägen von Adams, Bjerrum, Michaelis und insbesondere Brönstedt ist folgende.

Man beachte die formale Analogie folgender zwei Reaktionsgleichungen:

$$CH_3COOH \rightleftarrows CH_3COO^- + H^+,$$
$$NH_4^+ \rightleftarrows NH_3 + H^+.$$

Diese Analogie macht es wünschenswert, CH_3COOH und NH_4^+ mit einem gemeinsamen Kollektivnamen, und ebenso CH_3COO^- und NH_3 mit einem zweiten gemeinsamen Namen zu bezeichnen. Brönsted hat vorgeschlagen, CH_3COOH und NH_4^+ als Säuren, und CH_3COO^- und NH_3 als Basen zu bezeichnen. Die Umdeutung althergebrachter Namen kann zwar leicht zu Mißverständnissen Anlaß geben und eine neue Vereinbarung der Nomenklatur wäre wünschenswert. Aber bevor eine solche nicht durchgeführt ist, mögen wir uns dem Vorschlag von Brönsted anschließen. Jetzt gibt es überhaupt keinen Gegensatz von Säure- und Basendissoziationskonstanten mehr, alle Dissoziationskonstanten sind Säurekonstanten. Die Dissoziationskonstante der Säure NH_4^+ ist

$$k = \frac{[NH_3][H^+]}{[NH_4^+]}.$$

Dieses k steht zu der früher definierten Basenkonstante k_b des Ammoniaks in folgender Beziehung:

$$k_b = \frac{[NH_4^+][OH^-]}{NH_3} = \frac{k_w}{k},$$

wo k_w das Ionenprodukt des Wassers ist. Also ist k dasselbe, was man früher die Hydrolysenkonstante des Ammoniak nannte. In diesem Sinne wäre das positive Ion des Glykokoll eine zweibasische Säure:

$$^+NH_4CH_3COOH \rightarrow {}^+NH_4CH_3COO^- \rightarrow NH_3CH_3COO^-.$$

Man muß sich nur daran gewöhnen, daß bei dieser Ausdrucksweise die undissoziierte Molekelart nicht notwendigerweise eine unelektrische Molekelart ist, sondern auch ein positives Ion darstellen kann, und daß umgekehrt ein Ion nicht immer das Resultat einer Dissoziation, sondern manchmal das Resultat einer Assoziation ist, ferner daß eine unelektrische Molekelart durch Dissoziation aus einem Ion entstehen kann. Führen wir diese Betrachtungsweise streng durch, so können wir alle Dissoziationen durch die neuen Säurekonstanten ausdrücken und brauchen uns um Basenkonstanten nicht mehr zu kümmern. Eine sehr schwache Base im älteren Sinne ($NH_2C_6H_5$) entspricht einer sehr starken Säure im neueren Sinne ($^+NH_3C_6H_5$; dies ist eine sehr starke Säure, weil es unter allen Umständen weitgehend dissoziiert ist in $NH_2C_6H_5 + H^+$). Eine sehr starke Base im älteren Sinne (NR_4OH) ist eine sehr schwache Säure im neueren Sinne (NR_4^+; dieses Ion, oder besser sein hypothetisches Hydrat ($NR_4^+)H_2O$ ist eine sehr schwache Säure, weil es nur sehr wenig H^+ im Sinne der Dissoziationsgleichung

$$(NR_4^+)H_2O \rightleftharpoons NR_4OH + H^+$$

abspaltet, denn NR_4OH als undissoziierte Molekel existiert selbst bei Überschuß von NaOH nur in Spuren.

19. Einige Folgerungen und Anwendungen dieser Theorie.

1. **Bestimmung des Faktors n, oder der Elektronenzahl.**

Dieser Faktor zeigt an, um wieviel Elektronen (bzw. H-Atome) die oxydierte Stufe ärmer ist als die reduzierte und wird deshalb zweckmäßig als Elektronenzahl bezeichnet. Man versetzt eine Lösung der oxydierten Stufe (z. B. Indophenol) mit steigenden Mengen eines titrierten starken Reduktionsmittels (z. B. Titantrichlorid), während p_H durch genügende Pufferung konstant gehalten wird. Oder man versetzt eine Lösung des Leukofarbstoffs

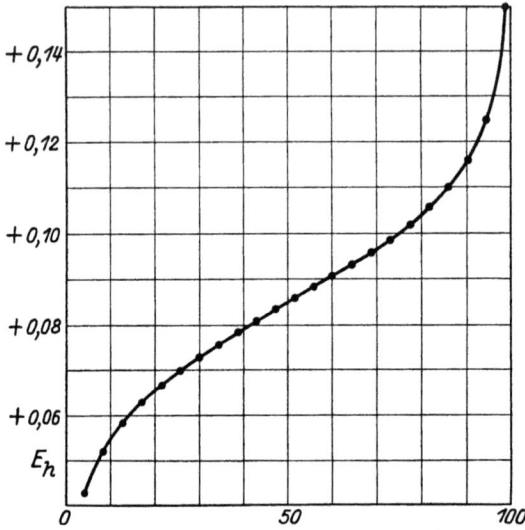

Abb. 7. Nach B. Cohen, H. D. Gibbs und W. M. Clark. Oxydative Titration von reduziertem o-Kresolindophenol. Abszisse: Gehalt des Redoxsystems an der oxydierten Stufe in Prozenten. Ordinate: Potential in Volt, bezogen auf die Normalwasserstoffelektrode.

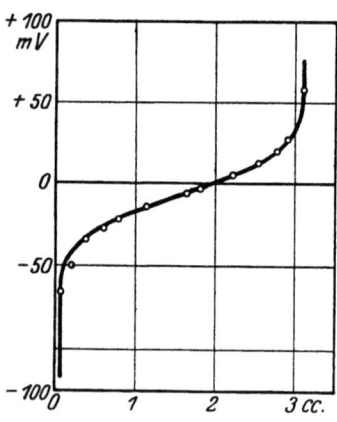

Abb. 8. Nach L. Michaelis und H. Eagle. Gallocyanin, reduziert und dann mit Chinon titriert. Abszisse: ccm Chinonlösung. Ordinate: Potential, in Millivolt, gegen die Normalwasserstoffelektrode. $p_H = 7{,}390$ (Phosphat).

mit steigenden Mengen eines Oxydationsmittels, wie Chinon. Das Ende der Titration wird in beiden Fällen durch einen Potentialsprung erkannt (vgl. Abb. 7, 8, 9). Die Menge des Oxydationsmittels (bzw. Reduktionsmittels), welche bis zur Erreichung dieses Sprunges verbraucht wird, werde als 100% bezeichnet. Wenn man eine Kurve konstruiert, welche die während der Titration abgelesenen Potentiale als Funktion der prozentischen Oxydation (bzw. Reduktion) darstellt, hat sie eine Form wie z. B. Abb. 7. Ist $n = 1$, so hat die Kurve den Verlauf

$$E = 0{,}06 \log \frac{x}{100 - x} \text{ Volt,}$$

Einige Folgerungen und Anwendungen dieser Theorie.

wenn x die Menge des verbrauchten Oxydations- (bzw. Reduktions-) Mittels in Prozenten der vollständigen Oxydation (bzw. Reduktion) ist. Ist n=2, so ist die Neigung nur halb so groß:

$$E' = 0.03 \log \frac{x}{100-x} \text{ Volt.}$$

Dieses sehr einfache und scharfe Kriterium kann benutzt werden, um in zweifelhaften Fällen zu entscheiden, ob eine Substanz sich von einer anderen, aus ihr durch Oxydation herstellbaren,

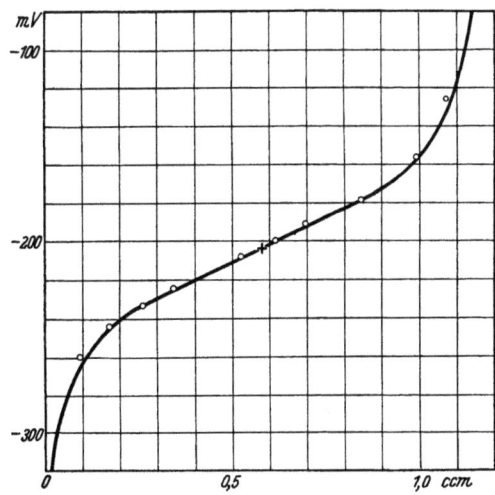

Abb. 9. Titration von reduziertem Brillant-Alizarinblau mit Chinon bei $p_H = 5,92$. Abszisse: ccm Chinonlösung. Ordinate: Potential in Millivolt, bezogen auf die Normalwasserstoffelektrode. (Nach L. Michaelis und H. Eagle.)

um ein oder um zwei Oxydationsäquivalente unterscheidet. In dem Kapitel über Semichinone wird gezeigt werden, wie diese Methode zur Entscheidung eines alten ungelösten Problems benutzt werden konnte.

Der Unterschied des Potentials bei 50% und bei 25% (oder 75%) Oxydation kann als charakteristische Größe zur schnellen Unterscheidung zwischen einer Kurve mit der Elektronenzahl 1 oder 2 benutzt werden. Ist n=1, so beträgt dieser Unterschied 0,0286 Volt (bei 30° C); ist n=2, so beträgt er 0,0143 Volt. Wir werden diesen Unterschied als das Indexpotential, E_i, bezeichnen.

2. Bestimmung der Dissoziationskonstanten des Systems.

Als Material benutzt man eine genügende Zahl von Titrationskurven bei konstantem p_H, über ein mögliches großes p_H-Bereich erstreckt. Hieraus entnimmt man für jedes p_H das Normalpotential E_0, nämlich das Potential für den zu 50 vH reduzierten Farbstoff. Nun konstruiert man eine Kurve mit p_H als Abszisse und dem Normalpotential E_0 als Ordinate. Dann zeigt jeder Knick in dem im allgemeinen linearen Verlauf der Kurve eine Dissoziationskonstante an. In dem häufigsten Fall, wenn $n=2$, gelten folgende Regeln:

Jede Dissoziationskonstante ändert die Neigung der Kurve um 0,03 Volt pro p_H-Einheit. Wird die Kurve bei Erhöhung des p_H abgeflacht, so liegt eine Dissoziationskonstante der reduzierten Stufe vor; wird sie versteilert, so liegt eine Dissoziationskonstante der oxydierten Stufe vor. Diese beiden Einflüsse sind also einander entgegengesetzt, und wenn eine Konstante der oxydierten Stufe mit der einer reduzierten übereinstimmt, heben sich die Wirkungen dieser beiden Konstanten auf den Verlauf der Kurve auf. Sind sie nur wenig voneinander verschieden, so erzeugen sie nur eine kleine bajonettartige Knickung, wie in Abb. 12.

Es können also nur solche Dissoziationskonstanten erkannt werden, welche beim Übergang der oxydierten in die reduzierte Stufe sich ändern. Solche Änderung ist in der Regel der Fall, außer bei extrem starken Säuregruppen wie Sulfosäuregruppen. Diese sind praktisch stets total dissozierrt sie sind im experimentell möglichen, gut kontrollierbaren p_H-Bereich etwa zwischen 1—13, allenfalls 0—14, nicht erkennbar.

Ist $n = 1$, so ändert jede Dissoziationskonstante die Neigung der Kurve um 0,06 Volt pro p_H-Einheit (statt 0,03), sonst ist alles ebenso. Dieser Fall kommt bei organischen Farbstoffen in der Regel nicht vor, wohl aber bei anorganischen Systemen und vielen Metallkomplexen, wie Hämatin, Eisenpyrophosphat, Hermidin und anderen.

Zur Erläuterung des Einflusses der Dissoziationskonstanten sind einige von den Kurven von Clark (Abb. 10 und 11) und nach eigenen Versuchen wiedergegeben. Abb. 10 zeigt das Potential des m-Kresolindophenol (oxydiert : reduziert = 1 : 1) bei variiertem p_H. Im experimentell zugänglichen p_H-Bereich macht

Einige Folgerungen und Anwendungen dieser Theorie. 99

sich eine Konstante der oxydierten Stufe (pk_o) und zwei der reduzierten Stufe (pk_{r_1} und pk_{r_2}) bemerkbar, während das theoretisch zu verlangende pk_{r_3} offenbar außerhalb dieses Bereiches liegt (denn die reduzierte Stufe muß stets zwei Konstanten mehr haben als die oxydierte, wenn n = 2 ist).

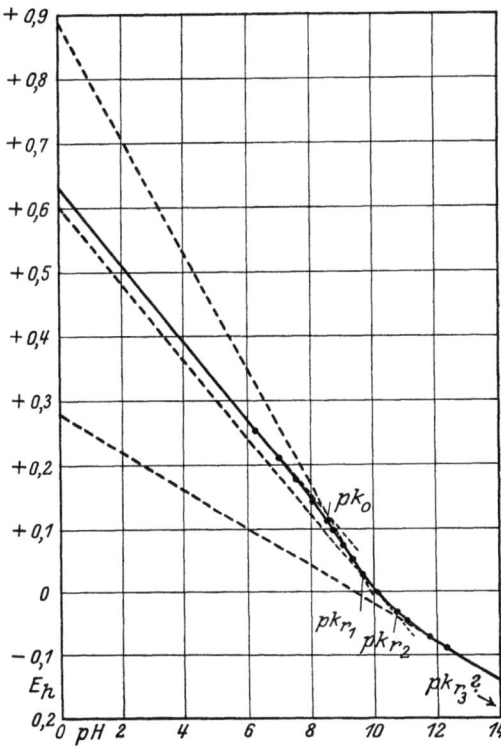

Abb. 10. Nach B. Cohen, H. D. Gibbs und W. M. Clark.

Abb. 11 zeigt dasselbe für Methylenblau, Thionin (Lauths Violett), Indigomonosulfosäure.

Abb. 14 gibt ein Übersichtsdiagramm über die wichtigsten reversiblen Systeme. Das Verhältnis von oxydierter zu reduzierter Stufe ist stets 1:1 und p_H ist variiert. Die Daten sind zum Teil den Messungen von Clark, zum Teil denen von Conant entnommen. Alle Angaben gelten für 25⁰ und die Potentiale sind auf die Normalwasserstoffelektrode bezogen.

7*

Ferner ist auf S.103 eine Tabelle von Clark abgedruckt, welche das Potential E_0, bezogen auf die Normalwasserstoffelektrode bei

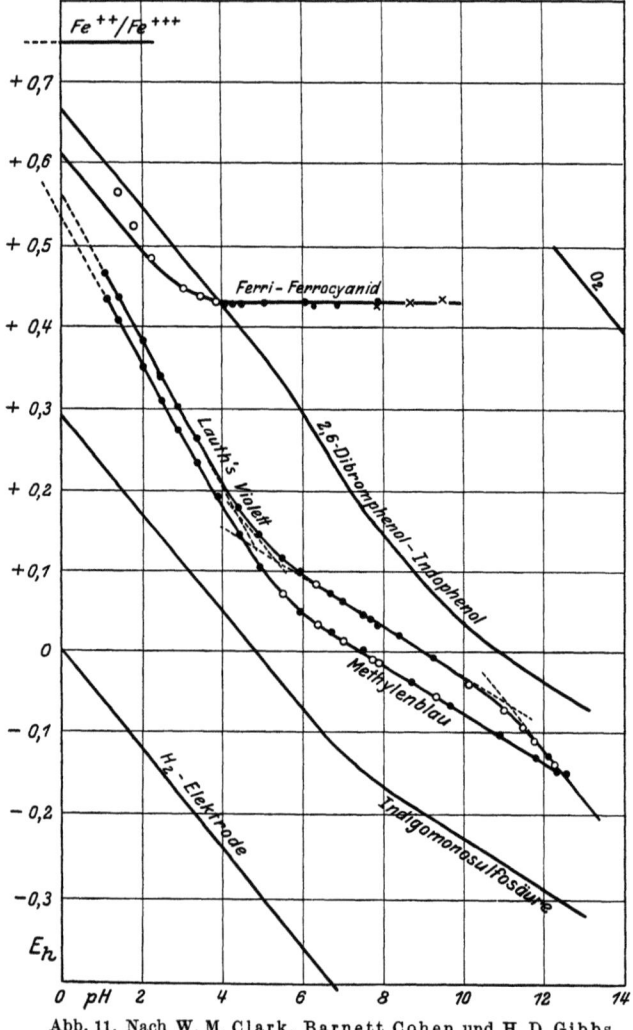

Abb. 11. Nach W. M. Clark, Barnett Cohen und H. D. Gibbs.

30° C, für eine Reihe der von ihm untersuchten Indicatoren wiedergibt. Die Reihenfolge der Indicatoren ist so gewählt, daß für $p_H = 7{,}4$ das Potential von links nach rechts immer positiver wird.

Einige Folgerungen und Anwendungen dieser Theorie. 101

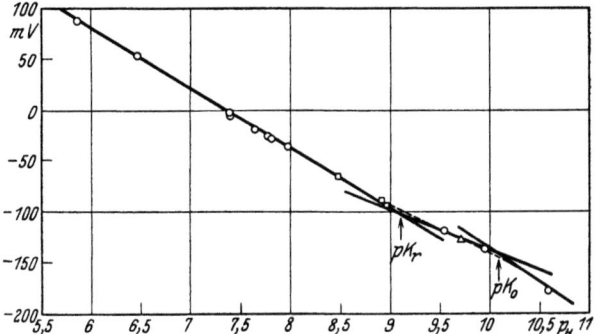

Abb. 12. Nach L. Michaelis und H. Eagle. Potential von Gallocyanin im halbreduzierten Zustand bei variiertem p_H. Abszisse: p_H. ○ Phosphatpuffer, □ Veronalpuffer, △ Glykokollpuffer. Ordinate: Potential, in Millivolt, eines Gemisches von gleichen Mengen von Gallocyanin und seinem Leukokörper.
Die bajonettartige Knickung ist durch Zeichnung der sich überscheidenden Tangenten verdeutlicht. Zwei dieser Tangenten haben die Neigung 60 Millivolt für eine p_H-Einheit, die dritte (mittlere) 30 Millivolt für eine p_H-Einheit. Die Schnittpunkte der Tangenten, projiziert auf die Abszisse, geben, in logarithmischem Maße, eine Dissoziationskonstante der reduzierten Stufe (des Leukokörpers), pKr, und eine Dissoziationskonstante der oxydierten Stufe (des Farbstoffs), pKo. Erstere entspricht einem Wendepunkt der Abflachung, letztere einem Wendepunkt der Versteilerung. Sämtliche anderen Dissoziationskonstanten, die der Farbstoff besitzt, fallen nicht in das p_H-Bereich des Versuchs.

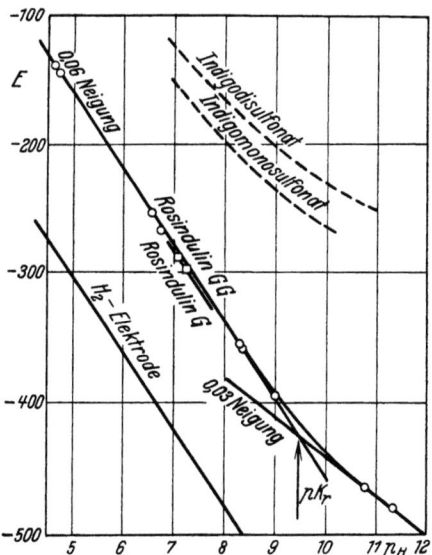

Abb. 13. Nach L. Michaelis. Normalpotential von Rosindulin 2 G (oder Rosindulin GG oder Rosindonsulfosäure).

Tabelle S. 104 gibt die Potentiale für drei weitere Redoxindicatoren, welche als Ergänzung der Clarkschen benutzt werden können. Um ihre Stellung in der Serie zu markieren, ist aus der vorigen Serie Indigodisulfonat und Methylenblau noch einmal aufgenommen. Brillantalizarinblau hat den Vorzug, daß es ein sehr

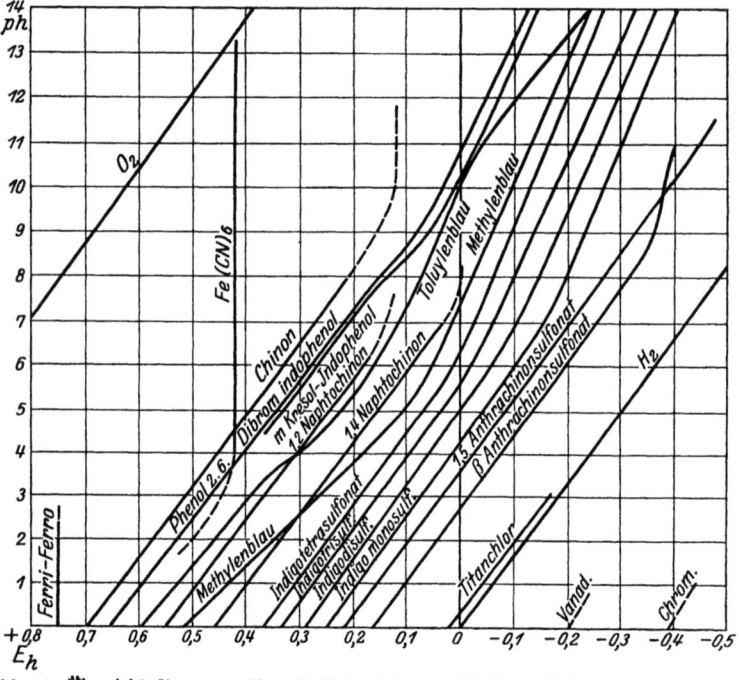

Abb. 14. Übersichtsdiagramm über die Potentiale verschiedener Redoxsysteme in halbreduziertem Zustand. Abszisse: Potential bezogen auf die Normal-Wasserstoffelektrode. Ordinate: p_H.

negatives Potentialbereich hat. Seine Löslichkeitseigenschaften sind nicht für alle Fälle ideal.

Gallophenin ist auch noch in einem sehr negativen Potentialbereich, negativer als Indigodisulfonat (etwa ebenso wie das wegen Schwerlöslichkeit praktisch beinahe unbrauchbare Indigomonosulfonat) und unbeschränkt anwendbar. Gallocyanin ist ein erwünschter zweiter Repräsentant eines Indicators im Potentialbereich des Methylenblau, mit anderen chemischen Eigenschaften.

Tabelle zu Seite 100 (nach W. M. Clark).

pH	Indigo-disulfonat	Indigo-trisulfonat	Indigo-tetra-sulfonat	Methylen-blau	Toluylen-blau	1-Naphthol-2-Sulfonsäure-indo-3',5'-Dichlor-phenol	1-Naphthol-2-Sulfonsäure-indophenol	2,6-Dichlor-phenol-indo-o-Kresol	2,6-Dichlor-phenol-indo-phenol	m-Brom-phenol-indo-phenol
5,0	−0,010	+0,032	+0,065	+0,101	+0,221	+0,261	—	+0,335	+0,366	—
5,2	−0,022	+0,020	+0,053	+0,088	+0,208	+0,249	—	+0,322	+0,352	—
5,4	−0,034	+0,008	+0,041	+0,077	+0,196	+0,236	—	+0,307	+0,339	—
5,6	−0,045	−0,004	+0,029	+0,066	+0,184	+0,223	—	+0,292	+0,325	—
5,8	−0,057	−0,016	+0,017	+0,056	+0,173	+0,010	—	+0,277	+0,310	—
6,0	−0,069	−0,028	+0,006	+0,047	+0,162	+0,196	+0,183	+0,261	+0,295	+0,248
6,2	−0,081	−0,039	−0,006	+0,039	+0,152	+0,181	+0,173	+0,245	+0,279	+0,235
6,4	−0,092	−0,051	−0,017	+0,031	+0,141	+0,166	+0,159	+0,228	+0,263	+0,221
6,6	−0,104	−0,061	−0,027	+0,024	+0,132	+0,150	+0,147	+0,212	+0,247	+0,208
6,8	−0,114	−0,072	−0,037	+0,017	+0,123	+0,134	+0,135	+0,196	+0,232	+0,192
7,0	−0,125	−0,081	−0,046	+0,011	+0,115	+0,119	+0,123	+0,181	+0,217	+0,178
7,2	−0,134	−0,091	−0,056	+0,004	+0,108	+0,003	+0,111	+0,166	+0,203	+0,163
7,4	−0,143	−0,099	−0,062	−0,002	+0,001	+0,088	+0,099	+0,152	+0,189	+0,148
7,6	−0,152	−0,107	−0,070	−0,008	+0,094	+0,073	+0,087	+0,138	+0,175	+0,133
7,8	−0,160	−0,114	−0,077	−0,014	+0,088	+0,060	+0,074	+0,125	+0,162	+0,117
8,0	−0,167	−0,121	−0,083	−0,020	+0,082	+0,046	+0,062	+0,112	+0,150	+0,103
8,2	−0,174	−0,127	−0,090	−0,026	+0,075	+0,034	+0,049	+0,099	+0,137	
8,4	−0,180	−0,134	−0,096	−6,032	+0,069	+0,021	+0,036	+0,087	+0,125	
8,6	−0,187	−0,140	−0,102	−0,038	+0,063	+0,010	+0,023	+0,075	+0,113	
8,8	−0,193	−0,146	−0,108	−0,044	+0,057	−0,002	+0,010	+0,063	+0,101	
9,0	−0,199	−0,152	−0,114	−0,050	+0,041	−0,012	−0,003	+0,050	+0,089	

Eine andere Reihe von reversiblen Farbstoffen ist von Rapkine, Struyck und Wurmser gemessen worden. Die Resultate sind in Abb. 15 wiedergegeben.

Tabelle (nach L. Michaelis und H. Eagle).
Potentiale der halbreduzierten Farbstoffe gegen die Normalwasserstoffelektrode, bei 25° C (mit sehr kleinem Temperaturkoeffizient), in Volt.

pH	Brilliant-alizarinblau	Gallophenin	Indigo-disulfonat	Methylenblau	Gallocyanin
5	− 0,040	− 0,003	− 0,010	+ 0,101	
5,25	− 0,062	− 0,023			
5,5	− 0,080	− 0,042			+ 0,110
5,75	− 0,097	− 0,060			+ 0,095
6	− 0,112	− 0,077	− 0,069	+ 0,047	+ 0,080
6,25	− 0,127	− 0,094			+ 0,065
6,5	− 0,143	− 0,110			+ 0,051
6,75	− 0,157	− 0,127			+ 0,46
7	− 0,173	− 0,142	− 0,125	+ 0,011	+ 0,021
7,25	− 0,188	− 0,157			+ 0,007
7,5	− 0,203	− 0,172			− 0,008
7,75	− 0,216	− 0,187			− 0,023
8	− 0,226	− 0,202	− 0,167	− 0,020	− 0,037
8,25	− 0,237	− 0,217			− 0,042
8,5	− 0,250	− 0,232			− 0,067
8,75	− 0,265	− 0,247			− 0,082
9	− 0,279	− 0,262	− 0,199	− 0,050	− 0,095
9,25	− 0,293	− 0,276			− 0,107
9,50	− 0,309	− 0,291			− 0,118
9,75	− 0,323				− 0,128
10	− 0,337				− 0,140

Aus dieser Farbstoffreihe (Abb. 15) sind von besonderem Interesse die mit sehr negativem Potentialbereich, weil an solchen ein fühlbarer Mangel besteht. Von diesen dürfte folgende Kritik angebracht sein:

Janusgrün wird in erster Stufe irreversibel reduziert, zu Dimethylanilin und Diäthylsafranin. In zweiter Stufe wird dieses Safranin zu einem farblosen Leukokörper reversibel reduziert. Es ist nur diese zweite Reduktionsstufe, welche die Autoren meinen. Der Grund, weshalb die Autoren nicht von vornherein mit dem Safranin arbeiten, ist wahrscheinlich, daß es leichter ist, Janusgrün im Handel zu erhalten, als ein gut charakterisiertes Dimethylsafranin. Im übrigen läßt die Reversibilität aller Safranine im alkalischen Gebiet zu wünschen übrig, die Leukokörper machen ziemlich schnell irreversible Änderungen durch, selbst bei mäßig alkalischer Reaktion.

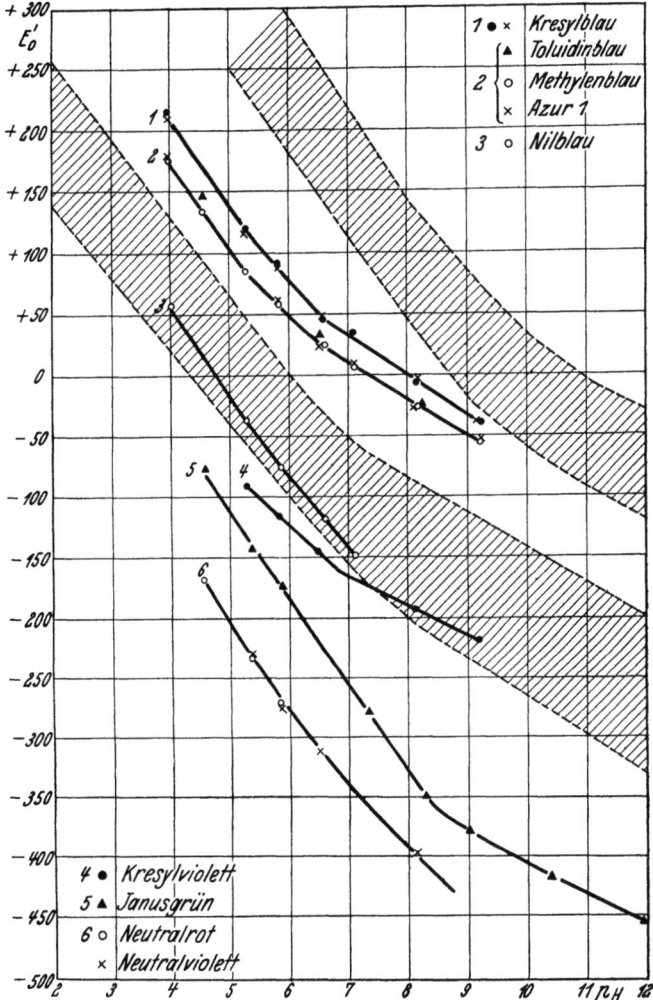

Abb. 15. Nach Rapkine, Struyck und Wurmser. Abszisse: pH. Ordinate: Potential, in Millivolt, des halbreduzierten Farbstoffs gegen die Normalwasserstoffelektrode.

Neutralrot ist vorzüglich und wegen seines stark negativen Potentialbereichs unersetzlich bei saurer Reaktion. Schon bei $p_H = 7$ beginnt es kolloidal zu werden, weil die freie Base unlöslich ist, und flockt allmählich aus. Sein reproduzierbares Potentialbereich bis $p_H = 8,5$ anzusetzen, scheint gewagt. Somit wird der Wert des Neutralrot schon in physiologischen p_H-Bereichen fraglich.

Ferner haben neuerdings Cohen und Preissler die Indicatorenreihe durch eine sehr sorgfältige Untersuchung der aufgezählten basischen Farbstoffe der Oxazinreihe vermehrt. Einige von ihnen, Methylkapriblau und Äthylkapriblau, sind infolge Neigung zu Kolloidität theoretisch etwas schwierig zu behandeln. Die Abhängigkeit der Potentiale von Salzgehalt und absoluter Konzentration wird fühlbar, das Potentialbereich dieser Farbstoffe liegt zwischen dem des Methylenblau und der Indigosulfonate. Für Nilblau und Kresylblau geben diese Autoren folgende Tabelle, welche ebenfalls einen Einfluß der absoluten Konzentration zeigt:

p_H	Nilblau (30° C) Konzentration		Kresylblau (30° C) 0,000025 Mol
	0,000136 Mol	0,000025 Mol	
1,0			+ 0,522
2,0			+ 0,402
3,0			+ 0,312
4,0	+ 0,042	+ 0,056	+ 0,225
5,0	− 0,021	− 0,011	+ 0,149
6,0	− 0,081	− 0,071	+ 0,089
7,0	− 0,116	− 0,122	+ 0,047
8,0	− 0,153	− 0,159	+ 0,015
9,0			− 0,016
10,0			− 0,022
11,0			− 0,054
12,0			− 0,095

Schließlich sollen noch die Messungen (vgl. Abb. 13) des Farbstoffes Rosindulin GG (Schultz' Farbstofftabellen Nr. 674) tabelliert werden. Dieser Farbstoff ist eine Monosulfosäure der Rosindon (s. nebenstehende Formel) und zeichnet sich in folgender Weise aus.

Der Farbstoff bildet ein völlig reversibles System, er ist sowohl im oxydierten wie im reduzierten Zustande innerhalb der denkbar weitesten p_H-Grenzen haltbar und hat ein Normalpotential, welches weit negativer ist als das aller bisher bekannten, reversiblen und haltbaren Farbstoffe von intensiver Farbtiefe. Die meisten anderen Farbstoffe von vergleichbar negativem Normalpotential sind bei alkalischer Reaktion nicht gut reversibel, entweder weil sie Neigung zur Kolloidität haben (z. B. Neutralrot) oder weil die Leukokörper nicht haltbar sind.

Normalpotential des Rosindulin bei 30° C.

p_H	5,0	6,0	7,0	8,0	9,0	10,0	11,0
Potential (Volt)	−0,161	−0,221	−0,281	−0,340	−0,395	−0,438	−0,480

Eine Besonderheit dieses Farbstoffes in sehr sauren Lösungen wird in dem Kapitel über Semichinone besprochen werden.

Die Farbstoffe, welche als Beispiele reversibler Redoxsysteme in diesem Abschnitt beschrieben worden sind, werden uns später als Oxydations-Reduktionsindicatoren wieder begegnen.

20. Semichinone und zweistufige Oxydationen.

Die bisherige Behandlung der organischen Farbstoffsysteme geschah unter der Voraussetzung, daß die einzige Möglichkeit der reversiblen Oxydation und Reduktion in der Abgabe oder Aufnahme zweier Elektronen auf einmal besteht. Ein Fall, daß dieser Prozeß in zwei trennbaren Stufen, jede ein Elektron betreffend, vor sich gehen könnte, wurde bis vor kurzem von niemandem in Betracht gezogen, ja für unverträglich mit der Verteilung der Doppelbindungen des Benzolringes gehalten, den man sich entweder nur im gewöhnlichen Zustand (wie im Benzol selbst, oder im Hydrochinon), oder mit zwei äußeren Doppelbindungen (wie beim Chinon) entweder in ortho- oder in para-Stellung vorstellen konnte. Diese Vorstellung ist unzutreffend, und es gibt in der Tat Semichinone.

Es ist schon lange bekannt, daß eine Reihe Substanzen von chinonartiger Struktur bei der Reduktion nicht nur die Substanz der zugehörigen hydrochinonartigen Struktur liefern kann, sondern auch ein intermediäres Produkt. Solches ist z. B. das gewöhnliche

Chinhydron. Es war bisher üblich, diese Zwischenstufen als eine durch Restvalenzen zusammengehaltene Molekularverbindung des Chinon und des Hydrochinon zu betrachten. Willstätter und Piccard bezeichnet solche Molekularverbindungen allgemein als Merichinone und nehmen an, daß das Verhältnis des chinoiden Körpers zum benzoiden Körper nicht in allen Fällen notwendigerweise 1 : 1 sei. Gemäß dieser Definition werden wir im folgenden unter Merichinon jede Verbindung verstehen, welche durch molekulare Vereinigung einer chinoidartigen und einer benzoidartigen Substanz entsteht. Ein Merichinon hat also stets ein größeres Molekulargewicht als das dazugehörige Chinon oder Hydrochinon. Im Gegensatz hierzu wollen wir als Semichinon solche Substanzen definieren, deren Oxydationsniveau zwischen dem des Chinon und des Hydrochinon steht, ohne daß die Molekulargröße geändert wird.

Es soll zunächst besprochen werden, wie man aus einer mathematischen Analyse der potentiometrischen Titrationskurve erkennen kann, ob bei einer in Stufen verlaufenden Oxydation oder Reduktion das intermediäre Produkt ein Merichinon oder ein Semichinon ist.

Die mathematische Analyse ist leicht nur für den Fall, daß die beiden Stufen sich deutlich voneinander abheben und sich nicht merklich überschneiden. Diese Bedingung kann auch so formuliert werden: Wenn man die völlig reduzierte, benzoide Stufe mit einem Oxydationsmittel bei konstantem p_H titriert, so darf die Bildung der völlig oxydierten „holochinoiden" Form nicht eher beginnen, als bis die benzoide Form praktisch vollständig (etwa 90 oder 95 vH) zur intermediären Form oxydiert ist. Diese Bedingung konnte in geeigneten Fällen erfüllt werden. Bei einigen Farbstoffen wird nämlich die Trennung der beiden Stufen mit abnehmendem p_H immer deutlicher. Arbeitet man in genügend saurer Lösung, so hat die Titrationskurve einen deutlichen Sprung, wenn die zweite Stufe beginnt. Wenn dies der Fall ist, können wir jede Stufe getrennt für sich behandeln, und es soll gezeigt werden, was für eine Kurve für den Fall eines Merichinons, und was für eine für den Fall eines Semichinons zu erwarten ist.

Erster Fall: Die intermediäre Stufe ist ein Semichinon.

Dann kann man die beiden Stufen der Oxydation chemisch folgendermaßen schreiben:

1. Stufe: XH_2 minus $H \to XH$
2. Stufe: XH minus $H \to H$.

Das Potential (bei konstantem p_H) für die erste Stufe ist dann bestimmt durch

$$E_{\text{erste Stufe}} = E_1 + 0{,}06 \log \frac{[XH]}{[XH_2]}$$

und das der zweiten

$$E_{\text{zweite Stufe}} = E_2 + 0{,}06 \log \frac{[X]}{[XH]}.$$

Überschneiden sich die Stufen nicht, so ist die Konstante E_1 sehr verschieden von E_2 (z. B. mehr 0,1 Volt), und man kann schreiben

$$E_{\text{erste Stufe}} = E_1 + 0{,}06 \log \frac{x}{a-x}$$

$$E_{\text{zweite Stufe}} = E_2 + 0{,}06 \log \frac{x-a}{2a-x},$$

wenn x die Menge des zugesetzten Oxydationsmittels ist, und a diejenige Menge des Oxydationsmittels, die zur Austitrierung der ersten Stufe nötig ist, so daß zur Austitrierung der beiden Stufen 2a Äquivalente des Oxydationsmittels verbraucht werden.

Die Kurven verlaufen für beide Stufen ganz gleich, abgesehen davon, daß die zweite auf einem höheren Potentialniveau steht. Beide haben den Typus einer gewöhnlichen Titrationskurve mit der Elektronenzahl 1 (wie Fe^{+++}/Fe^{++}). Infolgedessen ist die Neigung der Kurve eindeutig bestimmt (Indexpotential $= 0{,}0284$ Volt, vgl. S. 97), und die Kurve ist unabhängig von der Anfangskonzentration der Substanz; nur die Verhältnisse von Konzentrationen, nicht ihre absoluten Werte, spielen eine Rolle.

Zweiter Fall: Die intermediäre Stufe ist ein Merichinon.

Wir beschränken uns zunächst auf die einfachste Annahme, daß das Merichinon aus 1 Mol der benzoiden und 1 Mol der holochinoiden Form aufgebaut ist. Dann können wir die zwei Stufen so schreiben:

1. Stufe: $2 XH_2$ minus $2H \to (X, XH_2)$
2. Stufe: (X, XH_2) minus $2H \to 2X$.

Also ist das Potential während der Oxydation in der ersten Stufe

$$E_{\text{erste Stufe}} = E_1 + \frac{RT}{2F} \ln \frac{[(X, XH_2)]}{[XH_2]^2} \tag{1}$$

und in der zweiten Stufe

$$E_{\text{zweite Stufe}} = E_2 + \frac{RT}{2F} \ln \frac{[X]^2}{[(X, XH_2)]}. \tag{2}$$

Wir titrieren die völlig reduzierte Form mit einem Oxydationsmittel, von welchem wir a Äquivalente für jede der beiden Oxydationsstufen verbrauchen, zusammen also 2a, um die Oxydation vollständig zu machen. Angenommen, wir haben x Äquivalente des Oxydationsmittels zugesetzt (wo x < a), so werden dadurch $\frac{x}{2}$ Mole des Holochinons erzeugt, und diese verbinden sich mit weiteren $\frac{x}{2}$ Molen des Hydrochinons zu $\frac{x}{2}$ Molen des Merichinon. Es bleiben also vom Hydrochinon übrig a − x Mole. Daher ist das Potential

$$\begin{aligned}E_{\text{erste Stufe}} &= E_1 + \frac{RT}{2F} \ln \frac{\left[\frac{x}{2}\right]}{[a-x]^2} \\ &= E_1^* + \frac{RT}{2F} \ln \frac{[x]}{[a-x]^2}.\end{aligned}$$

Die eckigen Klammern bedeuten Konzentrationen. Nun ist

$$[x] = \frac{(x)}{v}$$

und

$$[a-x] = \frac{(a-x)}{v},$$

wo die runden Klammern die absoluten Mengen und v das Volumen der Lösung bedeutet. Daher

$$E_{\text{erste Stufe}} = E_1^* + \frac{RT}{2F} \ln \frac{(x)}{(a-x)^2} - \frac{RT}{2F} \ln v.$$

Vergleichen wir zwei verschiedene Titrationsversuche, an dem gleichen Punkt der Titration (also für gleiches x und gleiches a), welche sich nur durch das Volumen des Lösungsmittels[1] unter-

---

[1] Es wird der Einfachheit halber angenommen, daß das Volumen während der Titration konstant bleibt, oder daß das Volumen des aus der Bürette zugefügten Oxydationsmittels gegen das Gesamtvolumen vernachlässigt werden kann.

scheiden, so sind die ersten zwei Glieder konstant, und nur das dritte variiert:

$$E_{\text{erste Stufe}} = \text{const} - 0{,}03 \log v.$$
(für konstantes x und a)

Die ganze Titrationskurve ändert sich also mit dem Gesamtvolumen der Lösung. Alle Kurven für variiertes Volumen laufen parallel mit sich selbst, aber in verschiedener Höhe über der Abszisse. Je größer das Volumen, um so negativer ist das Potentialbereich. Die bisher immer geforderte Unabhängigkeit des Potentials von der absoluten Konzentration besteht nicht mehr.

Aber auch die Form der Kurve ist anders geworden, wenn wir eine Titration bei einem bestimmten Volumen betrachten. Dann können wir das Glied mit v in die Konstante einbeziehen und erhalten

$$E_{\text{erste Stufe}} = E_1^{***} + 0{,}03 \log [x] - 0{,}06 \log [a - 2x]$$
(bei konstantem v)

und E_1^{***} ist nicht, wie bisher die sogenannten „Normalpotentiale" es waren, das Potential im Mittelpunkt der Kurve. Ferner ist die Kurve unsymmetrisch um ihren Mittelpunkt. Im Beginn läuft sie flacher, etwa wie eine gewöhnliche Kurve für $n = 2$; später wird sie steiler, etwa wie eine gewöhnliche Kurve für $n = 1$.

Somit haben wir zwei Kriterien, welche eine Semichinonkurve von einer Merichinonkurve unterscheiden. Jede einzelne der beiden Stufen ist nämlich

für Semichinon	für Merichinon
1. Symmetrisch um ihre Mittelordinate.	1. Unsymmetrisch um ihre Mittelordinate.
2. Unabhängig vom Gesamtvolumen.	2. Abhängig vom Gesamtvolumen; Änderung von 30 Millivolt für jede Zehnerpotenz der Volumänderung.

Der Versuch hat in allen bisher experimentell zugängigen Fällen die Annahmen für das Semichinon bestätigt und Merichinonbildung als unannnehmbar erwiesen.

Von den bisher gefundenen Beispielen dieser Art können wir zwei Gruppen unterscheiden.

In der ersten Gruppe sind die drei Stufen: die benzoide, die semichinoide und die holochinoide beständige Substanzen und bieten keine Schwierigkeit bei der Titration. Wir können hier also zwei E_0-Werte unterscheiden, je einen für jede Stufe der Titration. Bezeichnen wir diese als E_1 und E_2, so hat die Erfahrung gezeigt, daß die Differenz $E_1 - E_2$ stets um so größer wird, je saurer die Lösung ist. Mit größer werdendem p_H rücken die beiden E-Werte immer enger zusammen und verschmelzen bei einem bestimmten p_H völlig zu einem einheitlichen Werte. In anderen Worten, die beiden Stufen der Oxydation überschneiden sich mit zunehmendem p_H völlig zu einem einheitlichen Werte. Was weiter geschieht, wird im nächsten Kapitel erörtert werden.

Die drei zuerst beschriebenen Beispiele dieser Art sind:

1. α-Oxyphenazin (ein von Wrede und Strack zuerst hergestellter Farbstoff),

2. α-Oxy-Methylphenazin oder Pyocanin, der blaue Farbstoff des Bacillus pyoceamus, dessen Konstitution ebenfalls von Wrede und Strack aufgeklärt und durch Synthese bestätigt wurde. Von den Angaben dieser Autoren kann nur diejenige nicht hingenommen werden, daß der Farbstoff die doppelte der erwarteten Molekulargröße habe. In diesem Fall wäre nämlich bei jedem Schritt der zweistufigen Reduktion für 1 Mol des Farbstoffes 2 H-Atom erforderlich, während die Titrationskurve einwandfrei nur 1 H-Atom für jeden Schritt anzeigt.

3. Rosindulin GG.

α-Oxyphenazin   Pyocyanin   Rosindulin. (Die Stellung der SO_3H-Gruppe ist nicht genau bekannt.)

Die Konstitution dieser Farbstoffe in der gewöhnlichen von Nietzki eingeführten Schreibweise ist hier aufgezeichnet. Betrachten wir mit anderer Schreibweise, wie z. B. beim Oxyphenazin die drei Stufen aussehen würden. Wir behalten dabei im Auge, daß die intermediäre (grüne) Stufe nur in saurer bis neutraler Lösung existiert. Dann erhalten wir folgendes Bild:

Semichinone und zweistufige Oxydationen.

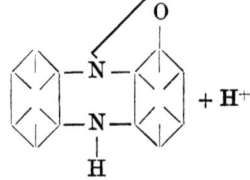

Reduziertes Oxyphenazin in saurer Lösung (mit einem H⁺ oder Proton an dem einen N-Atom)

Semichinoide Form, mit „zweiwertigem" Stickstoff

Oxydierte, holochinoide Form

Weiter unten werden wir in der Formel der semichinoiden Formel noch eine Modifikation vornehmen.

Zahlreiche andere Fälle von zweistufiger reversibler Oxydo-Reduktion boten der potentiometrischen Untersuchung Schwierigkeit wegen Schwerlöslichkeit. Diese Schwierigkeiten wurden neuerdings von Hill, Schubert und Michaelis durch Anwendung von Eisessig als Lösungsmittel überwunden und erwiesen sich als völlig analog den vorher beschriebenen Fällen. Geeignete Beispiele sind Phenazin und unsymmetrisches Diphenyl-p-phenylendiamin.

Eine zweite Gruppe von Substanzen mit einer intermediären semichinoiden Oxydationsstufe, aber mit sehr labiler holochinoider Stufe, sind die alkylierten aromatischen Diamine. Dimethyl-p-phenylendiamin und Tetramethyl-p-phenylendiamin werden bei der Oxydation zunächst in einen intensiven Farbstoff, Wursters Rot bzw. Blau umgewandelt, bei weiterer Oxydation machen sie komplizierte weitere Veränderungen durch. Schon Willstätter hatte gefunden, daß die Wursterschen Farbstoffe sich von dem zugehörigen Diamin nur um ein Oxydationsäquivalent unterscheiden. Er nahm deshalb an, daß die Wursterschen Farbstoffe Molekularverbindung von je 1 Molekel des Diamins und 1 Mol der holochinoiden, oxydierten Form sei, in folgender Weise

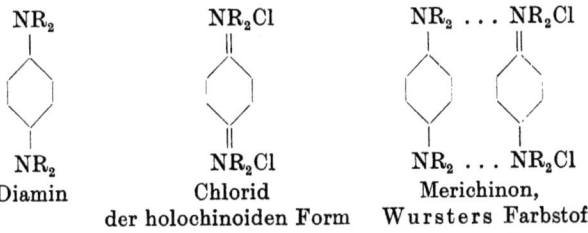

Diamin

Chlorid der holochinoiden Form

Merichinon, Wursters Farbstoff

Die mathematische Analyse der Titrationskurve hat gezeigt, daß diese Annahme unberechtigt ist und hat zugunsten eines Semichinon an Stelle des Merichinon entschieden. Die Titrationskurven waren hier schwieriger zu behandeln, weil die Potentiale zum Teil nicht beständig sind. Die Ursache hierfür ist die große Labilität der holochinoiden Form. Wenn diese abwesend ist, ist die intermediäre Form gut haltbar, wenigstens in schwach saurer Lösung ($p_H = 4{,}6$), und wenigstens die erste Stufe der Titration gibt konstante Potentiale. Die Analyse dieser ersten Stufe der Titrationskurve hat also zugunsten des Semichinon entschieden, und wir können für die Wursterschen Farbstoffe folgende Konstitutionsformel aufstellen. Die $+$-Zeichen deuten an, daß jedem N-Atom ein Elektron fehlt. Jedes N besitzt nur ein Septett, statt eines Oktetts von Elektronen. Außerdem ist aber ein unpaares Elektron, ε, vorhanden, welches in oszillatorischer Bewegung, bald dem einen, bald dem anderen Stickstoff angehört und das Septett zum Oktett ergänzt. Es ist sehr verführerisch, anzunehmen, daß das sehr charakteristische Zweibandenspektrum der Wursterschen Farbstoffe der Lichtabsorption dieses besonders locker gebundenen einzelnen Elektrons zuzuschreiben ist.

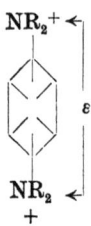

Man möge sich nicht vorstellen, daß die Oszillation des überzähligen Elektrons durch den freien Raum hindurch stattfindet. Es handelt sich wohl eher um eine Oszillation, die durch die ganze dazwischenliegende Kohlenstoffkette vermittelt wird.

Bevor wir dieses Kapitel verlassen, legen wir uns noch die Frage vor, ob nicht eine ähnliche Formulierung auch für unsere erste Klasse der Semichinone durchführbar ist. Das ist in der Tat sehr leicht möglich, wenn wir die semichinoide Form des Oxyphenazin folgendermaßen schreiben:

Semichinone und zweistufige Oxydationen. 115

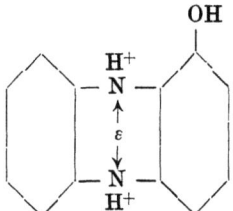

Auch hier hätten wir ein einzelnes Elektron, welches den beiden N-Atomen gemeinsam angehört. Man könnte in solchen Fällen sagen, daß eine chemische Bindung zwischen zwei N-Atomen durch ein einzelnes gemeinsames Elektron hergestellt wird, statt durch ein gemeinsames Elektronenpaar, welches nach G. N. Lewis gewöhnlich das chemische Band darstellt. Die Existenzfähigkeit dieser Semichinone ist an genügende Acidität der Lösung geknüpft, wie erwähnt wurde.

Es ist sehr wahrscheinlich, daß das gewöhnliche Chinhydron auch ein Semichinon ist. Der Beweis ist allerdings bisher nicht zu erbringen, weil es nur in Kristallform haltbar ist. In wässeriger Lösung ist es vollständig in Chinon + Hydrochinon gespalten, und diese Tatsache ist mit beiden Auffassungen gleich gut vereinbar, nämlich

1. Als Merichinon:
$$(C_6H_6O_2;\ C_6H_4O_2) \rightleftarrows C_6H_6O_2 + C_6H_4O_2,$$
2. als Semichinon:
$$2\ C_6H_5O_2 \rightleftarrows C_6H_6O_2 + C_6H_4O_2.$$

Nachdem aber die eigens für die Erklärung der Existenz intermediärer Formen eingeführte Hypothese der Merichinone sich an den experimentell zugänglichen Beispielen als unzutreffend erwiesen hat, liegt kein Grund mehr vor, sie für das Chinhydron aufrecht erhalten zu wollen. Es kommt hinzu, daß auf Grund verschiedenartiger Beobachtungen, besonders Molekulargewichtsbestimmungen auf Grund der Siedepunktserhöhungen, von E. Weitz die Existenz der Merichinone schon vor Einführung der potentiometrischen Methoden unglaubhaft geworden war. Eine ausführliche Erörterung dieser radikalartigen intermediären Produkte findet sich in einem Artikel von E. Weitz (1928).

Eine dritte Gruppe von semichinoiden Farbstoffen bildet $\gamma\gamma'$-Dipyridyl und die von ihm durch Anlagerung von Alkyl-Halogeniden erhältlichen quaternären Basen. In diesem Fall bildet die holochinoide und die semichinoide Stufe eine stabile Molekelart, während die benzoide Form labil ist. Man kann daher das Potential nur während der Reduktion der holochinoiden bis zur semichinoiden Stufe verfolgen. Das Normalpotential dieser Reduktion ist sehr negativ und unabhängig vom p_H. Nur bei den quaternären Basen kann man das Potential messen, aus einem Grunde, der alsbald verständlich werden wird.

   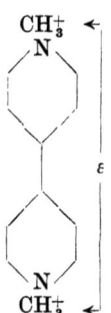

A. Zweiwertiges Kation des Dimethyl-$\gamma\gamma'$-dipyridiliumchlorid (farblos).

B. Einwertiges Kation der semichinoiden Form (blau).

Das Normalpotential des NN'-Dimethyl-$\gamma\gamma'$-dipyridyliumchlorids (Methylviologen) (siehe obenstehende Formel) war unabhängig vom p_H, zwischen p_H 8 und 13, $= -0,440$ Volt. Bei kleinerem p_H bleibt es offenbar dasselbe, aber man kann keine vollständigen Titrationskurven mehr erhalten, weil das Potential in das Bereich der Wasserstoffüberspannung zu liegen kommt. Und in der Tat kann das Methylviologen in saurer Lösung auch nur durch sehr starke Reduktionsmittel (wie Chromchlorür), die ein Wasserstoffüberspannungspotential ausüben, zu dem blauen Farbstoff reduziert werden. Bei $p_H = 7$ ist das Normalpotential dieses Systems etwa gleich dem Wasserstoffpotential, bei $p_H < 7$ ist es ein Wasserstoffüberspannungspotential. Diese Substanz kann daher bei neutraler und saurer Reaktion als ein Redox-Indikator für das Gebiet der Wasserstoffüberspannung benutzt werden.

In dem einfachen, nicht methylierten $\gamma\gamma'$-Dipyridil kann bei saurer Reaktion durch Reduktion ebenfalls ein (mehr violetter) Farbstoff erzeugt werden, welcher schon von Dimroth und

Heene als ein chinhydronartiger Körper betrachtet wurde. Diese Reduktion gelingt aber nur bei saurer Reaktion, wenn das Dipyridyl als Kation vorhanden ist, analog der Formel A für die Ammoniumbase. In alkalischer Lösung geht diese Struktur verloren, weil die nicht methylierte Base nur eine schwache Base ist, und dann ist die semichinoide Form nicht existenzfähig. Das ist der Grund, weshalb bei der nicht methylierten Base das Potential nicht gemessen werden konnte: bei saurer Reaktion deshalb nicht, weil es ein Überspannungspotential ist, und bei alkalischer Reaktion nicht, weil das Semichinoin keine Lebensdauer hat.

21. Die mathematische Analyse der zweistufigen Oxydation.

Die mathematische Analyse der Titrationskurve der zweistufigen Oxydation ist soeben für den einfachen Fall durchgeführt worden, daß das Normalpotential der ersten Stufe sehr verschieden von dem der zweiten ist, so daß eine deutliche Stufenbildung in der Titrationskurve auftritt. Dies ist jedoch nicht immer der Fall, und die allgemeine Form der zweistufigen Oxydations-Potentialkurve soll jetzt besprochen werden, für den Fall, daß die intermediäre Stufe ein Semichinon ist. Wir bezeichnen die völlig reduzierte Stufe als R, ihre molare Menge als r; die semichinoide Stufe als S, ihre Menge als s; die total oxydierte, holochinoide Stufe als T, ihre Menge als t. Der Farbstoff liege anfänglich nur in völlig reduzierter Form in der Menge a vor und werde mit einem Oxydationsmittel titriert, dessen jeweilige Menge x genannt wird, und welches in solchen Maßeinheiten gemessen wird, daß in der Mitte der Titration $x = a$, am Schluß also $x = 2a$ ist. Dann können wir folgende drei Gleichungen aufstellen:

$$r + s + t = a \quad (1)$$
$$s + 2t = x \quad (2)$$
$$s^2 = k \cdot r \cdot t. \quad (3)$$

Die Gleichungen (1) und (2) bedürfen keiner Erklärung. Gleichung (3) definiert das Gleichgewicht der Dismutation oder Disproportionierung des Semichinons

$$2S \rightleftarrows R + T$$

und k ist die Massenwirkungskonstante dieser Reaktion. Sie kann die Bildungskonstante, ihr reziproker Wert als die Dismutationskonstante des Semichinons genannt werden. Wir nehmen hier zunächst an, daß R sich von S um nichts anderes als ein Elektron, von T um nichts anderes als zwei Elektronen unterscheiden; wir nehmen also zunächst an, daß nur die „primären" Oxydationsprodukte vorhanden sind. Dann ist k eine von p_H unabhängige Größe. In Wirklichkeit werden die primären Produkte der Oxydation und Reduktion je nach dem p_H in verschiedenen Dissoziationsstufen vorliegen, und in diesem Fall ist k eine von p_H abhängige Größe. In welcher Weise k von p_H abhängt, ist von Fall zu Fall verschieden und hängt von den verschiedenen Dissoziationskonstanten ab.

Wenn die drei Gleichungen nach r, s und t aufgelöst werden, so ergibt sich

$$r = \left(1 + \frac{p}{2}\right)a - \frac{x}{2} \mp \frac{1}{2}\sqrt{Y}$$
$$s = -ap \pm \sqrt{Y}$$
$$t = \frac{p}{2} \cdot a + \frac{x}{2} \mp \frac{1}{2}\sqrt{Y}.$$

wo

$$p = \frac{k}{4-k}$$

und

$$Y = a^2 p^2 + 2apx - px^2.$$

Das obere der beiden Vorzeichen vor dem Wurzelzeichen muß angewendet werden, wenn $k < 4$, das obere, wenn $k > 4$ ist. Für $k = 4$ wird die Funktion unbestimmt, weil p in diesem Punkt von $+\infty$ nach $-\infty$ springt, aber für jeden Wert, der nur ganz wenig größer oder kleiner als 4 ist, hat p, und daher alle Lösungen für r, s, t einen bestimmten Wert. Wenn $k = 4$, erhält man aus den obigen Gleichungen (1), (2), (3) direkt die singulären Lösungen:

$$r = \frac{(2a-x)^2}{4a}$$
$$s = \frac{x(2a-x)}{2a}$$
$$t = \frac{x^2}{4a}.$$

Nachdem r, s, t auf diese Weise bekannt sind, ist das Potential durch irgendeine der folgenden drei Gleichungen bestimmt

Die mathematische Analyse der zweistufigen Oxydation. 119

$$E = E_m + \frac{RT}{2F} \ln \frac{t}{r} \qquad (4a)$$

$$E = E_1 + \frac{RT}{F} \ln \frac{s}{r} \qquad (4b)$$

$$E = E_2 + \frac{RT}{F} \ln \frac{t}{s}. \qquad (4c)$$

E_m ist das Potential im Mittelpunkt der ganzen Titration. Es ist das Normalpotential eines Systems, welches aus der holochinoiden Form, t, und der benzoiden Form, r, besteht. E_1 ist das Normalpotential der ersten Stufe, E_2 das der zweiten Stufe. Die Lage von E_1 und E_2 auf der Titrationskurve sind im allgemeinen nicht so einfach bestimmt. Nur wenn k sehr groß ist und die Stufen daher deutlich getrennt sind, ist E_1 das Potential im Mittelpunkt der ersten Hälfte, E_2 das Potential im Mittelpunkt der zweiten Hälfte der Titration. Wenn k kleiner wird, rücken die beiden Punkte der Kurve, in welchen das Potential $= E_1$ bzw. E_2 wird, näher zusammen und fallen in einen Punkt zusammen, wenn k = 1. Wenn k < 1, so wird E_2 negativer als E_1, umgekehrt wie vorher, und das bedeutet, daß das Semichinoid leichter oxydierbar ist als die reduzierte Form. Je mehr sich k dem Werte 0 nähert, um so mehr trifft dies zu, und um so geringer wird die Existenzmöglichkeit eines Semichinons.

Die Differenz der beiden Normalpotentiale E_2 und E_1 steht in folgender Beziehung zur Bildungskonstante k des Semichinon:

$$E_2 - E_1 = \frac{RT}{F} \ln k,$$

wie man durch Vergleich von Gleichung (3), (4a) und (4b) entnimmt.

Wenn man in (3), (4), (5) beide Seiten der Gleichung durch a dividiert, so enthalten die rechten Seiten die Größe x nur in der Form $\frac{x}{a}$. Daraus folgt, daß nur das Verhältnis von x zu a maßgeblich ist, und das Volumen, in welchem zu Anfang der Titration die reduzierte Substanz gelöst war, belanglos ist.

Der Inhalt dieser Berechnungen wird durch die folgenden Diagramme anschaulich werden. Es sei eine Lösung von 100 Mengeneinheiten der völlig reduzierten Form, r, gegeben und diese werde mit den in der Abszisse, x, angegebenen Äquivalenten eines Oxydationsmittels versetzt. Dann zeigt Abb. 16 die Menge der total oxydierten (holochinoiden) Form als Funktion von x an. Je nach der Größe der Semichinoid-Bildungskonstante k sind die Kurven verschieden. In ähnlicher Weise zeigt Abb. 17 die Menge

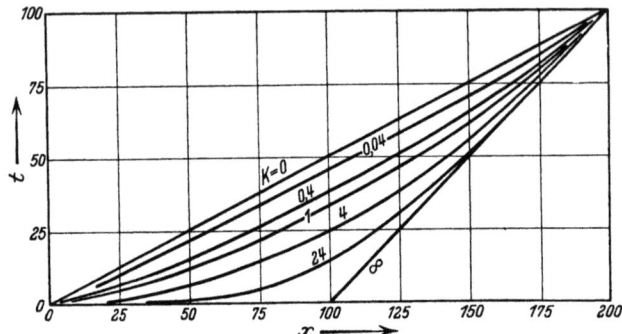

Abb. 16. 100 Mole der völlig reduzierten Form, r, werden mit den in der Abszisse angegebenen Äquivalenten eines Oxydationsmittels versetzt. Die Ordinate zeigt die Menge der entstandenen total oxydierten (holochinoiden) Form, für verschiedene Werte von K (der Bildungskonstante des Semichinons).

der semichinoiden Form, s, als Funktion von x, für verschiedene Werte von k. Die Menge der holochinoiden Form, t, kann aus Abb. 16 entnommen werden, wenn man die Skala der Abszisse umdreht (200 an Stelle von 0, und 0 an Stelle von 200).

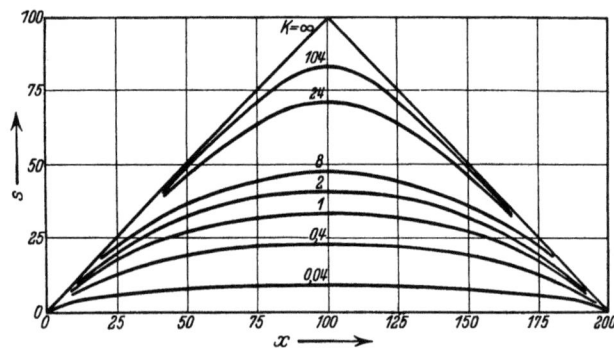

Abb. 17. Wie Abb. 16; die Ordinate zeigt die Menge des entstandenen Semichinon an.

Abb. 18 zeigt das Potential als Funktion der prozentischen Oxydation, x, an, ebenfalls für verschiedene Werte von k. Die Kreise an den Kurven zeigen an, wo das Potential gleich dem Normalpotential der ersten Stufe, E_1, und dem der zweiten Stufe,

E_2, ist. Für die Kurve $k=1$ decken sich die beiden Normalpotentiale (der große Kreis in der Mitte). Das Potential in der Mitte der Titration, E_m oder $E_{1/2}$, ist überall $=0$ gesetzt.

Folgende Einzelheiten in diesem Diagramm sind von Interesse. Wenn $k=0$, hat man die gewöhnliche Titrationskurve eines organischen Farbstoffs mit der Elektronenzahl 2. Es findet keine

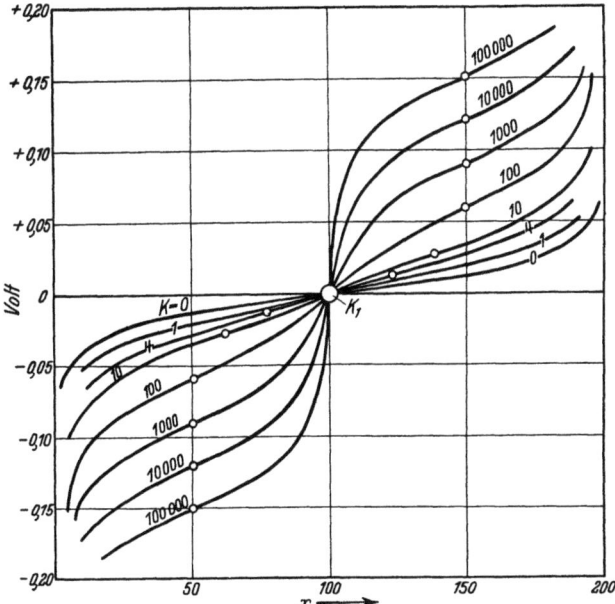

Abb. 18. Abszisse wie in Abb. 16. Die Ordinaten zeigen das Potential an. Hierbei wird das Potential in der Mitte der Titration, E_m oder $E_{1/2}$, gleich Null gesetzt. Die Kreischen zeigen, wo das Potential gleich E_1, dem Normalpotential der ersten Stufe, oder gleich E_2, dem Normalpotential der zweiten Stufe ist. Für die Kurve $K=1$ fallen E_1 und E_2 zusammen.

Stufenbildung statt. Wird $k>0$, so wird die Kurve steiler. Bei $k=4$ erreicht sie genau die Steilheit und in allen Einzelheiten auch sonst die Form einer Kurve für die Elektronenzahl 1. Man könnte einen experimentellen Befund dieser Art leicht mißdeuten, wenn nicht die Bildung der Farbe des Semichinons während der Titration die Zweistufigkeit verriete. Wird $k>4$, so tritt die Stufenbildung in der Kurve immer deutlicher zutage.

Der Unterschied des Potentials in der Mitte der Titration, $E_{1/2}$, und beim ersten Viertel der Titration, $E_{1/4}$ (wenn $x=50$), kann in Übereinstimmung mit der Definition auf S. 97 als das **Indexpotential**, E_i, bezeichnet werden:

$$E_i = E_{1/2} - E_{1/4} = E_{3/4} - E_{1/2}.$$

Für jeden Wert von k hat E_i einen eindeutig bestimmten Wert. E_i kann nun aus dem Titrationsexperiment leicht bestimmt werden, und somit kann auch k berechnet werden. Andererseits ist

$$E_m - E_1 = 0{,}03 \log k,$$

wie aus den Gleichungen (4a, 4b und 3) auf S. 119 und 120 folgt. E_m ist stets das Potential im Mittelpunkt der Titration, $= E_{1/2}$. Mit Hilfe der Gleichungen von S. 118 ist folgende Tabelle berechnet worden, welche gestattet, aus E_i sofort $E_m - E_1$ oder k zu er-

log K	0,03 log K oder $E_m - E_1$	E_i oder $E_m - E_{1/4}$
$-\infty$		0,0143
-2	$-0{,}0601$	0,0147
$-1{,}5$	$-0{,}0451$	0,0155
-1	$-0{,}0300$	0,0168
$-0{,}8$	$-0{,}0240$	0,0174
$-0{,}6$	$-0{,}0180$	0,0181
$-0{,}4$	$-0{,}0120$	0,0191
$-0{,}2$	$-0{,}0060$	0,0203
± 0	0	0,0218
$+0{,}2$	$+0{,}0060$	0,0237
0,4	0,0120	0,0258
0,6	0,0180	0,0286
0,8	0,0240	0,0320
1,0	0,0300	0,0362
1,2	0,0361	0,0404
1,4	0,0421	0,0448
1,6	0,0481	0,0494
1,8	0,0541	0,0546
2,0	0,0601	0,0601

Wenn $\log K > 2$, dann ist $E_i = 0{,}03005 \log K$.

mitteln. Auf diesem Wege ist es möglich, aus der Form der Titrationskurve, welche charakterisiert ist durch das Indexpotential E_i, ohne weiteres E_m, E_1 und E_2 zu ermitteln.

Nun fehlt nur noch ein Schritt, um die Theorie der praktischen Anwendung fähig zu machen. Es war bisher angenommen worden,

Die mathematische Analyse der zweistufigen Oxydation. 123

daß sich die verschiedenen Oxydationsstufen nur um Elektronen unterscheiden. Sie können sich aber auch um ganze H-Atome usw. unterscheiden, weil die Dissoziationskonstanten der drei

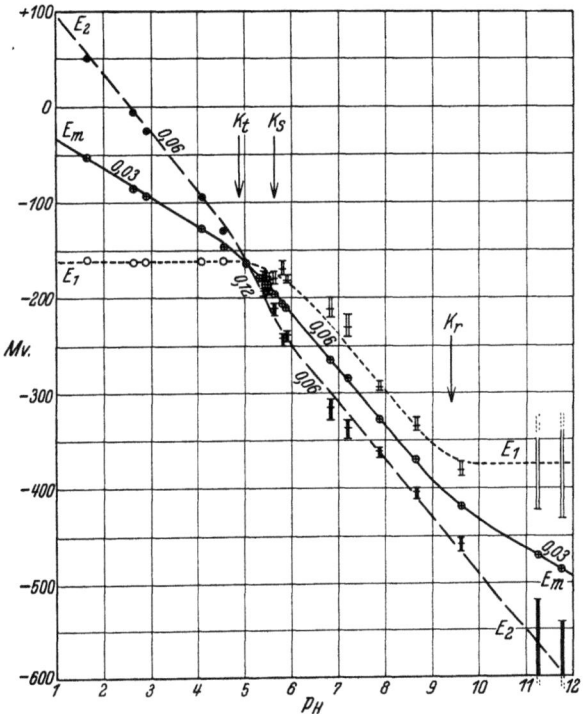

Abb. 19. Die drei Normalpotentiale des Pyocyanin als Funktion von p_H.
Abszisse: p_H. Ordinate: Normalpotential in Millivolt, bezogen auf die Normalwasserstoffelektrode, bei 30° C. E_1 Normalpotential des Systems: benzoide Form + semichinoide Form. E_2 Normalpotential des Systems: holochinoide Form + semichinoide Form. E_m Normalpotential des Systems: holochinoide Form + benzoide Form. Die Anschriften „0,06" usw. zeigen die Neigung der Kurve in Volt pro p_H-Einheit. K_t Dissoziationskonstante der holochinoiden Form. K_s Dissoziationskonstante der semichinoiden Form. K_r Dissoziationskonstante der reduzierten Form. Unter der Annahme, daß die Fehlergrenze in der Bestimmung des Indexpotential = ± 0,5 Millivolt ist, zeigen als Striche gezeichneten Potentialwerte die Fehlergrenzen in der Bestimmung von E_1 und E_2 an. Bei den als Punkte (bzw. Kreise) gezeichneten Potentialwerten sind die Fehlergrenzen unter gleichen Grundannahmen in dem Maßstab der Zeichnung nicht bemerkbar.

Stufen nicht gleich sind. Wir wenden alle Erörterungen des Kapitels 8, S. 86 an. Dann gilt Formel (3) (S. 117) nur, wenn wir unter r, s, t die primären Formen betrachten, d. h. solche Formen, welche sich nur um Elektronen unterscheiden. Verstehen wir aber unter r die Summe aller Dissoziationsformen, in welcher die reduzierte Stufe vorkommen kann, und entsprechend für s und t, so gilt (3) nur, wenn wir unter k nicht eine Konstante schlechtweg, sondern eine von p_H abhängige Größe verstehen, die man die ,,scheinbare Bildungskonstante des Semichinon" nennen kann. Das bedeutet, daß ein und derselbe Farbstoff je nach dem p_H

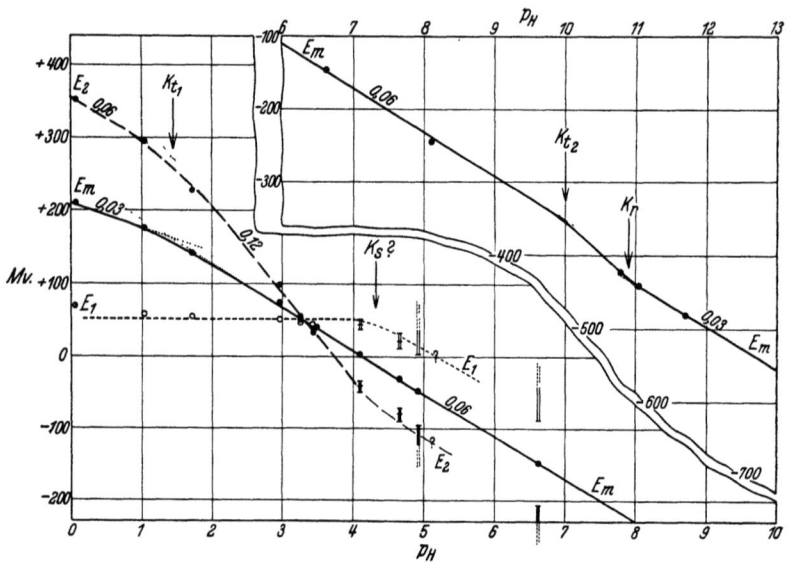

Abb. 20. Die drei Normalpotentiale des α-Oxyphenazin.
Bezeichnungen wie Abb. 19. Die oxydierte Form zeigt hier zwei Dissoziationskonstanten, K_{t_1} und K_{t_2}. Die rechte obere Kurve ist eine Verlängerung der Hauptkurve.

einem oder dem anderen der in Abb. 18 gezeichneten verschiedenen Typen von Titrationskurven entspricht. Für jedes p_H werden wir daher einen besonderen Wert für E_m, E_1 und E_2 erhalten. Stets muß E_m das arithmetische Mittel von E_1 und E_2 sein, sonst aber können die drei Potentiale, als Funktion von p_H dargestellt, einen beliebigen Verlauf haben und sich sogar kreuzen. Die Kreuzung der drei Kurven muß aber in einem Punkte stattfinden.

Die Biegungen in den drei Kurven entsprechen den Dissoziationskonstanten. Z. B. wird eine Dissoziationskonstante der holochinoiden Form eine Versteilerung der E_1-Kurve um 0,06 Volt für die p_H-Einheit bewirken (weil das System ein Ein-Elektron-System ist); sie wird gleichzeitig eine Versteilerung der E_m-Kurve um 0,03 Volt/p_H bewirken (weil dieses System ein Zwei-Elektron-System ist), und sie wird gar keinen Einfluß auf die E_2-Kurve haben, weil sie keiner Komponente des E_2-Systems zugehört. Abb. 19 zeigt den vollständigen Verlauf aller drei Normalpotentiale für Pyocyanin, und Abb. 20 für α-Oxyphenazin.

22. Der Einfluß von Tautomerie.

Die primären Stufen eines reversiblen Redoxsystems können mit tautomeren Molekelarten im chemischen Gleichgewicht stehen. Wenn eine Molekelart A mit einer tautomeren Form A' im Gleichgewicht steht, so ist [A]/[A'] konstant. Wenn in der Formel

$$E = \frac{RT}{nF} \ln \frac{Oxp}{Rep} + E_0$$

Oxp ausgedrückt werden soll durch Oxt, wo Oxt die Summe von Oxp und einer tautomeren Form von Oxp steht, so kann man schreiben

$$Oxp = k \cdot Oxt$$

und ebenso, wenn Rep ein Tautomer bildet,

$$Rep = k' Ret.$$

Die Konstanten kann man mit der Konstante E_0 zusammenfassen und man erhält

$$E = \frac{RT}{nF} \ln \frac{Oxt}{Ret} + E_0'.$$

Die Existenz der Tautomere bleibt daher bei der Messung der Potentiale für variierte Mengenverhältnisse von Oxt zu Ret verborgen, vorausgesetzt, daß die Tautomere sich schnell bilden und immer nur Gleichgewichtszustände beobachtet werden.

Diese Erkenntnis ist von fundamentaler Wichtigkeit, wie schon F. Haber auseinandergesetzt hat. Denn sie führt zu dem Schluß, daß wir in keinem Fall entscheiden können, ob die Konstante E_0 der Grundformel (5), S. 39, die eigentlich gemeinte originale Konstante ist oder durch Zusammenziehung dieser Konstanten mit den Gleichgewichtskonstanten der Tautomerie entstanden ist. Die Konstante E_0 erhält auf diese Weise den Charakter einer im einzelnen nicht entwirrbaren Mannigfaltigkeit von Größen, welche nur das gemeinschaftlich haben, daß sie nicht von [Oxt], [Ret] oder h abhängig sind. So könnte man z. B. meinen, daß die primäre Oxydationsstufe des Hydrochinons eine Molekel sei, welche zwar die H-Atome verloren, aber noch nicht die Umgruppierung der Valenzen in die Chinonstruktur erfahren hat. Da aber diese hypothetische primäre Form des Chinons mit dem echten Chinon tautomer ist, hätte eine solche Annahme keine praktischen Konsequenzen.

Eine lückenlose Deutung der Konstante E_0 ist zur Zeit also noch nicht möglich. Man erinnere sich nun daran, daß das Potential eines Redoxsystems in erster Linie von dieser Konstante E_0 bestimmt wird und je nach der chemischen Natur des Systems in sehr weiten Grenzen variieren kann, und daß die Variation des Potentials, die durch Variation der Mengenverhältnisse hervorgebracht werden kann, in den meisten Fällen demgegenüber geringfügig ist: dann wird man sich der großen Lücke in der Theorie bewußt werden. Der wesentliche Summand des Potentials ist eine Größe, die wir als rein empirisches Resultat der Messung hinnehmen müssen, ohne uns über die innere Bedeutung derselben Rechenschaft geben zu können. Nur der zweite Summand, der unabhängig von der spezifisch chemischen Natur der Körper ist und allein von ihren Mengen abhängt, hat eine dem Verständnis zugängliche Bedeutung.

23. Die Bedeutung sekundärer Veränderungen der primären Oxydations- oder Reduktionsstufe im allgemeinen.

Der Fall, daß eine sekundäre Veränderung von Oxp und Oxt keine erkennbaren Folgen auf das Potential hat, ist auf den soeben abgehandelten Fall beschränkt, daß diese Veränderung eine tautomere Umlagerung ist und schnell abläuft, so daß wir immer nur Gleichgewichtszustände zur Beobachtung haben. In allen anderen Fällen ist das nicht der Fall, und die Mannigfaltigkeit der Möglichkeiten ist so groß, daß man nicht den Versuch machen kann, sie zu erschöpfen. An einigen Beispielen soll das Wesentliche dieser Erscheinungen beleuchtet werden.

Angenommen, Rep bilde ein Polymer nach der Formel

$$2\,\mathrm{Rep} \rightleftarrows B$$

und diese Reaktion verlaufe schnell, so daß wir immer nur Gleichgewichte beobachten. Dann ist im Gleichgewicht

$$\frac{[B]}{[Rep]^2} = k$$

und wir definieren

$$[Ret] = [Rep] + 2[B].$$

Es sei [Oxp] = [Oxt], wie im Falle des Chinon. Daraus folgt:

$$[Rep] = \frac{1}{4k}(\sqrt{1 + 8k[Ret]} - 1)$$

und

$$E = E_0 + \frac{RT}{nF} \ln \frac{4k[Oxt]}{\sqrt{1 + 8k[Ret]} - 1}.$$

In dieser Formel kommt kein Glied vor, welches den einfachen Faktor $\frac{Oxt}{Ret}$ enthielte, wie es bisher immer der Fall war. Das bedeutet, daß das Verhältnis der Konzentrationen von Oxt und Ret seine ausschlaggebende Bedeutung verloren hat, und die absoluten Konzentrationen spielen eine Rolle für die Größe des Potentials.

Der Faktor 4k unter dem log-Zeichen kann mit der Konstanten E_0 zu einer Konstante E_0^* vereinigt werden:

$$E = E_0^* + \frac{RT}{nF} \ln \frac{[Oxt]}{\sqrt{1 + 8k[Ret]} - 1}.$$

Von besonderem Interesse, und wahrscheinlich in Zukunft von praktischer Wichtigkeit ist der Fall, daß die Polymerisationskonstante k sehr groß ist, oder mit anderen Worten, daß die Polymerisation praktisch vollständig ist. Die dann herrschenden Regeln könnte man ableiten, indem man in den obigen Formeln k nach ∞ konvergieren läßt. Wir werden aber diesen Fall einfacher behandeln, indem wir gleich bei der Formulierung des chemischen Vorgangs die unpolymerisierte Molekelart als praktisch nicht vorhanden betrachten. Wir wollen als Beispiel den Fall behandeln, daß die oxydierte Stufe polymerisiert, was wahrscheinlich bei manchen Metallkomplexen oft der Fall ist. Dann ist der reversible chemische Vorgang

$$n \text{ Mol Re} \rightleftarrows 1 \text{ Mol Ox}' + n\varepsilon,$$

wo Ox' die polymerisierte Molekel der oxydierten Stufe und ε das Elektron ist. Dann ist das Potential

$$E = E_0 + \frac{RT}{nF} \ln [Ox'] - \frac{RT}{F} \ln [Re]. \tag{100}$$

Ist n, die Polymerisierungszahl, sehr groß (sagen wir, $=6$), so ist das zweite Glied der rechten Seite sehr klein im Vergleich mit dem dritten, und es ist angenähert

$$E = E'_0 - \frac{RT}{F} \ln [Re],$$

d. h. das Potential hängt logarithmisch von der Konzentration der reduzierten Stufe allein ab, und nicht von der Menge oder Konzentration der oxydierten.

Ist andererseits $n=1$, oder tritt keine Polymerisation ein, so geht die Formel in die gewohnte einfache Form über.

24. Langsam verlaufende sekundäre Reaktionen.

Bisher nahmen wir an, daß die sekundäre Reaktion, welche Oxp oder Rep erleidet, momentan erfolgt, oder wenigstens, daß wir stets das Ende dieser Reaktion abwarten, bevor wir das Potential ablesen. Betrachten wir jetzt den Fall, daß die sekundäre Reaktion meßbar langsam verläuft und wir das Potential während dieser Reaktion verfolgen. Das Potential wird in jedem Augenblick von dem jeweiligen Verhaltnis Oxp : Rep bestimmt, und da sich dieses Verhältnis zeitlich ändert, ändert sich auch das Potential mit der Zeit, bis es schließlich einen definitiven Wert erreicht. Nach ähnlichem Prinzip verläuft die Betrachtung, wenn Rep mit irgendeinem in der Lösung vorhandenen Stoff eine Kondensation oder irgendeine molekulare Verbindung mit meßbarer, nicht zu großer Geschwindigkeit eingeht. Hat z. B. die reduzierte Stufe die Fähigkeit, mit der oxydierten Stufe eine Molekularverbindung, ein Merichinon zu bilden, und ist die Affinitätskonstante dieser Reaktion nicht gar zu klein, so können große Komplikationen entstehen. Noch größer werden diese, wenn nicht nur eine Form eines Merichinons, sondern mehrere möglich sind. Es würde den Rahmen dieses Buches überschreiten, einen komplizierteren Fall dieser Art im einzelnen abzuhandeln.

Durch ein von Biilmann untersuchtes, leichter übersehbares Beispiel soll der Einfluß sekundärer Reaktionen beleuchtet werden. Es handelt sich um das reversible Redoxsystem, welches von einer Azoverbindung mit der zugehörigen Hydrazoverbindung gebildet wird. Die Komplikation dieses Falles besteht darin, daß die Hydrazoverbindung eine irreversible Änderung erleidet, welche mit nicht zu großer, meßbarer Geschwindigkeit erfolgt. Die Veränderung besteht beim Hydrazotoluidin darin, daß es sich in ein Semidin umwandelt, während Hydrazoalinin in ein Benzidin umgelagert wird. Die sekundären Reaktionen sind einfache monomolekulare Reaktionen. Ist also H_t die Konzentration des Hydrazokörpers zur Zeit t und $H_{t'}$ die zur Zeit t', so ist die Geschwindigkeit dieser irreversiblen Umwandlung bestimmt durch

$$k = \frac{1}{t'-t} \ln \frac{H_t}{H_{t'}}. \qquad (1)$$

Die Geschwindigkeitskonstante k hängt unter anderem von der Temperatur, dem p_H, aber nicht von der Zeit ab. Das Potential E zur Zeit t wird bei konstantem p_H bestimmt durch das jeweilige Konzentrationsverhältnis von Azokörper A_t und Hydrazokörper H_t, also

$$E = E_0' + \frac{RT}{nF} \ln \frac{A_t}{H_t}.$$

Da A eine stabile Molekelart ist und sich mit der Zeit nicht ändert, kann es in die Konstante einbezogen werden:

$$E_t = E_0'' - \frac{RT}{nF} \ln H_t$$

und die zeitliche Potentialänderung zwischen der Zeit t und t' ist bestimmt durch die Gleichung

$$E_t - E_{t'} = \frac{RT}{nF} \ln \frac{H_t}{H_{t'}}.$$

Mit Berücksichtigung von (1) folgt

$$k = \frac{nF}{RT} \cdot \frac{E_t - E_{t'}}{t - t'}.$$

Die zeitliche Änderung des Potentials kann also zur Bestimmung der Geschwindigkeitskonstante k benutzt werden. Dieses Verfahren wurde von Biilmann benutzt, um den Einfluß von Temperatur, p_H und anderer Faktoren auf k zu studieren. Mit dieser Methode fand er außer der Temperaturabhängigkeit eine Abhängigkeit von p_H in dem Sinne, daß k angenähert der Wurzel aus der H^+-Konzentration proportional war. Dies konnte allerdings nur unter der Bedingung festgestellt werden, daß der Gesamtsalzgehalt konstant gehalten wurde durch Zufügung eines konstanten Überschusses von KCl. Also hat auch der gesamte Elektrolytgehalt einen wesentlichen Einfluß auf k. Ferner machten diese Versuche es auch wahrscheinlich, daß eine gesteigerte Konzentration des Azokörpers einen beschleunigenden Einfluß auf die irreversible Veränderung des Hydrazokörpers hatte.

25. Irreversible Oxydationen und Reduktionen.

Es gibt zahllose Oxydationen und Reduktionen, und ganz besonders in der organischen Chemie, die durchaus irreversibel sind. So gibt es keine Vorrichtung, welche auch nur annähernd die Aufgabe erfüllte, Alkohol zu Aldehyd zu oxydieren, diesen wieder zu Alkohol zu reduzieren, und am Schluß die Energiebilanz 0 zu haben. Indem der chemische Prozeß einen Kreis durchläuft, verläuft der energetische Prozeß keineswegs in einem Kreis, und die Schließung des chemischen Kreisprozesses kann nur unter Aufwendung von Energie stattfinden. Der Alkohol mag zwar zum Schluß wieder hergestellt sein, aber andere Körper haben eine tiefgreifende Zustandsänderung erfahren, und nur auf ihre Kosten kann der chemische Kreislauf des Alkohols geschlossen werden. Bei einem reversiblen Prozeß wird aber alle Energie, die auf dem Hinweg der Umgebung etwa genommen werden mußte, auf dem Rückweg zurückgegeben.

Wenn wir versuchen wollten, auf dem Papier diesen Prozeß reversibel auszuführen, so könnte man schreiben:

$$CH_3CH_2OH \rightleftharpoons CH_3CHO + 2H$$

oder

$$CH_3 \cdot CHOH \rightleftharpoons CH_3CHO + 2H^+ + 2\varepsilon \quad (1)$$

und wir könnten an der indifferenten Elektrode ein Potential erwarten von der Größe

$$E = E_0 + \frac{RT}{2F} \ln \frac{[\text{Aldehyd}] [H^+]^2}{[\text{Alkohol}]}.$$

Diese Erwartung wird im Experiment nicht bestätigt. Die Potentiale sind unbestimmt, nicht reproduzierbar. Diese Tatsache ist nur ein anderer Ausdruck für die Erfahrung, daß Aldehyd durch Elektrolyse nicht in reversibler Weise zu Alkohol reduziert werden kann. Man kann daher auch nicht Alkohol als Reduktionsmittel an eine bestimmte Stelle der Reihe der reversiblen Reduktionsmittel einordnen, es hat keinen Sinn von Reduktionsintensität des Alkohols zu sprechen. Trotzdem kann man in einem etwas unbestimmteren Sinne so etwas wie die reduzierende Kraft des Alkohol messen. Um nämlich Alkohol zu oxydieren, kann man nicht jedes beliebige Oxydationsmittel verwenden. Chromsäure ist dazu geeignet, aber nicht Methylenblau. Wenn man nun als Oxydans ein reversibles Redoxsystem benutzt, wird man finden, daß nur solche reversiblen Oxydationsmittel Alkohol oxydieren können, deren Potential sehr weit auf der positiven Seite liegt. In vielen Fällen allerdings spielen ganz bestimmte, noch nicht einfach deutbare, spezifische chemische Affinitäten eine Rolle, in anderen Fällen aber scheint nur das Potential des reversiblen Oxydationsmittels, oder im umgekehrten Fall, des reversiblen Reduktionsmittels, eine Rolle zu spielen. So kann Nitrobenzol zu Anilin nur durch solche reversiblen Reduktionsmittel reduziert werden, deren Potentialgebiet nur um einen gewissen Betrag posiriver ist als das Potential der Normalwasserstoffelektrode, wenn auch dieser Betrag nicht mit absoluter Schärfe angegeben werden kann. Conant hat diese Verhältnisse zuerst studiert und folgende Methode angewendet.

Die oxydierte Stufe eines reversiblen Redoxsystems (z. B. eines Anthrachinonsulfonats) wurde in das Elektrodengefäß eingefüllt, durch einen N_2-Strom von gelöstem O_2 befreit und mit O_2-freier Lösung eines starken Reduktionsmittels ($TiCl_3$ oder $VaCl_3$) soweit titriert, daß der Farbstoff bis zur Hälfte reduziert war. Das Potential des so erhaltenen reversiblen Redoxsystems von gleichen Mengen der oxydierten und reduzierten Stufe des Farbstoffes gegen eine Bezugselektrode wurde gemessen. Nunmehr wurde, unter Vermeidung des Eindringens von Sauerstoff, die zu untersuchende irreversible organische Substanz, z. B. Nitrobenzol, zu dem reversiblen System in etwa äquimolekularer Menge zugesetzt. Wenn das Nitrobenzol (welches selber keinen Einfluß auf das Potential hat) von dem reversiblen System reduziert wurde, mußte das Potential des reversiblen Systems sich allmählich im Sinne der Oxydation ändern. Trat im Laufe von 20—30 Minuten eine Änderung in diesem Sinne ein, so wurde ein ähnlicher Versuch wiederholt mit einem anderen reversiblen System, welches ein niedrigeres Potential hatte, und so fort, bis ein reversibles System von solchem Potential gefunden war, daß dieses Potential durch Nitrobenzol soeben nicht mehr verschoben werden konnte. Dasjenige Potential, bei welchem innerhalb 5 Minuten ein deutlicher Fortschritt der Oxydation soeben noch festgestellt werden konnte, wurde das „kritische Potential" für die Reduktion des Nitrobenzols genannt. Dieses konnte mit einer Genauigkeit oft von ± 0,02 Volt, bisweilen etwas weniger genau bestimmt werden. In Anbetracht des Umstandes, daß die E_0-Potentiale der verschiedenen bisher zur Verfügung stehenden reversiblen Testsysteme selten weniger als 0,1 Volt auseinander liegen, muß die Genauigkeit dieser Werte als befriedigend betrachtet werden. Das Potential, bei welchem die organischen Substanzen in 5 Minuten um 20—30 vH oxydiert wurden, nannte Conant das scheinbare Reduktionspotential (ARP) dieser Substanz. Er fand folgende Werte:

Scheinbare Reduktionspotentiale (ARP).

A. Ungesättigte Verbindungen.

	Lösungsmittel	ARP (Normal-H_2-Elektrode = 0)
Dibenzoyläthan (cis und trans) $C_6H_5 \cdot CO \cdot CH = CH \cdot CO \cdot C_6H_5$	a	+0,27 (±0,02)
Benzoylacrylsäure $C_6H_5 \cdot CO \cdot CH = CH \cdot COOH$	a	+0,06 (±0,04)
Dasselbe	b	+0,06 (±0,04)
Benzoylacryl-Ester $C_6H_5 \cdot CO \cdot CH = CH \cdot COO \cdot C_2H_5$	a	+0,06 (±0,04)
Maleinsäure-Ester $C_2H_5 \cdot OOC \cdot CH = CH \cdot COO \cdot C_2H_5$	a	−0,25 (±0,06)
Maleinsäure	a	−0,25 (±0,06)
Dasselbe	b	−0,25 (±0,06)

B. Nitroverbindungen.

1,3,5 Trinitronitrobenzol	a	+0,26 (±0,02)
2,4 Dinitrobenzolsäure	b	+0,23 (±0,02)
1,3 Dinitrobenzol	a	+0,16 (±0,01)
m-Nitrobenzoesäure	b	+0,06 (±0,04)
Nitrobenzol	a	+0,06 (±0,04)
Phenylnitromethan	a	−0,08 (±0,06)

a bedeutet: gelöst in 75% Aceton, 25% wäßrige HCl-Lösung, gesamte Acidität 0,2 normal.

b bedeutet: gelöst in 0,2 normal wäßriger HCl bei 25° C.

C. Azofarbstoffe, in 0,2 n HCl bei 25° C.

HO_3S ⬡ $N = N$ ⬡ OH (mit OH)   +0,42

HO_3S ⬡⬡ $N = N$ ⬡ OH (mit OH)   +0,36

$$HO_3S\langle\rangle N=N\langle\rangle\overset{OH}{SO_3H} \quad +0{,}32 \quad \pm 0{,}01$$

$$\langle\rangle N=N\langle\rangle\overset{OH}{SO_3H} \quad +0{,}29$$

Die meisten der hier genannten Substanzen werden bei der Reduktion völlig irreversibel verändert. Von einem Redox„system" Nitrobenzol-Anilin zu sprechen, wäre demnach sinnlos.

Da eine thermodynamisch befriedigende Erklärung eines scheinbaren Reduktionspotentials nicht gegeben werden kann, ist es nicht zu verwundern, daß nicht in allen Fällen ein solches gefunden werden kann. So hat kürzlich Preissler (ebenfalls in Conants Laboratorium) gezeigt, daß das scheinbare Oxydationspotential von Cystein je nach der chemischen Natur des Oxydationsmittels (Chromat, Jod usw.) verschieden ist, was doch dasselbe ist als zu sagen, daß die Möglichkeit der Oxydation mehr von einer chemischen Spezifizität als von einer thermodynamischen Größe abhängt.

Von Conants Begriff des scheinbaren Redoxpotentials ausgehend, hat ferner Fieser noch eine andere, damit verwandte Größe definiert, die ebenfalls bei irreversibel oxydierbaren organischen Körpern eine Bedeutung gewinnt und von ihm das kritische Potential genannt wird.

Statt ein reversibles Bezugssystem aufzusuchen, welches die zu prüfende organische Substanz in 5 Minuten zu 20—30 vH oxydiert, sucht er ein solches Bezugssystem, welches die organische Substanz überhaupt nicht mehr merklich oxydiert. Fieser gibt zwar zu, daß in strengem Sinne ein solches System nicht existiert, und der Grund wird aus der folgenden Erörterung klar werden; aber mit einiger Annäherung kann man das Ziel doch erreichen.

Dem Begriff des kritischen Oxydationspotentials liegt folgende Idee zugrunde. Angenommen, ein irreversibel oxydierbarer Körper wie Phenol oder Anilin werde oxydiert. Dann dürfen wir annehmen, daß die Irreversibilität dieser Reaktion darauf beruht, daß das primäre, reversible Oxydationsprodukt ein Radikal ist, welches nur sehr kurze Lebensdauer hat und sofort irreversible Veränderungen erleidet. Die Lebensdauer eines solchen Radikals kann ganz verschieden sein, und für das Studium derselben sind besonders die etwas lebensfähigeren geeignet. Von diesen ist inzwischen schon eine große Menge bekannt geworden. Das erste war das Triphenylmethyl, entdeckt von Gomberg, mit dreiwertigem Kohlenstoff. Sodann wurden eine große Reihe von radikalartigen Molekeln bekannt durch Wieland, Pummerer und Goldschmidt. Wieland entdeckte den Diphenylstickstoff (mit zweiwertigem Stickstoff), und viele andere Radikale mit zweiwertigem Stickstoff, und Aroxyle sind isoliert worden. Einige von ihnen konnten durch direkte Oxydationen des entsprechenden Amins oder Phenols erhalten werden, und Goldschmidt und Steigerwald haben durch eine sinnreiche Methode bewiesen, daß das primäre Oxydationsprodukt von Anilin ein Radikal mit zweiwertigem Stickstoff ist, welches ein H-Atom weniger als das Anilin enthält.

Das Schicksal solcher Radikale ist verschieden. Diphenylstickstoff polymerisiert zu Tetraphenylhydrazin; die Sauerstoffradikale können entweder zu Peroxyden polymerisieren oder andere Umlagerungen erfahren. In manchen Fällen besteht ein Gleichgewicht zwischen dem Radikal und seinem Polymerisationsprodukt; so dissoziiert z. B. Tetraphenylhydrazin spontan zum Teil in Diphenylstickstoff. In anderen Fällen ist aber auch ein Radikal unter bestimmten Bedingungen, besonders in Bezug auf p_H, eine stabile Molekelart, welche nicht polymerisiert, z. B. Wursters Rot und Blau. Der gewöhnlichste Fall ist, daß die Radikale schnell Kondensationen, Polymerisationen oder andere Reaktionen eingehen, welche durchaus irreversibel ist. Ein großer Teil der organischen Chemie beruht auf solchen Reaktionen. Man denke z. B. an die Oxydation von Anilin und Toluidin zu Rosanilin. Zweifellos sind derartige Reaktionen nichts weiter als Erzeugung der radikalartigen Oxydationsprodukte und deren Kondensation zu komplizierteren Molekeln.

Es ist somit als gesichert zu betrachten, daß als erstes Produkt der Oxydation von Phenol ein Körper entsteht, der das H-Atom der OH-Gruppe (beim Phenol) oder ein H-Atom der NH_2-Gruppe (beim Anilin) verloren hat. Setzen wir ein reversibles Oxydationsmittel, wie Ferricyankalium, zu Phenol, so wird eine Oxydation des Phenols einsetzen, Ferricyankalium wird dabei zu Ferrocyankalium reduziert werden und das Potential des Ferri-Ferrocyanidgemisches wird mit der Zeit immer negativer. Die Geschwindigkeit dieser Potentialänderung hängt von folgenden zwei Partialgeschwindigkeiten ab: 1. von der Geschwindigkeit, mit der die Radikale des oxydierten Phenols entstehen, 2. von der Geschwindigkeit, mit welcher sie durch irreversible sekundäre Reaktionen verschwinden. Die Geschwindigkeit der ersten, reversiblen Reaktion darf als sehr groß angenommen werden, und der der zweiten viel kleiner. Die zweite Reaktion wird von der ersten „unterhalten" oder „gespeist". Unter diesen Umständen ist es klar, daß sich beim Vermischen eines Phenols mit Ferricyanid das Potential nicht sofort auf einen bestimmten Wert einstellt, sondern einen zeitlichen Gang hat. Rein empirisch fand Fieser, daß für nicht zu lange Zeiträume betrachtet, das Potential sich linear mit der Zeit ändert.

Je positiver das Potential des reversiblen Systems ist, um so schneller oxydiert es zugesetztes Phenol, und um so stärker ist der zeitliche Abfall des Potentials. Verwendet man in einer Reihe von Versuchen als Oxydationsmittel für das Phenol reversible Systeme von immer weniger positivem Potential, so kommt man schließlich an ein System von solchem Potential, welches innerhalb der üblichen Versuchszeit keinen Gang des Potentials mehr verursacht. Man darf daher annehmen, daß ein reversibles System von diesem Potential das Phenol gar nicht oxydiert. Dieses Potential nennt Fieser das kritische Potential des Phenols. Rein theoretisch betrachtet, gibt es kein scharf definiertes kritisches Potential. Die Geschwindigkeit der Potentialänderung ist niemals gleich Null, sondern kann nur praktisch gleich Null werden, und das Urteil hierüber hängt von der Empfindlichkeit der angewendeten Kriterien ab. Aber praktisch kommt man zu gut reproduzierbaren Werten, wenn man z. B. festsetzt, die Geschwindigkeit = 0 anzunehmen, wenn sich innerhalb 5—10 Minuten keine Potentialänderung zeigt.

Die theoretische Behandlung des kritischen Potentials wird, in Erweiterung von Conants Ideen, von Fieser in folgender Weise durchgeführt. Sei ROH ein Phenol, und dieses werde einem Gemisch von Ferricyankalium und Ferrocyankalium ausgesetzt. Die primäre Reaktion ist dann folgende:

$$F_e^{III} Cy_6^{\equiv} + ROH = F_e^{II} Cy_6^{\equiv} + RO + H^+.$$

Diese Reaktion hat die Geschwindigkeit 0, wenn

$$\frac{[F_e^{III} Cy_6^{\equiv}][ROH]}{[F_e^{II} Cy_6^{\equiv}][RO][H^+]} = k.$$

Arbeitet man bei konstantem p_H, so kann $[H^+]$ in die Konstante einbezogen werden, oder rein formal betrachtet, in der letzten Gleichung fortgelassen werden. Dann ist also im Zustand des Gleichgewichts

$$[RO] = k \cdot \frac{[F_e^{II} Cy_6^{\equiv}]}{[F_e^{III} Cy_6^{\equiv}][ROH]}.$$

Das Radikal RO zerfällt spontan mit einer Geschwindigkeit v, welche definiert wird durch

$$v = k' \cdot [RO].$$

Diese Geschwindigkeit kann als klein gegenüber der Oxydationsgeschwindigkeit angesehen werden, und die [RO] wird daher für eine beträchtliche Zeit praktisch konstant aufrecht erhalten. Da [RO] sehr klein ist, ist zur Aufrechterhaltung seiner Konzentration nur eine verschwindend kleine Menge Ferricyankalium pro Zeiteinheit erforderlich, und daher ist auch das Potential der Lösung, definiert durch das Verhältnis von Ferri- und Ferrocyanid, praktisch konstant.

Dies gilt also für den Fall, daß in der Lösung von vornherein ein solches Verhältnis von Ferri- und Ferrocyanid herrscht, daß es nur gerade soviel RO-Radikale erzeugt, um ihre Konzentration aufrecht zu erhalten; mit anderen Worten, wenn das Potential des Ferri-Ferrocyanid-Systems gleich ist dem Potential des Phenol-Phenoxylsystem.

Diese Theorie ist auf mancherlei Annahmen begründet, die nur einigermaßen zutreffen und kann daher nicht auf gleiche Stufe gestellt werden mit einer strengen, thermodynamisch begründeten Theorie. Aber praktisch leistet sie bis auf weiteres offenbar ganz gute Dienste.

26. Das Verhalten irreversibel oxydierbarer Körper gegen die indifferenten Elektroden, und Betrachtungen über das Wesen der irreversiblen Oxydationen.

Substanzen, die einer irreversiblen Oxydation oder Reduktion fähig sind, können sich in zweierlei verschiedener Weise gegen eine indifferente Elektrode verhalten. Entweder, wie alle die zuletzt aufgezählten Stoffe, verhalten sie sich an der Elektrode ganz wirkungslos, sie haben keinen Einfluß auf das Potential, welches von einem anderen, gleichzeitig vorhandenen reversiblen Redoxsystem an der Elektrode erzeugt wird. Sie können auf das Potential nur in indirekter Weise einen Einfluß haben, wenn sie nämlich imstande sind, gleichzeitig ein in Lösung befindliches reversibles System im Sinne der Oxydation oder Reduktion zu verschieben. Die Elektrode hat aber immer nur dasjenige Potential, welches von dem jeweiligen Zustand des reversiblen Systems vorgeschrieben wird.

Oder die irreversibel oxydierbare Substanz hat selbst eine potentialbestimmende Wirkung auf die Elektrode. Hierfür sind zwei physiologisch wichtige Beispiele: Cystein (bei Abwesenheit von Schwermetallen), und zweitens Glucose in alkalischer Lösung. Aber in diesen Fällen hängt das Potential nicht von dem Mengenverhältnis dieser Substanz und ihrer irreversiblen Oxydationsprodukte ab, und es ist nicht möglich, einigermaßen konstante Potentiale zu erhalten, oder die Einstellung eines einigermaßen konstanten Potentials erfordert viel Zeit, ist nicht gut reproduzierbar und hängt von der Natur der indifferenten Elektrode in viel höherem Maße ab als bei den reversiblen Systemen.

Schließlich ist es angebracht zu erörtern, wieweit man aus dem chemischen Mechanismus eines Oxydationsprozesses vorher sagen kann, ob es prinzipiell möglich ist, ihn reversibel zu leiten, oder ob er in seinem innersten Wesen ein irreversibler Prozeß ist, bei dem es vergeblich ist, nach einer Vorrichtung zu suchen, mit Hilfe deren er reversibel geleitet werden könnte.

Es wird klar geworden sein, daß prinzipiell alle diejenigen Oxydationen oder Reduktionen an der indifferenten Elektrode ein bestimmtes Potential erzeugen können, welche in der Weise verlaufen, daß die reduzierte Stufe aus der oxydierten einfach durch den Übergang eines Elektrons entsteht, ohne daß vermittelnde Zwischenreaktionen nötig sind. Es sind das diejenigen Prozesse, die man heute häufig als den Wielandschen Typus oder als direkte Dehydrogenation bezeichnet, obwohl es inzwischen klar geworden sein wird, daß der primäre Vorgang der Oxydation in den Fällen von sogenannter Dehydrogenation immer die Abgabe eines Elektrons ist[1]. Ihnen gegenüber steht ein Typus von Oxydationen, welcher in der Weise verläuft, daß die reduzierte Stufe zunächst zu einem Peroxyd oxydiert wird. Ist molekularer Sauerstoff das Oxydans, so erscheint dieses Peroxyd unter dem Bilde einer molekularen Anlagerungsverbindung der reduzierten Stufe mit O_2. Die Existenz solcher Peroxyde ist besonders in der organischen Chemie sichergestellt, und sie gilt z. B. auch mit größter Wahrscheinlichkeit für die Oxydation der Aldehyde zu Carbonsäuren. Das Peroxyd erleidet dann in dem zweiten Stadium des Prozesses eine intramolekulare Änderung der Struktur, indem es sich zu einem tautomeren stabileren Körper, meist wohl mit Abspaltung von H_2O oder H_2O_2 umlagert; im Falle der Oxydation des Aldehyds ist dies die Carbonsäure. Nun ist es aber prinzipiell unmöglich, aus einer solchen tautomeren Umlagerung Arbeit zu gewinnen mit Hilfe von elektrischen Vorrichtungen, die irgendwie denjenigen ähneln, mit deren Hilfe wir sonst aus chemischen Reaktionen die maximale Arbeit gewinnen können. Denn das erste Prinzip für solche Vorrichtung ist immer, daß das oxydierende System und das reduzierende System räumlich voneinander getrennt werden können, daß sie nicht aus molekularer Nähe aufeinander einwirken.

---

[1] Auf wie schwachen Füßen die Wielandsche Theorie der Dehydrogenation steht, wenn man sie wörtlich nimmt, zeigt die Tatsache, daß neuerdings Gillespie den Wielandschen Fundamentalversuch als unzutreffend erkannt hat. Reines Palladiumschwarz ist nicht imstande, bei Abwesenheit von Sauerstoff oder anderer Wasserstoffacceptoren, eine analytisch nachweisbare Menge Wasserstoff aus Hydrochinon herauszuziehen. Dies ist auch theoretisch undenkbar, was Wieland entgangen ist. Denn ein Gemisch von Hydrochinon mit einer wenn auch noch so kleinen Mengen Chinon ist thermodynamisch in Gleichgewicht mit Wasserstoff von praktisch unmeßbar kleinem Druck. Die Menge Wasserstoff, welche in Gleichgewicht mit diesem Wasserstoffdruck in Palladium absorbiert sein kann, ist so klein, daß sie analytisch nicht nachweisbar sein kann, wie Gillespie gezeigt hat.

In dem Falle des Aldehydperoxyds stellt aber jede einzelne Molekel des labilen Peroxyds ein vollständiges Redoxsystem dar. Jede einzelne Molekel enthält eine Stelle, welche leicht reduziert werden kann, das gebundene O_2, und eine zweite Stelle, welche leicht oxydiert werden kann. Die Potentialdifferenz liegt hier innerhalb der Molekel, eine räumliche Trennung der Orte höheren und niederen Potentials ist nicht möglich. Wir dürfen vermuten, daß alle solchen Oxydationen, welche gar keinen potentialbildenden Einfluß auf eine indifferente Elektrode haben, auf diesem oder einem ähnlichen Wege verlaufen. Wenn der Elektronenaustausch intramolekular erfolgt, hat die Platinelektrode keine Gelegenheit, Elektronen abzufangen. Alle Systeme dagegen, die überhaupt ein Potential an der Elektrode bestimmen, wenn es auch mit den heutigen Methoden schlecht reproduzierbar ist, wie es bei den Zuckern der Fall ist, sind zweifellos in mehreren Stufen verlaufende gekoppelte Prozesse, und mindestens eine dieser Stufen besteht in einem direkten äußeren elektronischen Prozeß. Von den Teilprozessen ist also einer wenigstens im Prinzip und unter geeigneten Bedingungen reversibel. Aber die zu diesem reversiblen System gehörige oxydierte und reduzierte Stufe ist so labiler Natur, daß sie für gewöhnlich nur in Spuren vorhanden und ihr Mengenverhältnis schlecht definiert ist.

27. Die Oxydations-Reduktionskatalysatoren.

Seit dem Erscheinen der ersten Auflage dieses Buches sind so viele neue Tatsachen über die Oxydationskatalyse bekannt geworden, daß der Versuch gewagt werden kann, eine allgemeine Theorie der Oxydationsfermente zu entwickeln. Hierbei wird zwischen einem Katalysator, Enzym oder Ferment kein prinzipieller Unterschied gemacht. Ein Enzym oder Ferment ist ein Katalysator, der im Stoffwechsel der Zellen verwendet wird.

Wir können uns an die alte Charakterisierung eines Katalysators von Wilhelm Ostwald halten: ein Katalysator ist ein Stoff, durch dessen Gegenwart eine thermodynamisch mögliche, aber nicht, oder mit kleiner Geschwindigkeit, vor sich gehende Reaktion beschleunigt wird. In unserem Fall wird also ein Katalysator dann von Bedeutung werden, wenn ein oxydierendes und ein reduzierendes Agens nebeneinander existieren können, ohne daß die thermodynamisch zulässige Reaktion zwischen beiden spontan mit merklicher Geschwindigkeit verläuft. Der Katalysator setzt diese Reaktion in Gang und kann nichts anderes tun, als das thermodynamische Gleichgewicht des Systems herstellen. Es gibt keine getrennten Oxydasen und Reduktasen, sondern nur Oxydations-Reduktionskatalysatoren.

Der einzige denkbare Mechanismus einer solchen Katalyse ist folgender. **Der Katalysator muß ein reversibles Redoxsystem darstellen, welcher von dem Oxydationsmittel spontan oxydiert und von dem Reduktionsmittel spontan reduziert werden kann.** Wären diese zwei Reaktionen nicht spontan, so könnte der Katalysator nicht wirken. Wäre der Katalysator nicht ein reversibles System, so würde er während seiner Betätigung verbraucht werden und wäre kein Katalysator.

Der in der Physiologie bedeutungsvollste Fall ist der, daß molekularer Sauerstoff das Oxydationsmittel ist, während organische Nahrungsstoffe, wie Zucker, das zu oxydierende Substrat, oder das Reduktionsmittel, darstellen. Ein Katalysator, welcher in diesem Sinne wirkt, kann auch als ein Respirationsferment bezeichnet werden. Man könnte daher auch sagen, ein Respirationsferment aktiviert den an sich inerten molekularen Sauerstoff, oder es aktiviert das organische Substrat, dessen reduzierende Eigenschaft sonst inert ist.

Nachdem durch die Auffindung der Carboxylase durch Neuberg und durch die Auffindung vieler einfacher Dehydrogenasen durch Thunberg (Bernsteinsäure-Fumarsäure und viel andere) es sehr wahrscheinlich geworden ist, daß CO_2 sich überhaupt nicht durch eine direkte Anlagerung von Sauerstoff an C-Atome bildet, kann man auch sagen, daß der direkte Angriffspunkt der Oxydation in der organischen Molekel der Wasserstoff ist. In diesem Sinne könnte man also fragen, ob das Respirationsferment den molekularen Sauerstoff oder den organisch gebundenen Wasserstoff „aktiviert". Hierüber hat eine ausgedehnte Diskussion besonders zwischen Warburg und Wieland stattgefunden. Letzterem hat sich Thunberg angeschlossen. Auf dem Boden der vorher entwickelten Auffassung eines Oxydations-Reduktionskatalysator kann man dazu folgendes sagen.

Das Wort „aktivieren" ist so inhaltlos, daß es sich nicht lohnte, darüber zu diskutieren, solange der Mechanismus des Prozesses nicht bekannt war. Sobald aber der Mechanismus bekannt ist — und er ist es heute schon für mehrere Fälle —, können wir diesen Begriff ganz entbehren und dafür das setzen, was wirklich geschieht. Das Wort „wirklich" ist nicht im philosophischen Sinne zu nehmen, sondern es soll bedeuten, daß wir den Vorgang mit Hilfe heute geltender, allgemein benutzter Vorstellungen, und nicht mit Hilfe ad hoc konstruierter Begriffe ausdrücken sollen, wenn kein Zwang dazu vorliegt. Ein gut zu beurteilendes Beispiel dieser Art ist folgendes. Cystein wird, wie Warburg gezeigt hat, bei Abwesenheit von Schwermetallsalzen, durch molekularen Sauerstoff bei gewöhnlicher Temperatur entweder gar nicht, oder jedenfalls mit äußerst geringer Geschwindigkeit oxydiert. Eisen- oder Kupfersalze wirken bei p_H 7—9 schon in sehr kleinen Mengen als Katalysatoren. Warburg hat diese Wirkung in folgender Weise gedeutet. Das Ferroion bildet mit Cystein eine Komplexverbindung. Diese wird spontan durch O_2 zu einer Ferriverbindung oxydiert. Das Ferrieisen oxydiert dann das Cystein zu Cystin, und das Eisen, zu Ferroeisen reduziert, beginnt den Kreislauf von neuem.

Der reversible Prozeß ist hierbei die Oxydation des Ferrokomplexes zum Ferrikomplex. Die Katalyse beruht darauf, daß der Ferrikomplex instabil ist und spontan Cystin + Ferroeisen bildet. Dieses Ferroeisen gibt mit einer neuen Portion Cystein wieder Ferrocystein usw. Über den genaueren Chemismus dieser Reaktion werden wir später noch sprechen. Was ist nun bei dieser Katalyse aktiviert worden, der O_2, oder der Cystein-Wasserstoff? Der Sauerstoff anscheinend nicht, denn ihm geschieht gar nichts. Daß er wirksam wird, beruht nur darauf, daß er einer Molekelart — dem Ferrocystein — gegenübergestellt wird, auf die er ohne weiteres reagieren kann. Der Cysteinwasserstoff wird aber auch nicht aktiviert, in dem Sinne, daß er sich leichter mit molekularem O_2 verbinden würde. Er wird zunächst durch das Ferroion verdrängt und wird zum H^+-Ion. Denn die Ferroverbindung des Cystein kommt offenbar dadurch zustande, daß das Ferroion gegen Wasserstoffionen ausgetauscht wird. Wenn diese Ferroverbindung nun zu Ferri oxydiert wird, d. h. ein Elektron abgibt, so erlangt das Eisen eine positive Valenz mehr. Diese wird abgesättigt, indem sie sich an die SH-Gruppe einer zweiten Molekel Cystein[1] bindet, unter Freisetzung eines H^+-Ions. Das H-Atom der SH-Gruppe wird also zum H^+-Ion. Dies kann man zwar als eine Oxydation des Wasserstoffs bezeichnen, aber es ist doch fraglich, ob Wieland dies als eine Verbrennung des Wasserstoffs ansehen würde, und wenn man diesen Vorgang als eine Aktivierung des Wasserstoffs nennen will, so ist es sicherlich keine Aktivierung in dem Sinne, daß er den Wasserstoff zur Vereinigung mit O_2 geeigneter gemacht hätte.

Der Acceptor für die abgegebenen Elektronen ist der Sauerstoff, und die negativen Sauerstoffionen $O_2^=$ verbinden sich mit den H^+-Ionen des Wassers zu H_2O_2 und dieses wird weiterhin zu H_2O. Das zuerst entstehende H_2O_2 ist nicht auf die Dauer existenzfähig, weil es durch freies Cystein direkt reduziert wird, und zweitens, selbst wenn dies nicht der Fall wäre, es sofort dafür benutzt werden würde, um eine zweite Molekel Ferrocystein zu Ferricystein zu oxydieren.

Insofern, als H_2O_2 das Cystein direkt oxydieren kann, könnte man sagen, daß ein Teil der Oxydation dadurch zustande kommt, daß mit dem Sauerstoff etwas geschieht, was ihn zu einem spontanen Oxydationsmittel macht: er wird in H_2O_2 verwandelt. In diesem Sinne könnte man sagen, daß ein gewisser Anteil der Oxydation durch „Aktivierung" des Sauerstoffs geschieht. Der übrige Anteil der Oxydation geschieht dadurch, daß der H der SH-Gruppe durch das Ferrieisen zum H^+-Ion oxydiert wird. Man mag daher, wenn man es durchaus so ausdrücken will, sagen, daß der H durch das Eisen „aktiviert" wird. Aber, es muß wiederholt werden, der Wasserstoff der SH-Gruppe wird jedenfalls nicht dazu befähigt, sich mit O_2 zu Wasser oder zu H_2O_2 zu verbinden.

Hiermit im Zusammenhang soll noch eine andere viel diskutierte Frage erörtert werden, welche besonders in jüngster Zeit von Thunberg eifrig erörtert worden ist. Nachdem es gesichert ist, daß bei der Oxydation organischer Substanzen der elementare Sauerstoff in der Regel sich nicht an die C-Atome bindet, muß man sagen, daß es nicht dieselben O-Atome sind, die sich in dem Verbrennungsprodukt CO_2 vorfinden, als die, welche den ver-

---

[1] Diese ist in dem Ferrocystein-Komplex schon koordinativ gebunden vorhanden, so daß der ganze Vorgang intramolekular geschieht. Dies ist jedoch für diese Betrachtung unwesentlich.

brauchten molekularen Sauerstoff bildeten. Deshalb nimmt Thunberg an, daß die dem veratmeten Sauerstoff zugehörigen O-Atome zur Verbrennung des H benutzt und daher als Wasser wiedergefunden werden. Aber selbst diese Behauptung Thunbergs trifft in dem vorliegenden Beispiel, und wahrscheinlich allgemein, nicht zu. Die von der SH-Gruppe abgegebenen H^+-Ionen haben gar keine Veranlassung, sich mit dem molekularen O_2 zu verbinden, sondern sie verbinden sich bis zu einer von dem Massenwirkungsgesetz vorgeschriebenen Menge mit den OH^--Ionen der Lösung zu Wasser, zum kleineren Teil bleiben sie frei, oder besser gesagt, verbinden sie sich mit H_2O zum Oxonium-Ion, OH_3^+, der wahrscheinlich einzigen Existenzform des H^+-Ions in wässeriger Lösung. Wenn man die O-Atome des molekularen Sauerstoffs, und ebenso die H-Atome der SH-Gruppen, mit einem Etikett markieren könnte, so würden die markierten O-Atome sich nicht mit den markierten H-Atomen zu H_2O paaren, sondern man würde nach erfolgter Oxydation unter den H_2O-Molekeln der Lösung einige mit einem markierten H-Atom, und einige andere mit einem markierten O-Atom, aber vielleicht kein einziges sowohl mit markiertem O-Atom wie mit markierten H-Atomen finden.

Der molekulare Sauerstoff geht keine andere Reaktion ein, als daß er dem Ferroeisen Elektronen entzieht und es zu Ferrieisen macht. Alles andere ist die notwendige Folge dieser Reaktion. Das Wesentliche für die Katalyse ist nur, daß das Ferroeisen in einer Form zugegen ist, in der es spontan Elektronen an molekularen Sauerstoff abgibt, und das wesentliche Problem ist es, zu untersuchen, unter welchen Bedingungen eine Ferroverbindung hierzu befähigt ist.

Das einfache Ferro-Ion ist nicht befähigt, mit O_2 spontan zu reagieren. Fast das einzige Eisensalz, welches in Lösung nicht komplex ist und das Ferro-Ion vollständig frei abdissoziiert, ist Ferrosulfat. Wenn man dessen Hydrolyse in wässeriger Lösung durch etwas H_2SO_4 unterdrückt, ist es dauernd in Luft haltbar.

Dagegen ist die Mehrzahl der undissoziierten oder komplexen Ferroverbindungen, in denen das Eisen nicht als Ion vorhanden ist, spontan durch O_2 oxydierbar: Hydroxyd, Phosphat, Carbonat, Oxalat, Tartrat, Citrat, Pyrophosphat und zahllose andere. Wenn man Ferrosulfat etwas alkalisch macht, so ist das ausfallende Ferrohydroxyd spontan oxydierbar. Man könnte daher meinen, daß das p_H der ausschlaggebende Faktor ist. Das ist aber nur indirekt der Fall, indem eine Verminderung der H^+-Konzentration die Bildung eines elektroneutralen Ferrokomplexes begünstigt. Sehr lehrreich ist in dieser Beziehung der in meinem Laboratorium von Smythe untersuchte Fall des Ferrometaphosphat. Dieses bildet schon bei viel saurerer Reaktion als Phosphat oder Pyrophosphat einen Ferrokomplex. Ferrometaphosphat wird nun schon bei p_H 2 oder sogar < 2 spontan durch O_2 oxydiert, während fast alle anderen Ferroverbindungen erst bei neutraler oder alkalischer Reaktion sauerstoffempfindlich werden.

Die Ursache für den Unterschied des Fe^{++}-Ions und des komplex gebundenen Fe^{II} ist folgendermaßen zu deuten. Das Fe^{++}-Ion muß ein Elektron abgeben, um oxydiert zu werden. Dies wird durch die positive Ladung des Fe^{++}-Ions erschwert. Wird diese Ladung durch Bindung an ein negatives Ion neutralisiert, so wird die Abgabe des Elektrons erleichtert.

Eine Ausnahme von der Regel, daß komplex gebundenes Fe^{II} autoxydabel ist, sind komplexe Anionen von der Art des Ferrocyankaliums, welches gegen O_2 recht beständig ist. Es ist wahrscheinlich, daß die starke negative Ladung, welche in Form von vier Valenzelektronen an der Peripherie dieses Ions vorhanden ist, erschwerend auf die Oxydation wirkt. Summarisch betrachtet, geht allerdings einfach eines dieser vier äußeren Valenzelektronen bei der Oxydation verloren. Der feinere Mechanismus besteht aber darin, daß das zentral gelegene Ferro-Ion es ist, welches das Elektron abgehen muß. Dieses Elektron muß an den Acceptor, das Oxydationsmittel geben. Zu diesem Zweck muß es die äußere Schale der Valenzelektronen durchschreiten. Dies ist aus elektrostatischen Gründen erschwert.

So haben wir also zwei Fälle, in denen die Oxydation des Ferroeisens erschwert ist: 1. beim freien Ferro-Ion, wo die positive Ladung die Abtrennung des Elektrons erschwert, 2. bei hochwertigen komplexen negativen Ferro-Ionen, wo die Notwendigkeit, daß das Elektron die äußere negativ geladene Elektronenschicht zu durchbohren hat, erschwerend wirkt. Das Hindernis der Oxydation ist am geringsten, wenn das Eisenatom als Bestandteil einer elektroneutralen Molekel vorhanden ist.

Eine auffällige Tatsache bei der oxydativen Eisenkatalyse bleibt noch zu erklären, die wir bei dem unvollkommenen Stand des Beobachtungsmaterials nur an einem Beispiel erläutern wollen. Für viele organische Körper wirken Eisensalze als Katalysatoren für die Oxydation durch O_2. Die katalytische Wirkung des Eisens unter dem Einfluß des Lichtes war lange bekannt und ist besonders von Neuberg studiert worden, und zahlreiche Fälle von Dunkelkatalyse sind von H. Wieland und Frank untersucht worden. Unser Beispiel soll die Wirkung von Fe auf Weinsäure sein. Bei leicht alkalischer Reaktion wirken Ferrosalze katalytisch für die Oxydation durch Luft, aber Ferrisalze haben keine katalytische Wirkung. Dies scheint der hier vertretenen Auffassung vom Chemismus dieser Katalyse hinderlich zu sein. Denn wenn eine Ferriverbindung ein intermediäres Stadium der Katalyse ist, so ist zunächst nicht einzusehen, warum Ferrieisen nicht auch als Katalysator wirken sollte. Die Erklärung dieses Widerspruches kann gefunden werden in dem Umstand, daß die Ferriverbindung, die sich direkt aus Weinsäure und dem Ferri-Ion bildet, nicht identisch ist mit der intermediären Ferriverbindung, die sich durch Oxydation der Ferroverbindung bildet. Wenn Weinsäure direkt mit einem Ferrisalz zusammengebracht wird, so binden sich die drei Valenzen an Carboxylgruppen, oder bei alkalischer Reaktion teilweise auch an Hydroxylgruppen des Wassers; oder anders ausgedrückt, Ferri-Ionen werden neutralisiert durch $RCOO^-$- und freie OH^--Ionen. Es entstehen neutrale oder basische Ferritartrate. Diese Ferriverbindungen sind stabil. Wenn aber Weinsäure mit Ferro-Ionen gemischt wird, so binden sich seine zwei Valenzen an die zwei Carboxylgruppen einer Weinsäure-Molekel. Die Neutralisation der negativen COO^--Gruppen läßt die saure Natur der OH-Gruppen der Weinsäuremolekel stärker hervortreten[1]. Das Ferroeisen in der elektroneutralen Ferrotartratmolekel wird dann seine dritte Valenz OH-Gruppen gegenüber intramolekular manifestieren. Das viel mehr dissoziationsbereit gewordene H^+ der OH-Gruppe wird frei, und das übrige negativ geladene O^- wird durch die dritte Valenz des Eisens abgesättigt.

---

[1] Dies ist ein allgemeines Prinzip. Die OH-Gruppe ist eine sehr schwach saure Gruppe. Die Abdissoziation des H^+-Ion ist außerdem erschwert, wenn die Molekel in nicht zu großer Entfernung von der OH-Gruppe eine negative Ladung in Form der COO^--Gruppe enthält. Ist diese abgesättigt, sei es als COOH, oder als COOFe/2, so wird diese Erschwerung der Dissoziation beseitigt. Vgl. dazu auch S. 33 und Smythe.

Dies ist um so wahrscheinlicher, weil schon im Ferrozustand diese OH-Gruppen koordinativ an das Eisenatom locker gebunden war, denn Ferrotartrat ist ein inneres Komplexsalz im Sinne von Ley. So ist die intermediäre Ferriverbindung verschieden von der sonst bekannten Ferriverbindung der Weinsäure.

Diese Bemerkungen über das Wesen der Oxydationskatalyse mußten vorausgeschickt werden, um zu dem eigentlichen Thema dieses Kapitels, als eines Abschnittes eines Buches über Oxydationspotentiale, zu kommen. Den Zusammenhang mit der Lehre von den Potentialen gibt folgende Überlegung. Der Oxydations-Reduktionskatalysator ist auf alle Fälle ein reversibles Redoxsystem, z. B. im Fall des Cysteins ist es Ferrocystein-Ferricystein. Im Fall des Warburgschen Atmungsfermentes ist es ein hämatinartiger Körper bald mit Ferroeisen, bald mit Ferrieisen. Sobald die oxydierte und die reduzierte Stufe eines solchen Systems in endlichen Mengenverhältnissen nebeneinander vorhanden ist, kann ihr Zustand durch ein bestimmtes Potential charakterisiert werden. Über dieses Mengenverhältnis während des Verlaufs einer Katalyse kann man folgendes sagen. Die Geschwindigkeit, mit welcher die oxydierte Stufe des Katalysators das organische Substrat oxydiert, muß, abgesehen von spezifisch chemischen Eigenschaften, von der Menge dieser oxydierten Stufe abhängen. Die Geschwindigkeit, mit der die reduzierte Stufe des Katalysators vom Sauerstoff oxydiert wird, muß von der Menge der reduzierten Stufe abhängen. Die Geschwindigkeit der Katalyse ist identisch mit der Geschwindigkeit des langsameren dieser zwei Prozesse. Im stationären Zustande des katalytischen Prozesses müssen beide Stufen des Katalysators in meßbaren Konzentrationen vorhanden sein. Wenn auch nun dieses Verhältnis nicht gerade 1 : 1 zu sein braucht, so kann es hiervon doch nicht so verschieden sein, daß das auf das Verhältnis 1 : 1 bezogene, spezifische Potential oder „Normalpotential" des reversiblen Systems nicht einigermaßen zutreffend wäre. Wenn etwa das Mengenverhältnis des stationären Zustandes = 1 : 10 wäre, so wäre das Potential von dem Normalpotential des Systems nur um 0,06 Volt verschieden (und, wenn der Unterschied des Elektronengehalts der beiden Stufen 2 ist, sogar nur 0,03 Volt). Auf alle Fälle kann das Mengenverhältnis der beiden Stufen nicht so extrem sein, daß das Potential sich aus dem „Potentialbereich" des reversiblen Systems entfernt. Ist E_0 das Normalpotential, so könnte man das Potentialbereich etwa als $E_0 \pm 0{,}1$ Volt charakterisieren. **Hiermit ist der Zusammenhang eines kinetischen Problems, der Oxydationskatalyse, mit einem thermodynamischen Problem, des Redoxpotentials, hergestellt.** Daher kommt es, daß ein reversibles Redoxsystem nur dann als guter Katalysator funktionieren kann, wenn sein Normalpotential innerhalb gewisser Grenzen liegt. Eine Bestätigung dieser Regel kann in den folgenden Beobachtungen von Barron gefunden werden. Harrop und Barron hatten gefunden, daß kernlose rote Blutkörperchen, welche normalerweise Zucker nur glykolysieren („fermentieren", bis zu Milchsäure verändern), bei Gegenwart von etwas Methylenblau den Zucker oxydativ verändern. Nach Schaffer sowie Warburg, geht die Oxydation zum Teil bis Brenztraubensäure, zum Teil sogar weiter. Barron fand, daß auch unbefruchtete Echinodermeneier (Arbacia rubra, Asterias forbesii), welche normalerweise sehr wenig Sauerstoff veratmen, nach Zusatz von Methylenblau stark atmen.

Bei dem Versuch, Methylenblau durch andere Farbstoffe zu ersetzen, zeigte sich in Barrons Versuchen an Seesterneiern, daß nur Farbstoffe von angenähert demselben Potentialbereich wie Methylenblau gut wirksam sind, wie Toluylenblau. Eine verhältnismäßig geringere, aber auch noch deutliche Wirkung hatte Gallocyanin, obwohl es fast das gleiche Potentialbereich hat. Das konnte dadurch erklärt werden, daß dieser Farbstoff kaum in die Zelle eindringt. Farbstoffe von positiverem Potentialbereich, die Indophenole, hatten kaum eine Wirkung, oder erst in hohen Konzentrationen eine schwache Wirkung, und am besten nach meinen Erfahrungen wirkt Clarks 1-Naphtol-2-sulfosäure-indo-3'5'-dichlorphenol, welches ein verhältnismäßig negatives Potentialbereich hat, nicht mehr weit entfernt von dem des Methylenblau. Farbstoffe von negativerem Bereich als Methylenblau wirken viel schlechter oder gar nicht: Safranin wirkt gar nicht atmungsbeschleunigend.

Im stationären Zustand des Atmungsversuchs befindet sich Methylenblau in partiell reduziertem Zustand. Es wird verhältnismäßig schnell von der organischen Substanz reduziert, und das reduzierte Methylenblau wird verhältnismäßig schnell von O_2 wieder oxydiert. Indophenol wird zwar noch leichter reduziert, aber das reduzierte Indophenol wird zu langsam wieder von O_2 oxydiert. Safranin wird zu langsam reduziert, so daß es nichts hilft, daß reduziertes Safranin von O_2 sehr schnell wieder oxydiert wird.

Es ist zugegeben, daß thermodynamisch kein Grund dafür vorliegt, daß die Geschwindigkeit, mit der ein Leukofarbstoff von O_2 oxydiert wird, von dem Potentialbereich des Farbstoffs abhängt. Von allen Thermodynamikern wird mit Recht immer wieder betont, daß Reaktionsgeschwindigkeit und Affinität (Potential) in keinem erkennbaren Zusammenhang stehen. Trotzdem zeigt die Erfahrung, daß im großen und ganzen bei den reversiblen Farbstoffsystemen ein solcher Zusammenhang deutlich erkennbar ist. Die Unterschiede sind so grob, daß man auch ohne exakte Messung sagen kann, daß bei gleicher Konzentration und gleichem p_H ein reduziertes Indophenol viel langsamer an der Luft oxydiert wird als Methylenblau, und dieses wieder viel langsamer als Safranin. Diese Unterschiede treten allerdings nur zutage, wenn man als Oxydationsmittel das inerte (und irreversibel reagierende) Sauerstoffgas nimmt. Mit anderen Oxydationsmitteln sind in der Regel die Geschwindigkeiten so groß, daß man sie nicht vergleichen kann.

Hierin wird nicht viel geändert, daß Reid neuerdings in Warburgs Laboratorium gefunden hat, daß die Autoxydation der Leukofarbstoffe bei saurer Reaktion überhaupt nur bei Gegenwart von Kupferionen stattfindet und daß die Geschwindigkeit dieser Autoxydation von der Menge dieser Kupferspuren abhängt. Aber das gilt doch nur für saure Lösungen ($p_H = 4$—5). In neutralen und alkalischen Lösungen bedarf die Autoxydation keines Metallkatalysators. Wenn Reid auch gezeigt hat, daß dann die Autoxydation wahrscheinlich eine Oberflächenkatalyse ist — denn sie wird durch oberflächenaktive Narkotika gehemmt —, so sind die Bedingungen der Oberflächenentwicklung bei den vorher beschriebenen Versuchen mit Blutkörperchen und Echinodermeneiern so gleichmäßig, daß man die Behauptung aufrecht erhalten darf, daß die Autoxydierbarkeit verschiedener Farbstoffe einen deutlichen Zusammenhang mit dem Potentialbereich der Farbstoffe hat.

28. Träge reversible Systeme.

Die bisherige Betrachtung der Redoxkatalysatoren beschränkt sich auf den Fall, daß die durch den Katalysator eingeleitete Reaktion irreversibel ist, oder mit anderen Worten, vollständig ist und nicht zu einem meßbaren Gleichgewicht führt. Es gibt aber auch Fälle, in denen eine unvollständige chemische Oxydo-Reduktion, die zu einem meßbaren Gleichgewichtszustand führt, nicht spontan, aber unter dem Einfluß eines Katalysators verläuft. Die bisher aufgeführten reversiblen Systeme bedürfen allerdings keines Katalysators. Jeder Leukofarbstoff der bisher erwähnten Gruppen wird irgendeinen anderen Farbstoff bis zur Erreichung des Gleichgewichtszustandes spontan und schnell reduzieren. Aber es gibt auch chemisch reversible Systeme, welche durch irgendein reversibles Redoxsystem der bisher erwähnten Art direkt entweder gar nicht verändert werden, oder unter dem Einfluß sehr starker Oxydationsmittel sofort höhere und irreversible Oxydationsprodukte liefern. Solange man keinen Katalysator kennt, kann man daher nicht wissen, ob zwei Substanzen, die der chemischen Formel gemäß sich wie oxydierte und reduzierte Stufe verhalten, ein reversibles System bilden. Das bisher bestbekannte Beispiel dieser Art ist das System Bernsteinsäure—Fumarsäure (Formeln S. 9). Die beiden Substanzen unterscheiden sich um 2 H-Atome, wie Hydrochinon und Chinon. Der Unterschied ist aber, daß diese zwei H-Atome im Fall des Hydrochinon als H^+-Ionen abdissoziieren und zwei Elektronen freilegen können, während die zwei H-Atome der Bernsteinsäure keinerlei saure Eigenschaften erkennen lassen. Wahrscheinlich wird aus diesem Grunde Bernsteinsäure durch Methylenblau nicht oxydiert, und Fumarsäure durch Leukomethylenblau nicht reduziert. Thunberg hat aber gezeigt, daß dies doch geschehen kann, wenn ein im Muskelgewebe vorhandener Katalysator, bisher unbekannter Natur, zugegen ist. Es herrscht Gleichgewicht, wenn das Mengenverhältnis von Methylenblau zu Leukomethylenblau in einem ganz bestimmten Verhältnis, k, zu dem Mengenverhältnis von Bernsteinsäure zu Fumarsäure steht. Die Gleichgewichtskonstante k ist, wie später (S. 183) erörtert werden wird, zufällig angenähert $= 1$. Benutzt man einen anderen Farbstoff statt Methylenblau, so ist das Mengenverhältnis des Farbstoffsystems im Gleichgewicht ein anderes, aber stets so, daß das durch dieses Mengenverhältnis bestimmte Potential dasselbe ist. Das hat G. Lehmann gezeigt, indem er Methylenblau durch Thionin und Indigotetrasulfonat ersetzte.

Auch an der Platin- oder Goldelektrode verhält sich ein Gemisch von Bersteinsäure und Fumarsäure ohne Ferment inert, es erzeugt kein bestimmtes Potential. Dies zeigt wiederum, daß die Reaktion zwischen beiden nicht einfach durch einen Transport freier Elektronen geschieht, die von der Elektrode abgefangen werden könnten. Auch wenn man Methylenblau hinzufügt, wird das Potential nur von diesem bestimmt, der Farbstoff wird auch an der Elektrode nicht von Bernsteinsäure reduziert. Wenn aber außerdem das Ferment zugegen ist, stellt sich das Gleichgewicht in ziemlich kurzer, wenn auch meßbarer Zeit, ein, und das partiell reduzierte Farbstoffsystem prägt der Elektrode ein bestimmtes Potential auf. Da Gleichgewicht herrscht, kann man dieses Potential auch als das des Bernsteinsäure-Fumarsäure-Systems deuten, muß sich aber bewußt bleiben, daß dieses System, sei es mit, sei es ohne Gewebskatalysator, überhaupt kein elektrisches Potential an der Elektrode erzeugt, und daß die Angabe des Potentials nur ein Maßstab für das Niveau der freien Energie dieses Systems ist. Das ,,elektrische Potential" dieses Systems ist ebenso eine fiktive Größe wie die des Oxyhämoglobin-Hämoglobin-Systems, aber sie ist ein einwandfreies Maß für die freie Energie, bezogen auf ihren willkürlichen Nullpunkt, nämlich die freie Energie von H_2-Gas von 1 Atm. Druck. Dieses Energiemaß kann nach S. 45 beliebig in andere Skalen umgerechnet werden.

Fälle dieser Art werden voraussichtlich in Zukunft eine große Rolle zur Berechnung der freien Energie organischer Reaktionen spielen, es handelt sich nur darum, Katalysatoren für inerte Reaktion zu finden.

Schließlich muß noch darauf hingewiesen werden, daß auch bei manchen anderen, direkt potential-erzeugenden Systemen die Einstellung des Gleichgewichts erleichtert wird, wenn man ein reversibles Farbstoffsystem hinzufügt. So wird z. B. das Potential einer alkalischen Zuckerlösung viel schärfer, wenn man einen Farbstoff von genügend negativem Potential zugibt, z. B. Safranin, Janusgrün, Brillantalizarinblau.

Ein demonstrables Beispiel ist auch folgendes. Ein System von Ferri- und Ferropyrophosphat bildet ein reversibles Redoxsystem, wie Spoehr zuerst gezeigt hat. Wenn man Ferripyrophosphat mit H_2 und kolloidalem Palladium reduziert, durchschreitet man nach Michaelis und Friedheim das Potentialbereich dieses Pyrophosphatsystems, welches man an einer Pt-Elektrode messend verfolgen kann. Um es aber vollständig zu reduzieren und das Potential des Wasserstoffs für das betreffende p_H zu erreichen, braucht man bei 30° etwa einen ganzen Tag. Fügt man aber eine Spur Safranin oder dgl. hinzu, so geschieht die Reduktion in kürzester Zeit. Die Reaktion zwischen Leukofarbstoff und Ferripyrophosphat ist also wesentlich schneller als die Reaktion zwischen Palladium-Wasserstoff und Ferripyrophosphat. Der Farbstoff beschleunigt die Erreichung des Gleichgewichts, und, als dessen meßbaren Ausdruck, des Potentials. Farbstoffe mit nicht genügend negativem Potentialbereich, wie Methylenblau oder gar Indophenol, beschleunigen die Reaktion viel schlechter oder gar nicht, aus leicht verständlichen Gründen.

Die Tragweite derartiger Reaktionen ist sicherlich sehr weitgehend und noch gar nicht abzusehen. Es ist bezeichnend für die Mangelhaftigkeit der bisherigen Kenntnisse, daß man sich zu ihrer Illustrierung jetzt auf so wenige Beispiele beschränken muß.

II. Spezieller Teil.
A. Die einzelnen Redoxsysteme, insbesondere diejenigen von physiologischer Bedeutung.

1. Die Sulfhydrilsysteme.

Physiologisch wichtig können solche Redoxsysteme genannt werden, welche in den lebenden Geweben vorkommen und eine physiologische Bedeutung im Stoffwechsel haben. Die erste naheliegende Frage ist, ob die einfachen anorganischen Schwermetallsysteme in den lebenden Geweben vorkommen. Nun ist es ganz sicher, daß in allen lebenden Zellen Eisen vorkommt. Wenn noch irgendein Zweifel daran bestand, so ist dieser durch die systematischen Untersuchungen von O. Warburg behoben worden. Die Menge des Eisens, welche, abgesehen von dem in Hämoglobin und seinen Derivaten fest gebundenen Eisen gefunden wird, schwankt je nach dem Material von $^1/_{100}$—$^1/_{1000}$ vH des Trockengewichtes. Neuerdings hat O. Warburg auch zeigen können, daß eine meßbare Menge Cu in allen Geweben vorkommt, sogar im Blutserum, wo seine Anwesenheit durch seine katalytische Wirkung auf die Oxydation des Cystein durch Sauerstoffgas nachgewiesen werden kann. Noch bequemer kann heute eine genaue Analyse auf Kupfer bis zu Mengen $< {}^1/_{100}$ mg nach der Methode von Schönheimer (Extraktion des Rhodan-Pyridinkomplexes mit Chloroform) ausgeführt werden. Am besten bekannt und in relativ großer Menge vorhanden ist das Eisen. Aber nach allem, was wir heute darüber aussagen können, ist das Eisen in merkenswerter Menge weder als einfaches Ferro- noch Ferriion vorhanden, sondern als komplex gebundenes Eisen. Denn Ferri- oder Ferroionen sind bei dem p_H der Gewebe auf keinen Fall irgendwie merklich löslich und Fe kann daher nur kolloidal oder als komplexes Ion vorkommen.

Für die Annahme von einfachem, kolloidalem Eisenhydroxyd liegt kein Grund vor, da reichlich organische Substanzen vorhanden sind, die das Eisen komplex binden. Wir mögen noch nicht alle das Eisen komplex bindenden Stoffe kennen, aber zwei sind gut bekannt, der Blutfarbstoff mit seinen zahlreichen Derivaten, von denen im Gegensatz zu unseren Kenntnissen noch vor einem Jahrzehnt, auch manche andere als das Hämoglobin selbst eine hohe, physiologische Bedeutung haben, und zweitens die komplexen Eisenverbindungen der Sulfhydrilkörper. Mit den letzteren beginnen wir, müssen aber die metallfreien Sulfhydrilkörper oder Thiolverbindungen voranschicken.

a) Die Sulfhydrilkörper selbst.

Die Geschichte der Entdeckung dieser Substanzen und der Erkennung ihrer physiologischen Bedeutung ist folgende. Rey-Pailhade beschrieb 1888 eine schwefelhaltige organische Substanz in den Geweben, die er Philothion nannte, aber nicht isolieren konnte. Heffter (1908) zeigte, daß die Nitroprussidreaktion, durch die sich diese Substanzen verraten, an die Anwesenheit der Sulfhydrilgruppe (SH) gebunden ist, er zeigte ferner, daß die Oxydationsstufen der SH-Körper, welche durch Abgabe von H und Kondensation von zwei Radikalen nach dem Schema

$$2 RSH \rightarrow RSSR + 2H$$

entstehen, die Nitroprussidreaktion nicht geben. Die leichte Oxydierbarkeit der reduzierten Stufe durch den Sauerstoff der Luft und die verhältnismäßig leicht zu bewerkstelligende Reduktion der RSSR-Körper zu den einfachen Sulfhydrilkörpern legten ihm den Gedanken nahe, daß diese Substanzen bei der Aktivierung des Sauerstoffes für die Atmung eine wichtige Rolle spielten. 1901 fand Moerner, daß Cystein diese Nitroprussidreaktion gibt. Cystein war zuerst von Baumann 1883 aus dem lange bekannten Cystin durch Reduktion mit Zinn und HCl dargestellt worden, und die Konstitution wurde endgültig von E. Friedmann aufgeklärt:

$$\begin{array}{ccc} H_2 \cdot C \cdot SH & H_2 \cdot C \cdot S \!-\!\!-\!\!-\!\!- S \cdot C \cdot H_2 \\ | & | \qquad\qquad\qquad | \\ H \cdot C \cdot NH_2 & H \cdot C \cdot NH_2 \quad NH_2 \cdot C \cdot H \\ | & | \qquad\qquad\qquad | \\ COOH & COOH \qquad\qquad COOH \\ \text{Cystein} & \text{Cystin.} \end{array}$$

Die sauerstoffübertragende Rolle des Cysteinsystems im Stoffwechsel wurde besonders von Thunberg (1920) betont. Er hielt damals dieses System für das Substrat derjenigen Wirkung, die man einem „Atmungsenzym" zugeschrieben hatte. Nun kommt allerdings Cystin oder Cystein selbst in den Geweben nicht oder jedenfalls nicht in zweifellos nachweisbaren, nennenswerten Mengen vor. Trotzdem war die hohe Bedeutung der SH-Gruppe zur Anerkennung gelangt, und im Verlauf seiner Untersuchungen über das Wesen des Atmungsvorganges bediente sich 1922 O. Meyerhof verschiedener Sulfhydrilkörper als Modelle für den unbekannten Vertreter dieser Körper in den Geweben: Thioglykolsäure, α-Thiomilchsäure:

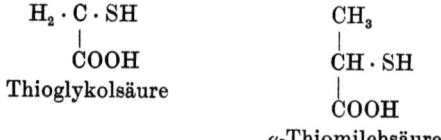

Kurz vorher (1921) war eine wichtige Entdeckung von F. G. Hopkins gemacht worden, die Meyerhof bei seinen wenn auch zeitlich etwas späteren Versuchen noch nicht zugänglich gewesen war. Es gelang Hopkins, einen Sulfhydrilkörper zuerst aus Hefe, dann aus allen Geweben (aber nicht aus Blutserum) zu isolieren, den er Glutathion nannte. Es ist wohl sicher, daß nicht alle SH-Gruppen in Form des Glutathions vorhanden sind, aber dies scheint doch in vielen Geweben der hauptsächlichste Repräsentant der die Nitroprussidreaktion gebenden Körper zu sein. Es wurde von Hopkins zunächst als ein Dipeptid von Cystein und Glutaminsäure aufgefaßt, wobei er die Stelle der Peptidbindung noch offen ließ. Sullivan fand ferner eine Farbenreaktion für Cystein mit β-Naphthochinonsulfosäure, welche außer vom Cystein auch von allen anderen Körpern gegeben wird, die benachbart der SH-Gruppe eine NH_2-Gruppe enthalten. Da nun Glutathion diese Reaktion nicht gibt, konnte angenommen werden, daß es keine NH_2-Gruppe in Nachbarschaft zur SH-Gruppe enthält. Diese ist also offenbar als NH vorhanden und wird zur Peptidbindung benutzt. Die wahre Konstitution des Glutathion wurde erst jüngst von Hopkins (1929) und gleichzeitig von Kendall aufgeklärt. Hopkins gelang es, es über eine gut kristallisierende Cuproverbindung rein darzustellen. Es ist ein Tripeptid,

Glutamyl-Cysteyl-Glycin, und unterscheidet sich in seiner Reaktionsfähigkeit und Zersetzbarkeit deutlich von allen anderen Peptiden sowohl, als auch Sulfhydrilkörpern. Die mildeste Form der Oxydation, die Oxydation der Sulfhydrilgruppe zum Disulfid, ist aber im Wesen gleich der der anderen Sulfhydrilkörper. Im folgenden werden wir der Kürze halber schreiben:

CySH = Cystein————CySSCy = Cystin
GSH = Glutathion,———GSSG = Glutathion,
reduziert   oxydiert
oder allgemein RSH——————————RS · SR.

In den physikalischen Eigenschaften unterscheidet sich Cystin und Glutathion hauptsächlich dadurch, daß Cystin in weiter Umgebung der neutralen Reaktion schwer löslich ist (im Gegensatz zu dem leicht löslichen Cystein), während Glutathion auch in der oxydierten Form leicht löslich ist, ebenso wie das Disulfid der einfachen Thioglykolsäure. Die Löslichkeit des Cystin beträgt nach K. Sano nur 0,0366 g pro Liter ($1,8 \cdot 10^{-4}$ molar) bei 25^0 innerhalb des Bereiches p_H 3 bis über 7 und beginnt erst bei $p_H < 3$ oder > 7 zu steigen, derart, daß sie in dem physiologisch wichtigen Gebiet von p_H 7—8 nur auf das Doppelte, und erst bei stark alkalischer Reaktion stärker steigt (bei $p_H = 10$ um das Hundertfache).

Hopkins stellte fest, daß GSH an der Luft bei leicht alkalischer Reaktion ziemlich schnell zu GSSG oxydiert wird, während es in saurer Reaktion beständig ist. Umgekehrt ist es ziemlich leicht, GSSG bei saurer Reaktion zu GSH zu reduzieren. In dieser Beziehung liegen die Verhältnisse ähnlich wie beim CySH und CySSCy. Es schien also ein in gewissem Sinne reversibles Oxydations-Reduktionssystem vorzuliegen, welches je nach dem p_H bald als oxydierendes, bald als reduzierendes Agens für die Zelle zu funktionieren schien. Jedenfalls ist die Oxydation der RSH-Körper zu den RS·SR-Körpern eine so milde Form der Oxydation, wie sie analog bei anderen Aminosäuren nicht beobachtet wird, wo jeder Schritt der Oxydation einen irreversiblen Abbau, verbunden mit einer Desamidierung, bedeutet. Natürlich kann Cystin durch einen weiteren völlig irreversiblen Schritt der Oxydation im Organismus weiter oxydiert werden zu Cysteinsäure, und schließlich unter Desamidierung und Abspaltung des Schwefels noch weiter. Hier aber interessiert nur der erste Schritt der Oxydation.

Unter diesen Umständen lag es nahe, die inzwischen insbesondere durch W. M. Clark ausgearbeitete Methode zur Charakterisierung der reversiblen Redoxsysteme auch auf das Cy- und G-System anzuwenden. Dies wurde zuerst von Dixon und Quastel (1923) unternommen. Diese Untersuchung stieß auf größere Schwierigkeiten, als man nach den Erfahrungen an gut reversiblen Redoxsystemen erwarten konnte, und es stellten sich Zweifel ein, ob das Cy- und das G-System wirklich einwandfrei reversible Redoxsysteme darstellen.

Dixon und Quastel stellten zunächst fest, daß es viel schwerer war, mit diesem System an indifferenten Elektroden, selbst bei sorgfältigstem Ausschluß des Sauerstoffes in reinster N_2-Atmosphäre, ein festes und vor allem ein reproduzierbares Potential zu erhalten. Schließlich gelang es ihnen — so meinten sie — in massivem Gold (an Stelle von Platin oder vergoldetem Platin) eine Elektrode zu finden, in denen die Einstellung des Potentials befriedigend war, bis auf 2 Millivolt genau. Aber diese einigermaßen befriedigend erscheinende Einstellung bezieht sich auf nur jede einzelne Versuchsreihe, bei der alle Bedingungen absolut gleich waren, außer daß zu der Reaktionsmischung z. B. portionsweise steigende Mengen CySH oder GSH zugegeben wurden. Es muß ausdrücklich, und noch ausdrücklicher als die Autoren es selbst taten, hervorgehoben werden, daß Versuche mit scheinbar ganz gleichen Lösungen und Elektroden in verschiedenen Experimenten völlig verschiedene absolute Werte des Potentials gaben. Man findet in den Protokollen von Dixon und Quastel Unterschiede von mehr als 60 Millivolt in verschiedenen Versuchen, die man für identisch halten sollte, während anzuerkennen ist, daß bei der Titration mit CySH oder GSH in einer Versuchsreihe die aufeinander folgenden Potentiale einen Vertrauen erweckenden regelmäßigen Gang haben. Für die schlechte Reproduzierbarkeit haben die Autoren keine Erklärung versucht. Für den Gang des Potentials bei einer Versuchsreihe fanden sie zunächst, daß das Potential von der Menge der oxydierten Stufe, sowohl bei Cy wie bei G, ganz unabhängig ist, während es vom p_H und von der Konzentration der reduzierten Stufe in folgender Weise abhängt:

$$E = E_0 - \frac{RT}{F} \ln [RSH] + \frac{RT}{F} \ln [H+]. \tag{1}$$

Die Sulfhydrilkörper selbst.

E_0 war, wie gesagt, für verschiedene Versuchsserien ohne erkennbare Ursache verschieden.

Dixons und Quastels Theorie ist die folgende. Die Affinitätsgleichung der Reaktion sollte erwartet werden wie folgt:

$$\frac{[RSSR][H^+]^2}{[RSH]^2} = K$$

und daher sollte das Potential erwartet werden nach Formel S. 43:

$$E = -\frac{RT}{F} \cdot \ln \frac{[RSH]}{\sqrt{[RSSR]}} + \frac{RT}{F} \ln [H+] + \text{Const.} \quad (2)$$

Nun ist es sicherlich nicht zutreffend, daß die Oxydation reversibel ist, denn bei dem gleichen p_H, bei dem die Oxydation praktisch vollständig verläuft, kann die oxydierte Stufe überhaupt nicht wieder reduziert werden. Cystin kann überhaupt nur durch die stärksten Reduktionsmittel (Sn+HCl) reduziert werden[1].

Versucht man, Cystein elektrolytisch an einer indifferenten Kathode zu reduzieren, so bedarf man dazu nach Andrews sehr großer Spannung, und die zur Reduktion des Cystins ausgenutzte Strommenge ist stets nur ein verschwindender Bruchteil des gesamten Stromes. Es ist deshalb denkbar, daß RSSR das irreversible sekundäre Umwandlungsprodukt einer unbekannten primären Oxydationsstufe ist. Wenn dies der Fall ist, so müßte man — so meinen Dixon und Quastel — annehmen, daß die Konzentration der primären Oxydationsstufe nicht nur sehr klein, sondern auch konstant sei. Die Lösung ist gleichsam stets „gesättigt" an Oxp. Dann aber kann $\sqrt{RSSR}$ in die Konstante einbezogen werden,

---

[1] Es ist interessant, daß Cystin (und verwandte Disulfide) auch durch KCN bei Zimmertemperatur reduziert wird. Die Reaktion kann folgendermaßen aufgefaßt werden (Pulewka und Winzer, siehe auch Bodanky):

$$RS \cdot SR + HCN \rightarrow RS \cdot CN + RSH.$$

Es entsteht also nur die Hälfte der Cysteinmenge, die bei glatter Reduktion entstehen würde. Cystin wird auch reduziert, wenn man seine Mercuri- oder Cupri-Verbindung in saurer Lösung mit H_2S behandelt. Alles dies sind ganz bestimmte, chemisch-spezifische Reaktionen, und schon dieser Umstand ist nicht im Sinne der Annahme, daß Cystein und Cystin ein reversibles Redoxsystem bilden. Denn dann sollte die Reduktion unspezifisch sein und nur von dem Potential des reduzierenden Systems abhängen.

und die letzte Formel stimmt in der Tat mit der von diesen Autoren experimentell gefundenen überein.

Die Annahme von der Konstanz des primären Oxydationsproduktes scheint aber nicht ohne weiteres verständlich, wenigstens nicht auf Grund der bisher zur Geltung gebrachten Prinzipien. Denken wir den Fall scharf durch, indem wir die sicherlich erwägenswerte Annahme von Dixon und Quastel zugrunde legen, daß RSSR eine sekundäre, aus dem Oxp durch irreversible Reaktion hervorgehende Molekelart ist. Wenn wir das System in seiner primären Form als reversibel behandeln, um überhaupt die Möglichkeit zu haben, die Existenz eines bestimmten Potentials zu rechtfertigen, so dürfen Rep und Oxp sich nur um den Gehalt eines (oder mehrerer) Elektronen unterscheiden. Und da ist nur eine Möglichkeit gegeben, die primäre Reaktion muß nämlich dann sein:

$$RS\ominus \rightleftarrows RS^* + \ominus.$$

Hier ist $RS\ominus$ das zum RSH gehörige Anion und RS^* soll das Radikal, welches das Elektron verloren hat, darstellen. Dies ist nicht oder kaum existenzfähig. Es tritt der irreversible Prozeß ein:

$$2\,RS^* \rightarrow RSSR.$$

Die Irreversibilität kann entweder eine absolute, uneingeschränkte sein. Dann ist im Gleichgewicht des Systems [RS^*] stets $= 0$, und das Potential muß $= -\infty$ sein, d. h. ein so starkes Reduktionspotential, daß Cystein Wasser zersetzen müßte.

Oder: die Irreversibilität ist nur relativ, d. h. die Konstante der Reaktion

$$\frac{[RS^*]^2}{RSSR} = q$$

ist zwar sehr klein, aber nicht $= 0$. In diesem Fall bleibt der erste theoretische Ansatz von Dixon und Quastel (Formel [1], S. 156) zu Recht bestehen, aber es ist keine Berechtigung vorhanden, $\sqrt{[RSSR]}$ als Konstante zu behandeln, wenn man die Konzentration des Cystins im Experiment variiert, und daher ist die Formel (1), S. 156 der Autoren unerklärbar. Beide Möglichkeiten führen also nicht auf die empirische Formel von Dixon und Quastel. Der Einwand, daß die in den hypothetischen Formeln aufgeschriebenen Reaktionen in Wirklichkeit nicht direkt, sondern in Zwischenstufen, auf dem Umwege katalytischer Reaktionen oder irgendwie anders verlaufen, wäre nicht stichhaltig. Denn ist die Reaktion reversibel, bzw. irreversibel nur insofern, als die Gleichgewichtskonstante außerordentlich klein oder groß ist, so ist es für die Berechnung des Gleichgewichtes, der Affinität und des Potentials ohne jede Bedeutung, ob man die Zwischenstufen mit in Betracht zieht oder nicht.

Die Schwäche dieser vorläufigen Theorie ist denn auch den Autoren selbst nicht entgangen, und Dixon setzte an ihre Stelle später eine andere. Sie scheint im wesentlichen gegründet auf eine Beobachtung von Dixon, daß das Potential einer Cysteinlösung gegen eine Quecksilberelektrode um etwa 200 Millivolt negativer ist, als an einer Elektrode aus massivem Gold. Nun unterscheidet sich bekanntlich Gold und Quecksilber als Kathodenmaterial in einer auffälligen Weise in bezug auf die Fähigkeit der Wasserstoffüberspannung.

Dixon versuchte demgemäß, den Grad der Wasserstoffüberspannung der verschiedenen Metalle bei kathodischer Polarisation in Zusammenhang zu bringen mit dem Potential, welches Cystein an verschiedenen Metallelektroden annimmt. Aber auch das hat sich nicht bestätigt. Einerseits wurde die Einstellung des Cysteinpotentials an der Quecksilberelektrode von Michaelis und Barron in ganz anderem Sinne aufgeklärt, zweitens zeigten Michaelis und Flexner, daß es durchaus nicht allgemein zutrifft, daß sich das Potential des Cystein an Quecksilber um so viel negativer oder überhaupt verschieden von dem an Platin oder Gold einstellt, auch war das Verhalten der Goldelektroden durchaus nicht so reproduzierbar als es nach jenen Angaben erschien. Michaelis und Flexner erhielten in jener Arbeit einigermaßen reproduzierbare Potentiale, die aber praktisch gleich waren für Platin, Gold und Quecksilber, der von Dixon und Quastel vorgeschlagenen Formel recht gut folgten, abgesehen von der Konstanten. Weitere Erfahrungen, sowohl von Cannan, wie eigene zahlreiche Versuche, zeigten jedoch, daß die Individualität der Elektroden, ihre willkürliche Auswahl, eine wesentliche Rolle selbst für dieses Resultat gespielt haben. Als Resultate langer Erfahrung kann es jetzt als sicher gelten, daß das Potential einer reinen Cysteinlösung bei beliebigen p_H, an Platin oder Gold, überhaupt nicht reproduzierbar ist. Das soll nicht bedeuten, daß Cystein keinen Einfluß auf das Potential·der Platinelektrode hat. Zweifellos negativiert Cystein das Platin mehr und mehr, je länger man wartet, nur ist das Endpotential, selbst wenn man Stunden oder selbst Tage lang wartet, für verschiedene Elektroden nicht gleich, es hat daher keine thermodynamische Bedeutung. Über den Sinn dieses sehr negativen, aber unbestimmten Potentials kann man folgendes sagen.

Michaelis und Barron haben gezeigt, daß Platin, ganz besonders platiniertes Platin (aber nicht Palladium!) als Katalysator für die Oxydation von Cystein durch Luft wirkt. Bei geeignetem p_H (4,6) kristallisiert aus einer Cysteinlösung beim Schütteln mit Luft in Berührung mit frisch platiniertem Platin das Cystin in großen Mengen aus. Etwaige Spuren von Eisen, die man trotz aller Vorsicht als vorhanden annehmen will, können hieran nicht schuld sein, weil sie bei p_H 4,6 nicht katalytisch wirken. Wie auch immer der Mechanismus dieser Katalyse sein mag[1]: wenn Platin in Gegenwart von O_2 Cystein oxydiert, so kann man annehmen, daß die Tendenz zur Oxydation auch bei Abwesenheit von O_2 vorhanden sein wird.

Platin wird dem Cystein H entziehen. Aber dieser Prozeß erreicht keinen wahren Gleichgewichtszustand, sondern bleibt vor Erreichung desselben mehr oder weniger fest stehen, auf einem Stadium, welches individuell von der Beschaffenheit der Elektrode abhängt. Bei trägen Reaktionen spielt die früher erwähnte Individualität jeder einzelnen indifferenten Elektrode eine überwiegende Rolle. Dazu kommt noch, daß die Auffassung eines

---

[1] Ein Vorschlag zur Erklärung dieser Katalyse ist folgender. Es wurde früher (S. 33) erwähnt, daß Oxysäuren von der Platinoberfläche vermittelst der OH-Gruppen gebunden oder jedenfalls orientiert werden. Dasselbe muß natürlich für SH-Gruppen gelten, sogar in noch höherem Maße. Cystein, an der Oberfläche von Pt, wird so orientiert sein, daß die SH-Gruppe von den Metallatomen festgehalten wird. Ist das Platin amorph (schwarz), ohne deutlich kristallinisch orientierte Oberflächenstruktur, so kommen RS-Gruppen miteinander in große Nachbarschaft und können miteinander reagieren:

$$2\,RSH \rightarrow RSSR + 2\,H,$$

wobei die H-Atome von dem adsorbierten Sauerstoff abgefangen werden. Als erleichterndes Moment kommt hinzu, daß der Zusammenhalt des RS^--Ions und des H^+-Ions bei der Adsorption gelockert wird, wie oben ja auch beschrieben wurde, daß die Dissoziation der OH-Gruppe einer Oxysäure verstärkt wird, wenn die OH-Gruppe koordinativ an ein Schwermetall gebunden ist.

Die Sulfhydrilkörper selbst.

Metalls wie Platin und Gold als unangreifbare Elektrode nur eine Näherungsannahme darstellt. Von Gold ist es seit jeher bekannt, daß es von KCN in Gegenwart von Luft fortschreitend zu einem komplexen Goldcyanid gelöst wird. Also muß man daraus schließen, daß es auch in Abwesenheit von Luft in einem sehr kleinen, durch einen Gleichgewichtszustand vorgeschriebenem Umfange gelöst wird. In der Tat entwickelt Au in KCN bei Abschluß von O_2 ein sehr stark negatives, wenn auch nicht in seiner Größe gut reduzierbares Potential, aus Ausdruck dafür, daß die

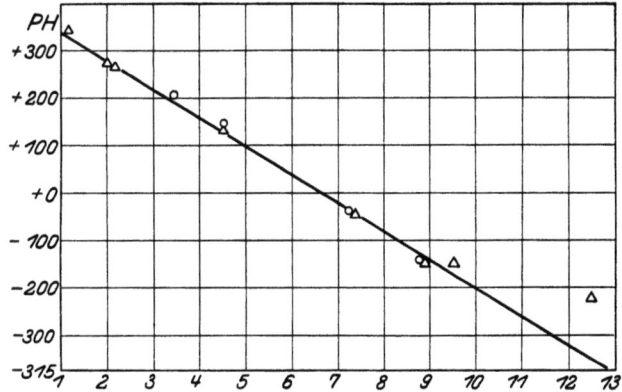

Abb. 21. Die Abhängigkeit des Grenzpotentials des Cystein vom p_H. Abszisse: p_H. Ordinate: Potential, bezogen auf Normal-H_2-Elektrode.

Metalloberfläche sich mit H-Atomen belädt. So ist auch kein Grund einzusehen, weshalb nicht Pt und Au mit Cystein direkt chemisch unter Bildung eines Komplexes reagieren sollten. Diese Reaktion muß gewiß einen sehr kleinen Umfang haben, denn es ist mir bisher nicht gelungen, in den Cysteinlösungen Pt nachzuweisen, wenn sie mit metallischem Pt in Berührung gewesen sind. Aber erstens genügen für unsere Erklärung unwägbare Spuren der Verbindung, zweitens ist es denkbar, daß eine an der Oberfläche haftende, monomolekulare Schicht eines Komplexes, oder eine Adsorptionsreaktion eintritt, welche die H-Atome der SH-Gruppe lockerer macht, indem das S-Atom vom Metall durch Residualvalenzen gebunden ist. Die hohe Adsorbierbarkeit von SH-Körpern an Platin wird z. B. auch dadurch gezeigt, daß platiniertes Platin, mit einer extrem verdünnten Cysteinlösung auf eine Sekunde in Berührung gebracht, für Tage seine katalytische

Fähigkeit zur Zersetzung von H_2O_2 einbüßt. Komplexverbindung von Cystein mit Platin oder Gold sind leicht darstellbar, wenn man die (komplexen) Chloride mit Cystein versetzt, und die Existenzmöglichkeit der Edelmetall-Cysteinkomplexe ist außer Frage. Unter diesen Umständen kann die Tendenz der Edelmetalle, mit Cystein unter Verdrängung von H-Atomen Komplexe zu bilden, als zweite Erklärungsmöglichkeit der Ausbildung stark negativer Potentiale herangezogen werden. Dies ist analog dem Fall bei der Quecksilberelektrode. (Es sei übrigens daran erinnert, daß nach Kolthoff Platin schon in Berührung mit NaOH unter Bildung eines Hexahydroxy-Platinkomplexes angegriffen wird.)

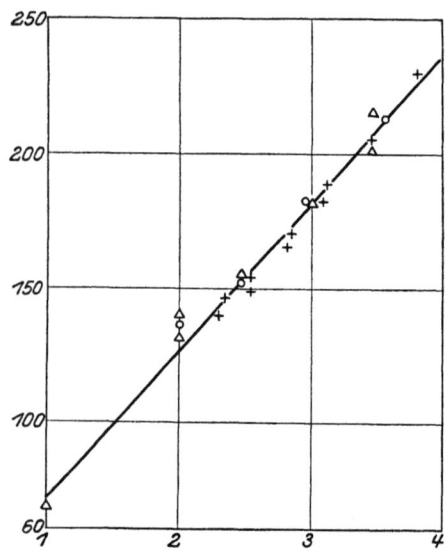

Abb. 22. Abhängigkeit des Grenzpotential des Cystein von der Konzentration des Cystein. Abszisse: $-\log$ [Cystein]. Ordinate: Potential, bezogen auf das Potential der Standard-Acetat-Wasserstoff-Elektrode.

Wir geben also den Standpunkt völlig auf, daß Cystein an einer indifferenten Elektrode irgendein für die Theorie der Oxydation des Cystein zu Cystin sinnvolles Potential erzeugt, und dies steht in bester Übereinstimmung mit der Tatsache, daß die direkte Oxydation von Cystein zu Cystin nicht reversibel geleitet werden kann, insbesondere mit der Tatsache, daß elektrolytische Oxydoreduktion von Cystein durchaus nicht mit der für einen reversiblen Prozeß erwarteten Stromausbeute verläuft und mit sehr großen Energieverlusten verknüpft ist. Das Potential einer reinen, metallfreien Cysteinlösung ist vielmehr als ein „Grenzpotential" in oben definiertem Sinne zu betrachten.

Etwas anderes ist das Potential des Cystein an der Quecksilberelektrode. Michaelis und Barron haben gezeigt, daß an der Luft Cystein in Berührung mit metallischem Quecksilber (nicht mit Hg-Salzen!) Sauerstoff verbraucht. Aber das Oxydationsprodukt ist nicht Cystin, sondern eine Komplexverbindung von Hg mit Cystein. Hg verdrängt das H der SH-Gruppe, wenn ein Acceptor, in Form von O_2, oder auch eines organischen Farbstoffes, zugegen ist. Solche Verbindungen wurden zuerst von Brenzinger beschrieben. Es handelt sich um eine komplexe Mercuriverbindung, welche je nach den Umständen mit $HgCl_2$ ein

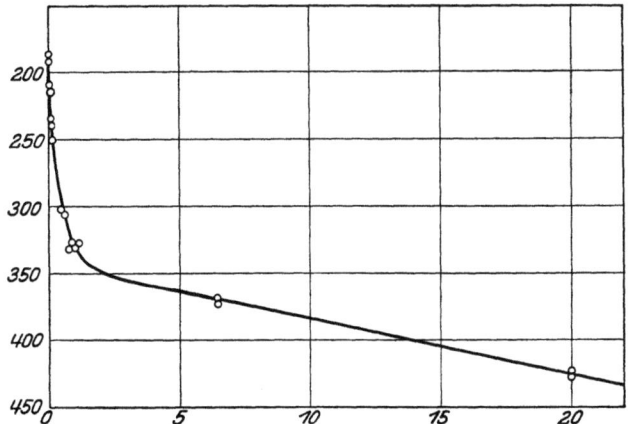

Abb. 23. Nach Michaelis und Flexner. Abszisse: Volum $\%O_2$ in dem die Elektrode durchströmenden N_2. Ordinate: Potential (bezogen auf die Wasserstoffelektrode in Standard-Acetat, in Millivolt, das Minuszeichen ist fortgelassen).

gut kristallisierendes Doppelsalz, oder amorphe, wahrscheinlich basischere Verbindung wechselnder Zusammensetzung gibt. Diese Verbindung kann in gleicher Weise erhalten werden, wenn man Cystein mit einem Mercurisalz oder sogar mit festem HgO behandelt, oder sogar mit einem Mercurosalz, selbst mit Kalomel (unter gleichzeitiger Bildung von fein verteiltem metallischen Hg), oder mit metallischem Hg in Berührung mit Luft[1]. Die Potentialausbildung des Cystein an der Hg-Elektrode kann daher der Reaktion:

$$2\,RSH + Hg + \frac{1}{2}\,O_2 \rightleftarrows \text{Cystein-Hg-Komplex} + H_2O$$

zugeschrieben werden. Es ist das Potential von Hg in Berührung mit einer Lösung, welche Hg gelöst in Form einer Komplexverbindung enthält. Das Potential sollte von der Konzentration

---

[1] Ganz allgemein ist keine Quecksilberverbindung mit Schwefel auf die Dauer als Mercuro-Verbindung existenzfähig. Wo sie vorübergehend existiert, wird sie schnell in die Mercuri-Verbindung + metallisches Hg umgesetzt.

dieses Komplexes abhängen, und diese ist unter den Versuchsbedingungen nicht gut definiert. Sie wird stark davon abhängen, wieviel die Luft im Beginn des Versuchs, wenn die N_2-Durchströmung begonnen wurde, Gelegenheit gehabt hat, das Hg zum Komplex zu oxydieren. Aber der Versuch hat gezeigt, daß das Potential von der Konzentration der Komplexverbindung, wenn diese in Substanz zugefügt wurde, nur sehr wenig abhängt. Sehr wahrscheinlich bildet der Komplex in Lösung höhere Komplexe oder auch Polymere, und es liegt der Fall vor, wo das Potential eines durchaus reversiblen Systems praktisch nur von der Konzentration der reduzierten Stufe (RSH) vorgeschrieben ist. Unter

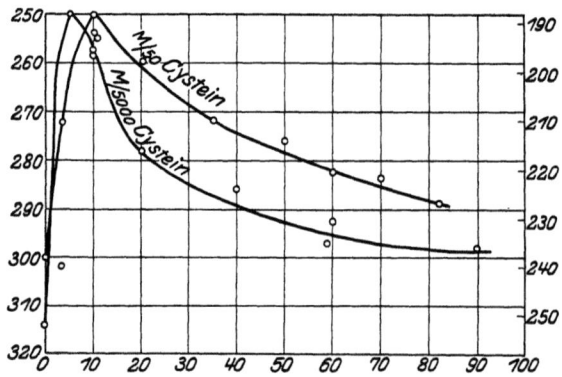

Abb. 24. Nach Michaelis und Flexner. Einfluß der Konvektion auf das Potential einer Cysteinlösung an blankem Platin. Die Konvektion wird durch die Geschwindigkeit der Gasdurchleitung variiert. N_2-Atmosphäre mit 0,08% O_2, Temperatur 38°. 0,02 mol. Cystein, p_H = 4,5 und 0,0002 mol. Cystein, p_H 4,6. Abszisse: Geschwindigkeit der Gasdurchströmung. Ordinate: Potential. Linke Skala für 0,02 mol., rechte Skala für 0,0002 mol.

diesen Umständen ist aber das Potential des Cystein an der Hg-Elektrode nicht von Interesse für die thermodynamische Charakterisierung des Cysteins im Stoffwechsel.

Das definitiv erreichbare Potential einer Cysteinlösung gegen die Quecksilberelektrode kann also praktisch innerhalb einiger Millivolt (± 5 Millivolt) als reproduzierbar betrachtet werden und kann durch die zuerst von Dixon und Quastel empfohlene Formel nach Michaelis und Flexner in folgender Weise wiedergegeben werden, in Volt:

$$E = -0{,}001 - 0{,}06 \log [\text{Cystein}] + 0{,}06 \log [H^+]$$

innerhalb eines p_H-Bereichs von 1—9. Bei höherem p_H wird der Einfluß der p_H-Änderung kleiner.

Für Platin- und Goldelektroden kann man oft Formeln von demselben Charakter reproduzieren, wenn man die sehr langsam erfolgende Einstellung des Potentials abwartet. Aber mit anderen Exemplaren von Elektroden, die sich gegen einwandsfreie reversible Elektroden durchaus normal verhalten, erhält man andere Werte, die bis ± 0,100 Volt von der obigen abweichen können. Nichts ist hier gut reproduzierbar, nicht einmal die Art und Geschwindigkeit der Einstellung des Potentials. Die Angabe von Michaelis und Flexner, daß sich das Potential an blankem

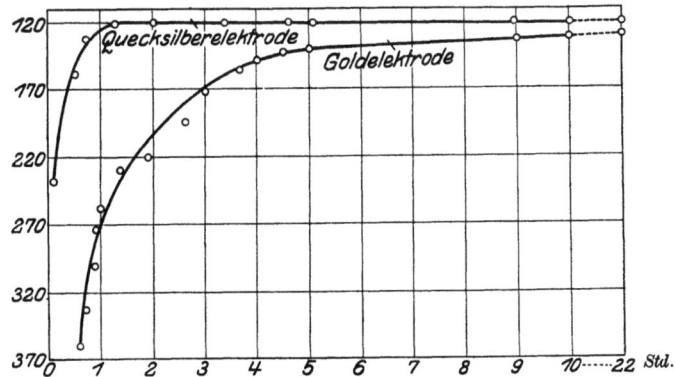

Abb. 25. Zeitliche Einstellung des Potentials einer Cysteinlösung. Nach Michaelis und Flexner. Abszisse: Zeit in Stunden. Ordinate: Potential, bezogen auf die gesättigte Kalomelelektrode, in Millivolt, mit weggelassenem Minuszeichen. Nur die Kurve für Quecksilber ist ziemlich gut reproduzierbar, die für Gold ist nur ein Beispiel. Die Einstellungszeit beim Quecksilber dürfte kaum etwas anderes sein, als die Zeit, welche notwendig ist, um den Sauerstoff aus der Lösung durch N_2 völlig zu verdrängen.

Platin schneller einstelle als an vergoldetem Platin, wurde für später hergestellte Elektroden auch nicht als regelmäßig befunden.

Somit ist das Potential des Cystein bei Abwesenheit von Metallsalzen, sowohl an den eigentlichen Edelmetallelektroden wie an Quecksilberelektroden, ziemlich bedeutungslos, und nur rein qualitativ von Interesse, insofern es bemerkenswert ist, daß dieses Potential bis zu so negativen Werten vorschreiten kann, wie es nicht oder kaum von den negativsten bekannten reversiblen Farbstoffsystemen erreichbar ist.

Von neueren Versuchen zur Aufklärung des Cysteinpotentials sei noch eine Arbeit von Williams und Drissen erwähnt. Wenn sie eine

Cysteinlösung mit einem Oxydationsmittel titrierten, so erhielten sie Kurven, welche sie glaubten durch die Formel ausdrücken zu können:

$$E = E_0 + \frac{RT}{F} \ln \frac{\sqrt{[RSSR]}}{[RSH]} + \frac{RT}{F} \ln [H^+].$$

Bei konstantem p_H ist also

$$E' = E'_0 + \frac{RT}{F} \ln \frac{\sqrt{[RSSR]}}{[RSH]}.$$

Die Konstante E'_0 ist das Potential E', wenn der zweite Summand $= 0$ ist, oder wenn $\sqrt{[RSSR]} = [RSH]$, mit anderen Worten, wenn 90,5 vH des Cystein oxydiert ist (weil angenähert $\frac{\sqrt{90,5}}{100-90,5} = 1$).

Die Konstante E'_0 erwies sich aber verschieden, je nachdem J_2, JKO_3 oder $Cr_2K_2O_7$ als Oxydationsmittel verwendet wurde. Die Bedeutung dieser Befunde erscheint noch nicht klar, auch ist zu bedenken, daß die Fehlerquelle der Bestimmung der Konstanten recht groß sein muß, wenn man zu ihrer Auswertung einen so nahe am Endpunkt der Titration gelegenen Punkt (90,5 vH der gesamten Oxydation) verwenden muß.

b) Die Metallkomplexe der Sulfhydrilkörper.

Wenn man zu einer Lösung von Cystein oder Thioglykolsäure in Berührung mit einer indifferenten Elektrode bei Abwesenheit von Sauerstoff ein Kobalto-, Ferro- oder Cuprosalz zusetzt, so wird das vorher unbestimmte, langsam sich einstellende Potential in auffälliger Weise gefestigt. Es stellt sich viel schneller ein und erreicht meist viel negativere Werte. (Ein entsprechender Versuch mit Ferri- oder Cuprisalzen hat nicht viel Sinn, weil bei Überschuß von Cystein diese sofort zu Ferro und Cupro reduziert werden, auf Kosten der Oxydation von Cystein zu Cystin.)

Der Fall des Kobalts ist zwar physiologisch ohne Bedeutung, trotzdem aber wollen wir mit ihm beginnen. Das Interesse liegt in folgendem. Wenn die Ferro- oder Cuproverbindungen von HRSH oxydiert werden, so ist die Oxydation zur entsprechenden Ferri- oder Cupriverbindung nur eine ganz vorübergehende Reaktion, welche schnell zu einer weiteren Reaktion führt: der Ferri- oder Cuprizustand wird auf Kosten des organischen Teils des Komplexes reduziert, und letzterer zu RSSR oxydiert. Auf diese Weise wirken diese Metalle als Katalysatoren für die Oxydation des HRSH zu RSSR durch den inerten Sauerstoff. Untersucht man das Potential in einem solchen System, so ist es sinngemäß, das Potential desjenigen Systems zu betrachten, welches reversibel ist, also das Potential des Systems Ferrocystein + Ferricystein (oder

Cuprocystein + Cupricystein). Da aber die Ferri- (oder Cupri)-verbindung rasch die eben erwähnte irreversible sekundäre Reaktion eingehen, kann man keine konstanten Potentiale erhalten. Im Fall des Kobalt dagegen ist das Oxydationsprodukt, die Kobaltiverbindung von HRSH dauernd haltbar, es tritt daher auch keine katalytische, progressive Bildung von Cystein auf, und die erhaltenen Potentiale könnten eher nach gewohnten Prinzipien behandelt werden. Es ist nicht immer der Fall, daß bei dieser Oxydation gar kein Cystin gebildet wird. Dies ist manchmal, wie wir noch sehen werden, der Fall, aber es ist keine fortschreitende, katalytische Oxydation des Cystein zu Cystin, sondern eine stoichiometrisch beschränkte Seitenreaktion neben der Hauptreaktion. Auf alle Fälle hat man, wenn man eine Lösung von Kobaltocystein partiell oxydiert, eine zeitlich konstante Menge von Kobalto- und Kobalticystein in Lösung. Die in dieser Weise angestellten Versuche von Michaelis und Barron zeigten jedoch, daß selbst unter diesen Bedingungen die Resultate sehr anders waren als bei einfachen, reversiblen Metallkomplexsystemen wie etwa Ferri-Ferrocyanid, oder Eisen-Pyrophosphat. Dies legte die Vermutung nahe, daß die chemische Beziehung des Kobalto- und Kobaltikomplexes nicht so einfach war als in den anderen Fällen, und eine chemische Untersuchung derselben war erforderlich, um die nötige Grundlage für die Potentiometrie zu geben.

Die Komplexe der Thioglykolsäure wurden von Michaelis und Schubert dargestellt. Der Kobaltokomplex (grün) wurde nicht analysiert. Er ist sehr empfindlich gegen O_2. Es ist aller Grund, ihn als $Co^{II}(RS)_2K_2$, in Form des Kaliumsalzes, anzunehmen. Ob sich daneben in kleiner Menge auch ein Komplex $Co^{II}(RS)_3K_3$ bildet, konnte nicht bewiesen werden.

Der Kobaltikomplex (intensiv rotbraun) hatte die Zusammensetzung $Co^{III}(RS)_2OH \cdot K_2$ als Kaliumsalz. Er wurde als freie Säure, saures K-Salz, als K_2-Salz, und als Ba-Salz in kristallisierter Form erhalten, und die Gefrierpunktsdepression war zu klein, um die eben angeführte Formel in monomolekularem Zustand zu rechtfertigen. Obwohl bei mehrwertigen Elektrolyten die Gefrierpunktsbestimmung zur genauen Molekulargewichtsbestimmung eine sehr heikle Methode ist, muß man doch auf alle Fälle diese monomolekulare Formel verwerfen. Nehmen wir eine bimolekulare Formel an, so könnten wir schreiben:

$$C_O^{III}(RS)_2K_2 \underset{OH}{\overset{OH}{\diagdown\diagup}} K_2(RS)_2C_O^{III},$$

wobei eine den Wernerschen „ol-Verbindungen" analoge Brücke angenommen wird. Obwohl bei allen diesen Komplexen mehrere Isomere vorausgesetzt werden dürfen, gelang es nur diesen einen Komplex darzustellen, in einer Ausbeute von mehr als 80 vH der Theorie, charakterisiert durch die Kristallform in jeder einzelnen Modifikation (als Säure, K-Salz, K_2-Salz usw).

Dieser Kobaltikomplex ist auf keine Weise wieder zum Kobaltokomplex reduzierbar. Es muß nun entschieden werden, ob die Ursache der Irreversibilität auf einer extrem großen Gleichgewichtskonstanten der Reaktion, auf der Vollständigkeit der Reaktion Kobaltoverbindung $\rightleftarrows$ Kobaltiverbindung + Elektron im Sinne von links nach rechts, oder auf einer sekundären Reaktion irreversibler Natur, welche die primär entstehende Kobaltiverbindung durchmacht.

Die entsprechenden Komplexe des Cystein wurden von M. P. Schubert dargestellt. Der Kobaltokomplex (grün) hatte die Zusammensetzung
$$Co^{II}(RS)_2K.$$

Außerdem ließ sich unter etwas anderen Bedingungen (kleineres p_H) ein schwer löslicher (olivgrüner) Komplex darstellen, der die empirische Formel Co(RS) hat und als das Kobaltosalz des vorigen Komplexes aufgefaßt werden muß, also $Co^{II}(RS)_2Co^{II}$, da die Hälfte des Co durch Lauge abgespalten werden kann. Das zweite Co-Atom ist wohl nicht nur einfach salzartig, sondern nach Art eines inneren Komplexsalzes auch an die NH_2-Gruppe gebunden.

Die Konstitution dieser beiden Komplexe kann daher folgendermaßen gedeutet werden:

$Co^{II}(SR)_2K_2$ $2[Co^{II}(SR)]$ oder $Co^I(SR)_2Co^{II}$.

Von den entsprechenden Kobaltikomplexen wurde einer (braun) mit 2, und ein anderer (rot) mit 3 RS auf je 1 Co-Atom dargestellt. Der erstere ist wohl ganz analog dem entsprechenden Thioglykolsäurekomplex, und man darf wohl auch bei ihm eine mindestens bimolekulare Struktur vermuten. Der zweite kann kaum eine andere Form haben als die folgende (als freie Säure):

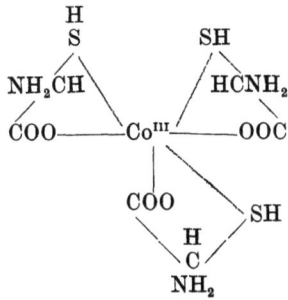

Auch hier wurden bisher keine Isomere gefunden.

Es soll noch hinzugefügt werden, daß schon vorher Kremer eine Kohlenoxydverbindung des Kobaltokomplexes von der Zusammensetzung: 1 Co, 2 Cystein, 1 CO gefunden worden ist.

Die Oxydation des Kobaltokomplexes verläuft nicht unter allen Bedingungen glatt zum Kobaltikomplex. Wir sehen hier davon ab, daß durch energische oder langdauernde Oxydation, besonders bei alkalischer Reaktion, die SH-Gruppe nicht nur zum Disulfid, sondern darüber hinaus, zu höheren, ganz irreversiblen Oxydationsstufen entsprechend der Cysteinsäure oxydiert werden kann. Aber hiervon abgesehen, sind selbst die ersten Oxydationsprodukte nicht immer quantitativ die soeben beschriebenen Kobaltikomplexe. Zwar haben Michaelis und Schubert durch Luftreaktion bei geeigneten Bedingungen über 80 vH des erwarteten Komplexes in kristallisiertem, reinen Zustand erhalten. Für diese besonderen Bedingungen wird daher wohl die Reaktion fast quantitativ in diesem Sinne verlaufen. Aber unter anderen Bedingungen ist das nicht der Fall, und es treten Seitenreaktionen ein. Diese sind von Kendall und Holst studiert worden. Je nach der Natur des angewendeten Oxydationsmittels war die Seitenreaktion verschieden. Ohne wesentliche Seitenreaktion verläuft die Oxydation durch Indigodisulfonat. Mit Indophenol als Oxydans bildet sich außer dem Kobaltikomplex ein Kondensationsprodukt von Cystein mit dem Farbstoff, gemäß einer allgemeinen, von Kendall gefundenen Reaktion zwischen Cystein und Körpern mit chinoidartiger Konstitution, welche im Falle des einfachsten Chinon folgendermaßen ist:

$$\underset{\substack{\| \\ O}}{\overset{\substack{O \\ \|}}{\underset{HC}{\overset{HC}{\bigcirc}}}} \underset{CH}{\overset{CH}{}} + HSRH \rightarrow \underset{\substack{| \\ OH}}{\overset{\substack{OH \\ |}}{\underset{HC}{\overset{HC}{\bigcirc}}}} \underset{C \cdot SRH}{\overset{CH}{}}$$

Dieses Kondensationsprodukt ist teils in der hier formulierten Konstitution vorhanden, teils unter der Wirkung einer zweiten Molekel Chinon (oder indophenolartiger Farbstoff) in chinoidartig oxydierter Form. Die reduzierte Form ist farblos, die oxydierte hat die blaue Farbe eines Indophenols. Diese Reaktion erinnert sehr an die Reaktion chinoidartiger Molekel oder aromatischer Diamine mit Thiosulfat, und an die Bernthsensche Methylenblausynthese (Oxydation von $RN_2 \cdot C_6H_4 \cdot NH_2$ bei Gegenwart von SH_2).

Mit Ferricyanid als Oxydationsmittel tritt als Seitenreaktion eine Umsetzung zwischen Kobaltocystein und Ferrocyanid zu Kobaltocyanid und Ferrocystein ein.

Mit Sauerstoff oder H_2O_2 als Oxydationsmittel tritt als Seitenreaktion die Bildung von Cystin ein. Diese Beobachtung (die ich schon vor Kendalls Publikation ebenfalls gemacht hatte), erklärt die Stöchiometrie der Reaktion mit O_2 in anderer Weise, als Michaelis und Barron ursprünglich angenommen hatte. Diese hatten folgende Reaktion angenommen:

$$Co^{II}(RS)_3K_3 + \text{Oxydans} \rightarrow Co^{III}(RSK)(RSSR).$$

Statt dessen muß man schreiben:

$$3 Co^{II}(RS)_2K_2 + \text{Oxydans} \rightarrow 2 Co^{III}(RS)_2OH + RSSR + Co^{++},$$

was natürlich nur eine summarische Formulierung ist, welche je nach den Mengenverhältnissen auch nicht immer streng zutrifft.

Das Gemeinsame an allen diesen mannigfaltigen Reaktionen ist folgendes. Der oxydierbare Körper, der Kobaltokomplex, kann genau beschrieben werden. Es ist ein Komplex von 1 Atom Co mit 2 Molekeln Cystein. Sein primäres Oxydationsprodukt, der unmittelbar aus diesem (z. B. durch Addition einer OH-Gruppe, ohne sonstige Änderung der Molekulargröße) hervorgehende Kobaltikomplex kann nicht dargestellt werden. Er muß sehr labil sein und unmittelbar zu irreversiblen Umlagerungen führen, welche die soeben beschriebene Mannigfaltigkeit aufweisen. Daraus kann man für die Ausbildung eines Potentials folgende Situation schließen.

Wenn man den Kobaltokomplex mit einem Oxydationsmittel titriert und nach jedem Zusatz des Oxydationsmittels den Ablauf der irreversiblen Reaktionen abwartet, so hat man für die ganze Dauer der Titration ein System vor sich, welches die reduzierte Stufe des potentialbestimmenden, reversiblen Systems in einer ganz bestimmten Konzentration enthält, während sie die oxydierte Form in einer Konzentration praktisch $= 0$ enthält. Wir dürfen daher ein Potential erwarten, welches dem Wert $-\infty$ zustrebt. Da dies, wie früher auseinandergesetzt wurde, in wässeriger Lösung nicht möglich ist, so finden wir statt dessen stets angenähert das Potential der Wasserstoffelektrode.

Genau das ist es aber, was das Experiment zeigt, wenn auch dieser Befund von vornherein nicht ganz so einfach erhoben werden konnte. Dieser Befund war nämlich folgender.

Michaelis und Barron mischten in einem Elektrodengefäß eine Phosphatlösung von p_H 7, mit einer abgemessenen Menge $CoSO_4$. Es entsteht ein rosa-violetter Niederschlag eines Kobaltphosphats. Getrennt hiervon, in einem löffelartigen Gefäß, befand sich eine abgewogene Menge Cysteinhydrochlorid, in einer solchen Menge, daß auf 1 Mol Cystein wesentlich mehr als die hiermit bindungsfähige Menge Co vorhanden war. Nachdem die Luft durch reinen N_2 verdrängt war, wurde das Cystein in die Lösung befördert. Von dem Co-Niederschlag geht dann soviel in Lösung, als dem Cysteinkomplex entspricht. Diese Lösung ist hellgrün. Das Potential einer blanken Pt-Elektrode (or Au, oder auch Hg) nimmt hierbei sofort einen sehr negativen Wert an, der allmählich immer negativer wird. Es dauert Stunden, bis er einen einigermaßen konstanten Wert angenommen hat. Wartet man lange genug, so erreicht das Potential bis auf wenige Millivolt das einer Wasserstoffelektrode bei gleichem p_H. Mitunter wurde bei einem Titrationsversuch dieser Endwert nicht abgewartet, sondern nach $1/2$—1 Stunde die Titration mit dem Oxydationsmittel begonnen, bald Ferricyanid, bald Phenol-Indophenol. Nach Zusatz einer kleinen Portion derselben ging das Potential für einen Augenblick mehr ins Positive, kehrte aber schnell zurück und erreichte den Endwert sehr viel schneller als vorher. Die Oxydation wirkt also katalytisch beschleunigend auf die Einstellung des Potentials. Eine Erklärung hierfür kann noch nicht gegeben werden, aber die Tatsache ist von Kendall und Holst voll bestätigt worden. Betrachtet man nur die wirklichen Endwerte des Potentials, so bleibt das Potential während der ganzen Titration nahezu konstant, und ungefähr gleich dem Potential der H_2-Elektrode, wenigstens bei p_H etwa 7,3. Bei anderem p_H erreicht es nicht ganz das Potential der H_2-Elektrode für gleiches p_H. Am Ende der Titration springt dann das Potential steil in das positivere Gebiet des Oxydationsmittels.

Bei p_H von 7,3 ist das Potential angenähert das der Wasserstoffelektrode, $r_H = 0$. Genaue Einstellung eines solchen Potentials kann man nicht erwarten. Denn ist das Potential wirklich gleich dem des Wasserstoffs von 1 Atm. Druck, so kann in einem mit N_2 durchströmten Elektrodengefäßen niemals Gleichgewicht eintreten. Die Langsamkeit der Potentialeinstellung bei Systemen, deren Potential dem Wasserstoffpotential nahe kommt oder es sogar übertrifft, ist nichts ungewöhnliches. Ein System von Chromo- und Chromichlorid in stark saurer Lösung, dessen Normalpotential bei —0,4 Volt, also Wasserstoffüberspannung liegt, erreicht an Platinelektroden nur mit äußerster Langsamkeit ein Potential, welches in die Nähe des der Wasserstoffelektrode kommt. Nur an Hg-Elektroden kann es das H_1-Potential überschreiten und nach etwa 2 Tagen zum Gleichgewichtszustand, zum wahren Überspannungspotential der Chromchlorür führen. Das Kobaltcysteinpotential erreicht an der Hg-Elektrode keine negativeren Werte als an der Pt- oder Au-Elektrode. Man darf daher mit Wahrscheinlichkeit annehmen, daß es bei $p_H = 7—7,5$ ziemlich genau gleich dem der Wasserstoffelektrode bei gleichem p_H ist.

Indem wir nun zu den Eisenkomplexen der Sulfhydrilkörper übergehen, begegnen wir der Komplikation, daß alle Ferrikomplexe nur vorübergehend existenzfähig sind und präparativ nicht isoliert werden können. Sie verändern sich schnell in der Weise, daß das Ferrieisen zu Ferro reduziert, und der Sulfhydrilteil des Komplexes zum Disulfid oxydiert wird. Die Einzelheiten der

Bildung und zeitlichen Veränderung der Komplexe hängt stark vom p_H ab, wie es auch bei den Kobaltverbindungen der Fall war. In saurer Lösung (p_H 1—4) läßt sich die Bildung irgendeines Ferrokomplexes nicht nachweisen, weder durch eine Farbenänderung, noch präparativ. In der Regel ist die Komplexaffinität der Ferroverbindungen kleiner als die der Ferriverbindungen, und in Konkurrenz mit H^+-Ionen in hoher Konzentration kann das Fe^{++} sich nicht an den Schwefel binden. Dagegen existieren die Ferrikomplexe. Wir würden allerdings auch von ihrer vorübergehenden Existenz nichts wissen, wenn sie sich nicht durch ihre intensiv indigoblaue Farbe verrieten. Diese Farbe, welche beim Zusatz von $FeCl_2$ zu Thioglykolsäure oder Cystein bei stark saurer Reaktion entsteht, blaßt schnell ab. Bei erneutem Zusatz von $FeCl_3$ tritt sie immer wieder auf, solange noch RSH vorhanden ist, aber nicht mehr, wenn alles RSH zu RSSR oxydiert ist. Nach jedesmaligem Abblassen kann die Farbe zwar durch erneuten Zusatz von $FeCl_3$, aber nicht durch O_2 wiederhergestellt werden. Das Ferroeisen ist in saurer Lösung durchaus nicht autoxydabel, und Eisen ist unter diesen Bedingungen durchaus kein Katalysator für die Oxydation von Cystein durch O_2.

Bei p_H 7—10 gibt es sowohl einen Ferro- wie einen Ferrikomplex. Der Ferrokomplex hat nur sehr wenig Farbe, er ist gelblich in hohen Konzentrationen, aber seine Existenz verrät sich dadurch, daß der Niederschlag von $Fe(OH)_2$ oder von basischen Eisensalzen, die durch Puffer von p_H 7—10 erzeugt werden, durch Cystein gelöst werden. Die präparative Darstellung dieses Komplexes ist neuerdings gelungen. Er bildet hellgelblichgrüne Kristalle von der Zusammensetzung $Fe(RS)_2$ und ist sicherlich dem entsprechenden Kobaltokomplex in seiner Konstitution analog. Cremer hat gefunden, daß dieser (von ihm nicht isoliert dargestellte) Komplex CO bindet und dabei orange wird. Diese Verbindung gibt im Licht das CO wieder ab. Sie hat nach Cremer eine ungemein starke, mit der Zeit sich bedeutend ändernde optische Aktivität.

Wenn der Ferrokomplex bei p_H 7—9 der Luft ausgesetzt wird, färbt er sich intensiv rotviolett. Das ist offensichtlich der Ferrikomplex. Diese Farbe blaßt beim Stehen ab und regeneriert sich jedesmal beim Schütteln mit Luft, bis alles RSH zu RSSR oxydiert ist. Der Ferrokomplex ist autoxydabel, und auf diese Weise kann man mit einer Spur Fe große Mengen Cystein katalytisch durch O_2 oxydieren.

Bei noch mehr alkalischer Reaktion bindet sich das Fe mit den konkurrierenden OH-Ionen statt mit Cystein, und es entsteht ein Niederschlag von Eisenhydroxyd.

Das reversible Redoxsystem, bei dem es sinngemäß ist, nach einem Potential zu fragen, ist das System: Ferrocystein + Ferricystein.

Die Messung des E_0-Wertes dieses Systems wird dadurch erschwert, daß Ferricystein infolge der irreversiblen Umwandlung in Ferroion + Cystin während der Dauer des Versuchs keine konstante Konzentration hat. Hieran knüpfen sich drei Probleme:

1. die Kinetik der Änderung des Potentials,

2. die Extrapolation auf den Anfangswert, welcher das wahre Potential des als reversibel aufgefaßten Ferri-Ferrosystems gibt,

3. das Grenzpotential, dem das sich selbst überlassene System bei Abwesenheit von O_2 zustrebt.

Keine dieser Fragen ist bisher gelöst, aber es ist nicht aussichtslos, sie unter den inzwischen geläuterten Gesichtspunkt von neuem in Angriff zu nehmen. Die Versuche von Cannan und Richardson scheinen mir nicht die definitive Lösung darzustellen. Sie fanden, daß für Thioglykolsäure (aber nicht für Cystein) bei $p_H = 10$ die Haltbarkeit der Ferriverbindung genügend ist, um das Potential entsprechend dem zweiten der oben gestellten Fragen zu bestimmen und fanden es:

$$E = -0{,}3527 + 0{,}601 \log \frac{Fe^{III}}{Fe^{I}}$$

für $p_H = 10{,}32$, bei 30° C, mit einem sehr kleinen Temperaturkoeffizient

und folgende Abhängigkeit von p_H:
Zwischen p_H 10,5 und 8:

$$E_h = +0{,}1460 + 0{,}601 \log (K_a + [H^+]),$$

wo $K_a = 8{,}10^{-11}$, die Säuredissoziationskonstante der SH-Gruppe (nach Cannan und Knight, 1927).

Den anderen Betrachtungen ihrer Arbeit legen daher die Autoren eine Annahme zugrunde, die sie aus der Kinetik als wahrscheinlich abgeleitet zu haben glauben, die jedoch mit der allgemeinen Chemie solcher Komplexe unvereinbar ist. Sie meinen nämlich, daß der Komplex 6 Molekel Cystein oder Thioglykolsäure auf 1 Fe-Atom enthalte. Es erscheint aber ausgeschlossen, daß ein Komplex mit mehr als 3 existiert, auch nur vorübergehend, mit anderen Worten, daß eine Molekel RSH weniger als 2 Koordinationsstellen am Fe einnimmt. In der Tat hat der isolierbare Ferrokomplex die Zusammensetzung $Fe(RS)_2$, und die teilweise Existenz eines Komplexes $Fe(RS)_3$ in der Lösung mag daneben als möglich betrachtet werden, aber nicht darüber hinaus.

Über die Systeme mit Kupfer wissen wir noch zu wenig. Die Cuproverbindungen lassen sich leicht kristallisiert darstellen, und auf ihrer Entdeckung beruht das Verfahren von Hopkins zur Darstellung des Glutathions aus Hefe und Organen. Die Cupro-Verbindungen der übrigen Sulfhydrilkörper sind ebenfalls leicht herstellbar. Sie enthalten alle ein Cu-Atom auf 1 Molekel RSH und sind schwerlösliche, farblose, gut kristallisierende Verbindungen, sehr leicht autoxydabel in alkalischer Lösung, aber nicht schwer zu isolieren bei saurer Reaktion. Von den Cupriverbindungen ist noch nichts bekannt. Sie sind noch labiler als die Ferriverbindungen und zeichnen sich durch intensive violette Farbe aus.

Was das Glutathion betrifft, so müssen alle mit dem nach der alten Vorschrift von Hopkins hergestellten amorphen Präparat erhobenen Befunde als ungültig betrachtet werden. Von dem reinen, entweder nach Hopkins oder nach Kendall hergestellten Glutathion können wir nur folgendes berichten: Tunnicliffe fand, daß es durch Eisen an der Luft nicht katalytisch oxydiert wird, daß aber die Katalyse in Gang gebracht wird durch eine kleine Menge freien Cysteins. Und Kendall behauptet, daß es keinen Komplex mit Kobalt bildet. Weitere Untersuchungen bleiben abzuwarten; und man darf die zuletzt zitierten Angaben noch nicht mit vollem Vertrauen hinnehmen. Nachdem die Darstellung von kristallisiertem Glutathion jetzt erheblich erleichtert worden ist durch Modifikationen der Hopkinsschen Methode, wird das Problem bald gelöst sein.

2. Dialursäure-Alloxan.

$$\begin{array}{c}\text{HN—CO}\\|\quad\ |\\\text{OC}\quad\text{C}\diagup\!\!\!\!\diagdown\text{OH}\\|\quad\ |\quad\,\text{OH}\\\text{HN}\quad\text{CO}\\\text{Alloxan}\end{array}+\begin{array}{c}\text{OC—NH}\\\text{HO}\diagdown\ |\quad\ |\\\quad\,\text{C}\quad\text{CO}\\\text{H}\diagup\ |\quad\ |\\\text{OC—NH}\\\text{Dialursäure}\end{array}\rightleftarrows\begin{array}{c}\text{HN—CO}\quad\quad\quad\quad\text{OC—NH}\\|\quad\ |\diagup\text{OH}\quad\text{HO}\diagdown\ |\quad\ |\\\text{OC—C}\diagdown\quad\quad\quad\quad\diagup\text{C—CO}\\|\quad\ |\quad\quad\quad\quad\quad\quad\ |\quad\ |\\\text{HN—CO}\quad\quad\quad\quad\text{OC—NH}\\\text{Alloxanthin}\end{array}+\text{H}_2\text{O}$$

Dialursäure kann leicht zu Alloxan oxydiert werden, und letzteres kann leicht wieder reduziert werden. Es existiert aber eine intermediäre Form. 1 Mol Dialursäure + 1 Mol Alloxan bildet eine Verbindung, genannt Alloxanthin. Sie kann analog einem Chinhydron betrachtet werden. Dialursäure unterscheidet sich von Alloxan durch zwei H-Atome, wie Chinon von Hydrochinon. Thunberg fand zuerst, daß sie in wässeriger Lösung, ebenso wie Chinhydron, in ihre Komponenten dissoziiert. Biilman erwartete daher, daß eine Lösung von Alloxanthin an der indifferenten Elektrode ein bestimmtes Potential entwickeln würde. Biilmann und Lund bestätigten diese Erwartung experimentell für Lösungen in H_2SO_4 zwischen 0,1 und 0,02 Mol. Ganz analog verhielt sich Tetramethyl-Alloxanthin, in welche alle 4 Imidogruppen des Alloxanthin methyliert sind. Es zerlegt sich in Dimethyldialursäure + Dimethylalloxan. Richardson und Cannan haben dieses Potential systematisch für ein weites p_H-Bereich untersucht. Für p_H-Werte > 5 sind die Potentiale zeitlich nicht konstant. Hier wurden die auf die Anfangszeit extrapolierten Werte benutzt. Auf diese Weise erhielten die Autoren eine Kurve, die nach folgender Gleichung berechnet wurde:

$$E = E_0 + 0{,}03 \log \frac{[H^+]^3 [K_r' + H^+]}{[K_1' + H^+][K_2' + H^+]} - 0{,}003 \log \frac{[\text{Dialursäure}]}{[\text{Alloxan}]},$$

wo
$E_0 = +0{,}3640$ Volt bei 30⁰,
$K_r' = 1.$ Dissoziationskonstante der Dialursäure $= 1{,}48 \times 10^{-3}$ (p$K_r' = 2{,}83$),
$K_1' = 1.$ Dissoziationskonstante des Alloxan $= 6{,}31 \times 10^{-8}$ (p$K_1' = 7{,}20$),
$K_2' = 2.$ Dissoziationskonstante des Alloxan $= 1{,}0 \times 10^{-10}$ (p$K_2' = 10{,}0$).

Die Variation des Potentials mit der Temperatur wird ausgedrückt durch:
$$E_0 = 0{,}3784 - 0{,}00048\ T.$$

Folgende Tabelle stellt die Untersuchungen von Biilmann und seinen Mitarbeitern über die Reduktionspotentiale einiger Alloxanthinderivate zusammen, alle gelöst in 0,1 normal H_2SO_4, und alle Potentiale bezogen auf eine Wasserstoffelektrode von 1 Atm. Druck in $^1/_{10}$ n. H_2SO_4.

Tabelle (nach Biilmann).

	Potential (Volt) bei			
	18°	25°	r_H 18°	25°
Alloxanthin	0,3693	0,3672	12,79	12,42
Dimethyl-Alloxanthin	0,3672	0,3648	12,72	12,34
Tetramethyl-Alloxanthin	0,3659	0,3633	12,67	12,29
Dimethyl-Diäthyl-Alloxanthin	0,3647	0,3621	12,63	12,25
Dimethyl-Dipropyl-Alloxanthin	0,3643	0,3616	12,62	12,23
Diäthyl-Alloxanthin	0,3653	0,3627	12,65	12,27
Tetraäthyl-Alloxanthin	0,3630	0,3603	12,57	12,19

Es ist beachtenswert, wie wenig sich die verschiedenen Derivate voneinander unterscheiden.

Nach diesem Bericht über die Arbeiten von Biilmann und seinen Mitarbeitern und von Cannan möchte es scheinen, als ob die Frage des Potentials der Alloxanthine eine völlig aufgeklärte Sache sei. Dies ist es aber durchaus nicht. In scharfem Kontrast zu den sehr genau reproduzierbaren Potentialen, die Biilmann erhielt, wenn er reine Alloxanthine in 0,01 norm. H_2SO_4 löste, steht die Tatsache, daß man nach meiner Erfahrung ganz schlecht reproduzierbare Potentiale erhält, wenn man Dialursäure mit Brom oder Ferricyankalium zu titrieren versucht. Cannans Titrationskurven kann man nicht so leicht erhalten, und ich kann die Bedingungen für ihre Reproduzierbarkeit nicht angeben. Cannan spricht selbst von der Unbeständigkeit der Potentiale und schreibt sie zum großen Teil einer Umlagerung von Alloxan in Alloxansäure (einer Hydrolyse) zu. Er bezieht sich daher auf zeitlich extrapolierte Anfangspotentiale, findet Goldelektroden besser als Platinelektroden — was immer verdächtig dafür ist, daß keine wahren thermodynamischen Potentiale vorliegen. Nach meinen Erfahrungen kann man keine deutbaren Titrationskurven erhalten. Das Potential bleibt, wenn man jedesmal seine zeitliche Einstellung wirklich abwartet, während der ganzen oxydativen Titration konstant, fast bis zu dem Endpunkt der Titration, welche einen deutlichen Potentialsprung zeigt. Ich kann keine Deutung geben und möchte nur darauf hinweisen, daß das Alloxanthinsystem noch nicht ganz aufgeklärt ist.

3. Hermidin.

Haas und Hill beschrieben ein Chromogen, welches durch Extraktion mit O_2-freiem Wasser aus plasmolysierten Zellen von Mercurialis perrennis gewonnen werden kann. Am besten extrahiert man die grünen Sprossen unter permanenter N_2-Durchströmung in Wasser mit Zusatz von ein wenig Äther oder Chloroform. Der Extrakt wird durch O_2 (Luft) erst blau, dann gelb. Die erste, blaue Oxydationsstufe, Cyanohermidin, ist reversibel und kann leicht durch Reduktionsmittel rückgängig gemacht werden. Die zweite, gelbe Oxydationsstufe, Chrysohermidin, kann ebenfalls wieder reduziert werden, jedoch ist die Reaktion nicht völlig reversibel.

Cannan zeigte, daß die Teilsysteme der zwei aus verschiedenen Stufen dieses Farbstoffsystems scharfe Potentiale an der indifferenten Elektrode einstellen. Das System Hermidin-Cyanohermidin konnte genau nach dem Schema behandelt werden, das von M. W. Clark für die reversiblen organischen Farbstoffsysteme angewandt wurde. Die reduzierte Stufe konnte z. B. mit Chinon titriert werden. Anf diese Weise wurde die Molarität der Lösung an dem in reiner Form bisher nicht dargestellten Farbstoff bestimmt. Die Extrakte schienen außer diesem Chromogen keine anderen Substanzen in meßbarer Menge zu erhalten, die auf das Potential einen Einfluß hätten, und aus der Titrationskurve konnte folgende Formel für das Potential abgeleitet werden

$$E_0 = E_0 + \frac{RT}{nF} \ln \frac{[\text{Cyanohermidin}]}{[\text{reduz. Hermidin}]}$$

und zwar $n = 2$ (die beiden Stufen unterscheiden sich um 2 Elektronen), und E_0 war $+ 0{,}1266$ Volt für ein p_H 3,99 (bezogen auf die Normal-H_2-Elektrode). Wurde p_H variiert, so erhielt er eine Kurve, die sich der Deutung fügte, daß eine Dissoziationskonstante k_0 der oxydierten Stufe $= 1{,}0 \times 10^{-8}$, und eine Dissoziationskonstante k_r der reduzierten Stufe $= 5{,}0 \times 10^{-7}$ war, und die gesamte Formel lautet dann

$$E = E_0 + 0{,}03 \log (k_r h^2 + h^3) - 0{,}03 \log (k_0 + h)$$

wo $E = + 0{,}3665$ Volt betrug.

Schwieriger war die Beobachtung des Systems Cyanohermidin-Chrysohermidin. Die Potentiale waren nicht beständig, entsprechend der oben erwähnten Feststellung, daß diese Reaktion nicht völlig reversibel ist. Die oxydierte Stufe scheint sekundär einer irreversiblen Veränderung zu unterliegen. Nur bei p_H 7 bis 8 und bei schnellem Arbeiten war es möglich, brauchbare Potentialwerte zu erhalten. Bei diesem p_H ist die Geschwindigkeit der irreversiblen Veränderung des Oxydationsproduktes (welche selber offenbar keinen Oxydationsprozeß darstellt) ein Minimum.

Zusammenfassend kann das Potential eines Hermidinsystems folgendermaßen dargestellt werden

$$E_h = E'_{O_1} + 0{,}03 \log \frac{a_1}{1-a_1} = E'_{O_2} + 0{,}03 \log \frac{a_2}{1-a_2}.$$

E_h ist das Potential bei gegebenem p_H. E'_o ist das Potential bei dem gleichen p_H für ein Gemisch aus gleichen Mengen der oxydierten und reduzierten Stufe. Die Indices 1 und 2 beziehen sich auf die erste und die zweite Stufe der Oxydation, a ist der Bruchteil, der in oxydierter Form vorhanden ist.

4. Echinochrom.

Ein anderes natürlich vorkommendes reversibles Redoxsystem, das als solches ebenfalls zuerst von Cannan erkannt worden ist, ist das rote Pigment der Echinodermen Strongylocentrotus lividus, Amphidotus cordatus, Echinus sphaera und esculenta, Arbacia punctulata. Der Name wurde dem Farbstoff von MacMunn (1885, 1889) gegeben. Er bezeichnete es als einen Sauerstoffträger. Griffith (1892) machte die Bemerkung, daß der Sauerstoff in ihm viel loser gebunden sei als in Hämoglobin. McClendon (1912) stellte es durch Extraktion des Echinodermengewebes mit Aceton in einigermaßen gereinigtem Zustande dar. Cannan erkannte an dem Pigment von Arbacia punctulata in Woods Hole zuerst die Reversibilität der Reduktion. Das Pigment wird leicht z. B. durch Natriumhydrosulfit reduziert und an der Luft wieder oxydiert. Die Oxydationsprodukte, welche entweder durch O_2 oder durch andere Oxydationsmittel entstehen, sind identisch, eine molekulare O_2-Verbindung als Vorstufe der eigentlichen Oxydation kann nicht nachgewiesen werden. Das System verhält sich durchaus wie ein reversibles organisches Farbstoffsystem. Das Potential konnte durch die Formel wiedergegeben werden

$$E = E_0 + 0{,}03 \log \frac{[\text{oxydiertes Echinochrom}]}{[\text{reduziertes Echinochrom}]} - 0{,}06 \log H^+,$$

wo $E_0 = +0{,}1995$ Volt, bezogen auf die Normal-H_2-Elektrode war.

Das Pigment ist bei Echinus esculentus in teilweise reduziertem Zustand in der Zelle enthalten, es wird dunkler rot, wenn es in freiem Zustande der Luft ausgesetzt wird. Bei Arbacia ist es in der Zelle vollständig oxydiert enthalten. Es ist interessant, daß die roten Pigmentschollen beim Arbacia-Ei nach der Befruchtung an die Peripherie wandern.

5. Das Pigment von Chromodoris.

Crozier beschrieb zuerst das Pigment des Nudibranchiers Chromdoris Zebra. Im oxydierten Zustand verhält es sich wie

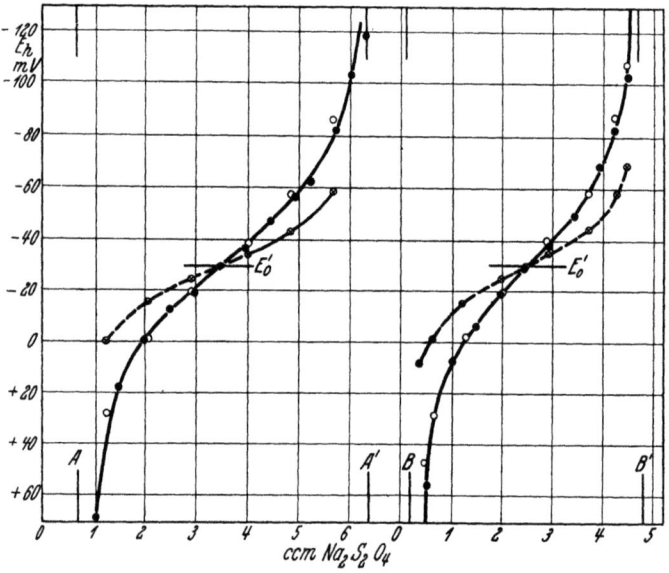

Abb. 26. Nach P. W. Preisler. Zwei aufeinanderfolgende Titrationen des Pigments von Chromodoris mit $Na_2S_2O_4$. Zwischen beiden war das Pigment an der Luft wieder oxydiert worden. ● beobachtet. ○ berechnet für $n = 1$. ⊕ berechnet für $n = 2$. $p_H = 6{,}02$ (Phosphat). Temperatur 30^0 C. Definitive Konzentration etwa $0{,}0006$ normal. Abszisse: cc $Na_2S_2O_4$. Ordinate: Potential in Millivolt, bezogen auf die Normalwasserstoffelektrode.

ein p_H-Indikator und schlägt von Orange in saurer Lösung zu Purpurblau in alkalischer Lösung um, mit einem Übergangspunkt um p_H 4,3 herum. Es ist reversibel reduzierbar (durch H_2S, Hydrosulfit, Zn) und wird reoxydiert durch Luft, Ferricyanid, Jod. Der Farbstoff ist noch nicht rein dargestellt worden. Preisler zeigte, daß er bei der Oxydation oder Reduktion scharfe Potentiale gibt und sich wie ein reversibles Redoxsystem verhält, bei dem die beiden Stufen sich um ein Elektron unterscheiden. Der Einfluß von p_H auf E_0 ist kompliziert, und bei $p_H = 7$ liegt das Potential zwischen Indigodisulfonat und Indigotetrasulfonat, also sehr negativ.

Im lebenden Zustand wurde das Pigment immer tief blau, im oxydierten Zustand beobachtet. Es findet sich im Blut gelöst und in einzelnen, vakuolenartigen Strukturen von Gewebszellen.

Dieser Farbstoff ist, wie Crozier und Preisler bemerken, ein in dem lebenden Organismus natürlich kommender gleichzeitiger p_H- und Redoxindikator.

6. Pyocyanin.

Bacillus pyoceaneus erzeugt je nach den Bedingungen drei verschiedene Farbstoffe. Der bekannteste ist das blaue Pyocyanin. In seltenen Fällen produziert er einen, offenbar nahe verwandten, roten Farbstoff. Sehr häufig, und wohl meist neben den anderen, produziert er einen gelblich-grün fluoreszierenden Farbstoff. Sehen wir von dem selten vorkommenden roten Farbstoff ab, so handelt es sich technisch um eine Isolierung der beiden anderen. Eine Reindarstellung des fluoreszierenden Farbstoffs ist noch nicht geglückt. Man kann ihn nach einem von Friedheim in meinem Laboratorium ausgearbeiteten noch nicht veröffentlichten Verfahren folgendermaßen anreichern. Die Bouillon wird mit Pyridin versetzt und mit Ammonsulfat gesättigt. Dann trennen sich zwei Phasen, und die Pyridinschicht enthält den ganzen Farbstoff. Er zeigt nicht die Eigenschaften eines reversibel reduzierbaren Farbstoffs, gibt aber mit Ferrisalzen eine rote Verfärbung, die bei der Reduktion reversibel gelb wird.

Dagegen ist der blaue Farbstoff, das Pyocyanin, leicht in kristallisiertem Zustand zu erhalten. Er ist in alkalischer Lösung blau, in saurer rot, mit einer Übergangszone bei p_H etwa 4,9. In der blauen Form läßt er sich durch Chloroform extrahieren, aus diesem geht er nach Ansäuern in Wasser, und auf diese Weise kann er leicht gereinigt werden und kristallisiert aus dem Chloroform leicht aus. Besonders leicht kristallisiert erhält man das Chlorhydrat, wenn man die Chloroformlösung mit HCl-Wasser extrahiert und die wässerige saure Lösung langsam eintrocknet.

Seine Konstitution ist von Wrede und Strack aufgeklärt und durch Synthese bestätigt worden: es ist α-Oxy-Monomethylphenazin. Es ist ein überraschender Befund, ein Phenazinderivat, dem man wohl in einer Farbstoffabrik zu begegnen gefaßt sein konnte, unter den Stoffwechselprodukten eines Organismus zu finden. Wrede und Strack nahmen auf Grund von Gefrierpunktsbestimmungen in Eisessig eine bimolekulare Formel an, aber für wässerige Lösungen ist eine solche völlig auszuschließen. Denn für die reduzierte Form nehmen auch Wrede und Strack die monomolekulare Formel an, und die potentiometrische Oxydations-Reduktionsanalyse zeigt, daß 1 Mol der oxydierten Form sich von 1 Mol der reduzierten um 2 H-Atome (bzw. Elektronen) unterscheiden:

$$Ox + 2H \rightleftarrows Re,$$

während die andere Annahme zu der Formulierung

$$Ox_{bimol.} + 4H \rightleftarrows 2 Re_{monomol.}$$

führen würde, was mit der Titrationskurve ganz und gar nicht übereinstimmt, während die erste Annahme aufs genaueste mit der Kurve übereinstimmt. Eine Möglichkeit wäre zu erwägen, daß auch die reduzierte Stufe bimolekular ist; dann hätten wir

$$Ox_{bimol.} + 4H \rightleftarrows Re_{bimol.}$$

Auch diese Annahme wird durch die Neigung der Titrationskurve glatt wiederlegt; es sei denn, daß die bimolekulare oxydierte und die bimolekulare reduzierte Form sich nur 2 H-Atome unterscheiden:

$$Ox_{bimol.} + 2H = Re_{bimol.}$$

Diese Annahme wird durch Wrede und Stracks Feststellung widerlegt, daß eine Molekel ihres bimolekular aufgefaßten Farbstoffs 4 H-Atome bei der Reduktion verbraucht. So bleibt also nichts übrig, als das Pyocyanin ganz einfach, ohne jede komplizierende zusätzliche Hypothese, nach dem Modell eines typischen reversiblen organischen Farbstoffs zu behandeln, und die Kurven stimmen zwischen p_H 5 und 10 in allen Einzelheiten aufs genaueste damit überein. Bei kleinerem p_H geschieht die Reduktion in zwei Stufen, wobei die Mittelstufe ein Semichinon von grüner Farbe ist. An diesem Farbstoff wurde ja die Existenz von Semichinonen mit der potentiometrischen Methode zuerst gefunden. Die Abhängigkeit der drei Normalpotentiale vom p_H kann aus den Diagrammen Abb. 19 auf S. 123 abgelesen werden.

Sehr bald nach und unabhängig von der Arbeit von Friedheim und Michaelis erschien eine Arbeit von Elema, welcher zu genau demselben Resultat in Bezug auf die Zweistufigkeit der Reduktion des Pyocyanins kam.

Die Konstitution des Pyocyanin muß, auf Grund der sehr überraschenden und beweiskräftigen Arbeit von Wrede und Strack, aber mit der einen als notwendig befundenen Korrektur, folgendermaßen aufgefaßt werden. Die Korrektur betrifft die Molekulargröße, wie schon erwähnt.

Blaue Form des Pyocyanin (in alkalischer Lösung)   Rote Form (Kation) des Pyocyanin (in saurer Lösung)

Es ist wohl möglich, daß die saure, rote Form statt der soeben angegebenen, die tautomere Formel

besitzt, welche das Kation einer quaternären Imoniumbase darstellt. Eine solche Umlagerung würde den Farbwechsel bei Änderung des p_H erklären.

7. Bernsteinsäure-Fumarsäure.

Der Grundversuch von Thunberg besteht in folgendem. Frischer Muskelbrei wird so lange mit Wasser extrahiert, bis der Brei unter anaeroben Bedingungen Methylenblau nicht mehr reduziert. In solchem Brei sind offenbar keine (etwa dem Glutathion entsprechenden) Substanzen mehr vorhanden, die direkt oder selbst unter Mitwirkung eines etwa vorhandenen unauswaschbaren, an die Gewebszellen gebundenen Katalysators Methylenblau reduzieren können. Wenn zu diesem System Bernsteinsäure zugesetzt wird, wird die reduzierende Fähigkeit des Systems gegenüber Methylenblau wiederhergestellt, und die Bernsteinsäure wird dabei zu Fumarsäure oxydiert.

$$COOH \cdot CH_2 \cdot CH_2 \cdot COOH \rightarrow COOH \cdot CH : CH \cdot COOH$$
Bernsteinsäure $\qquad\qquad\qquad$ Fumarsäure

Damit ist zunächst das Vorhandensein eines unauswaschbaren Katalysators bewiesen, der die sonst völlig latente reduzierende Eigenschaft der Bernsteinsäure manifest macht. Die reduzierende Fähigkeit der Bernsteinsäure in Abwesenheit des spezifischen Gewebskatalysators ist so vollkommen latent, daß nicht einmal jenes etwas unbestimmte Potential, welches eine blanke Platinelektrode in O_2-freier Pufferlösung (z. B. Phosphat) annimmt, durch Zusatz von Bernsteinsäure nach der negativen Seite verschoben wird.

Die Geschwindigkeit, mit der Methylenblau unter obigen Bedingungen reduziert wird, kann als Maßstab für die katalysierende Fähigkeit des Gewebes betrachtet werden.

Aber die Reaktion des Farbstoffsystems gegen die durch das Gewebe aktivierte Bernsteinsäure kann auch zu einer Potentialmessung benutzt werden, wenn ein Bernstein-Fumarsäure-System überhaupt ein bestimmtes Potential hat. Dieses Problem wurde von J. H. Quastel (1924) und von Thunberg (1925) in Angriff genommen. Beginnen wir mit den Versuchen von Thunberg mit Muskelgewebe. Er betrachtet das System Bernsteinsäure-Fumarsäure thermodynamisch als ein reversibles Redoxsystem, jedoch mit der Einschränkung, daß die gegenseitige Umwandlung dieser beiden Körper ineinander für gewöhnlich nicht von statten geht. So ist es ja auch nicht möglich, durch Elektrolyse die beiden Substanzen in reversibler Weise ineinander überzuführen. Aber durch Vermittlung des Gewebskatalysators verläuft nach Thunbergs Meinung der Prozeß reversibel. Er brachte ein Gemisch gleicher Mengen Bernsteinsäure und Fumarsäure mit sehr wenig Methylenblau als Indicator unter anaeroben Bedingungen mit ausgewaschenem Muskelbrei in Berührung und stellte fest, daß die Entfärbung des Methylenblau nur partiell war und zu einem Gleichgewicht führte. Komplizierend für den Versuch kommt allerdings der Umstand hinzu, daß in den Geweben auch ein Ferment vorhanden ist, welches Fumarsäure in Äpfelsäure umwandelt nach der Gleichung

$$COOH \cdot CH : CH \cdot COOH + H_2O \rightleftarrows COOH \cdot CH_2 \cdot CHOH \cdot COOH.$$

Die Wirksamkeit dieses Fermentes unterdrückt er dadurch, daß er eine diese Wirkung kompensierende Menge Äpfelsäure von vornherein zusetzt. Ein System aus je 1/60 mol. Succinat und Fumarat, mit 1/20 mol. Malat und Methylenblau 0,05—0,06 mol. in Phosphatpuffer $p_H = 6,7$ ergab ein Potential von etwa 0, genauer $+ 0,05$ Volt gegen die Normalwasserstoffelektrode, kolorimetrisch aus dem Reduktionsgrad des Methylenblau auf Grund des von Clark ermittelten Potentials des Methylenblausystems bestimmt. Wenn diese Methode einwandfrei ist, stellt sie die erste Bestimmung eines echten Redoxpotentials einer Äthylenverbindung dar.

Das Material, mit welchem Quastel und Whetham schon vor Thunberg gearbeitet hatten, sind Quastels „ruhende Bakterien". Dies sind Aufschwemmungen von ausgewachsenen und sorgfältig ausgewaschenen Bakterienkulturen, welche zur Entfernung aller oxydierbaren Substanzen gut durchlüftet werden und dann in dem Versuchsmedium aufgeschwemmt bei 45⁰ C gehalten werden. Quastel nimmt an, daß unter diesen Bedingungen ein Teil des gewöhnlichen Stoffwechsels der Bakterien von statten geht, aber kein Wachstum stattfindet. Die im Stoffwechsel frei werdende Energie wird hier zu keiner Arbeitsleistung und zu keiner Synthese von organisierter Struktur verwendet, sondern die Reaktionsprodukte häufen sich einfach an. Wenn nun Bernsteinsäure durch die Bakterien zu Fumarsäure oxydiert wird, und wenn es wahr ist, daß ein bestimmtes Gleichgewicht zwischen diesen beiden Substanzen besteht, oder daß dieser Prozeß reversibel ist, so müßte sich ein reversibles Farbstoffsystem mit dem durch dieses System bestimmten Zustand in Gleichgewicht setzen.

In Gegenwart von O_2 wird Fumarsäure durch Bac. pyoceaneus oder B. coli zu Brenztraubensäure oxydiert. In Abwesenheit von O_2 tritt die Oxydation der Fumarsäure nicht ein. Andererseits reduzieren ruhende Bakterien + Fumarsäure aber auch nicht Methylenblau.

Dieselben Bakterien aber reduzieren Methylenblau, wenn Bernsteinsäure zugesetzt wird, ebenso wie der Muskel in Thunbergs Versuch. Schon Wishart (1923) hatte beschrieben, daß Fumarsäure die durch Bernsteinsäure angeregte Reduktion des Methylenblau beim Muskelgewebe hemmt. Die Wirkung ist durchaus spezifisch, Maleinsäure an Stelle von Fumarsäure hat keine Wirkung.

Quastel und Whetham machen von der Tatsache Gebrauch, daß ruhende Bakterien nach Zusatz einer Spur von oxydiertem Glutathion Methylenblau reduzieren. Glutathion wird von den Bakterien reduziert, und da reduziertes Glutathion Methylenblau reduziert, wirkt eine Spur Glutathion als Katalysator für die Reduktion von Methylenblau durch ruhende Bakterien. Wenn nun Natriumfumarat (im Überschuß zum Glutathion) zugesetzt wurde, so wurde Methylenblau nicht mehr vollständig reduziert. Wird Leukomethylenblau statt Methylenblau zugesetzt, so wird es teilweise oxydiert. Es hat also den Anschein, als ob das System Bernsteinsäure-Fumarsäure in Gegenwart des Katalysators ein reversibles Redoxsystem bildet, welches sich mit einem reversiblen Farbstoffsystem ins Gleichgewicht setzt. Das Gleichgewicht würde theoretisch durch die Formel beschrieben werden:

$$\frac{[\text{Fumarat}] \cdot [\text{Leukomethylenblau}]}{[\text{Succinat}] \cdot [\text{Methylenblau}]} = K.$$

Wird der Versuch begonnen mit a Molen Succinat, b Molen Methylenblau, und x Molen Fumarat, und bleiben im Gleichgewichtszustand n Mole Methylenblau erhalten, so ist

$$K = \frac{x(b-n) + (b-n)^2}{an - n(b-n)}.$$

Die Autoren fanden in der Tat einen bestimmten Wert für K, welcher unabhängig war von der Menge der Bakterien und bei weitgehender Variierung der Konzentration der beteiligten Substanzen bei $p_H = 7{,}2$ und $45^0 \text{ C} = 3$ gefunden wurde.

Das Potential liegt also jedenfalls im Bereich des Methylenblausystems und ist somit in Übereinstimmung mit dem später von Thunberg für die Versuche am Muskel gefundenen Wert. Diese gute Übereinstimmung von Resultaten, die mit so verschiedenem biologischen Material gewonnen wurden, ist sehr günstig für die Annahme, daß das System Bernsteinsäure—Fumarsäure in der Tat ein reversibles Redoxsystem darstellt, wenn durch einen Katalysator die Reaktionsfähigkeit des Systems hervorgelockt wird.

Neuerdings wurde das System Bernsteinsäure-Fumarsäure durch Thunbergs Schüler J. Lehmann aufs neue untersucht und die Reversibilität desselben bei Gegenwart des Gewebsenzym vollkommen bestätigt. Er erhielt in Mischungen von Succinat + Fumarat bei Gegenwart des Gewebsenzym in Phosphatpuffer an der indifferenten Elektrode beständige und reproduzierbare Potentiale, wenn etwas Methylenblau dem Gemisch zugefügt wurde. Um die vorher erwähnte, störende Wirkung des Äpfelsäure bildenden Enzyms auszuschalten, verwendet er zwei Methoden.

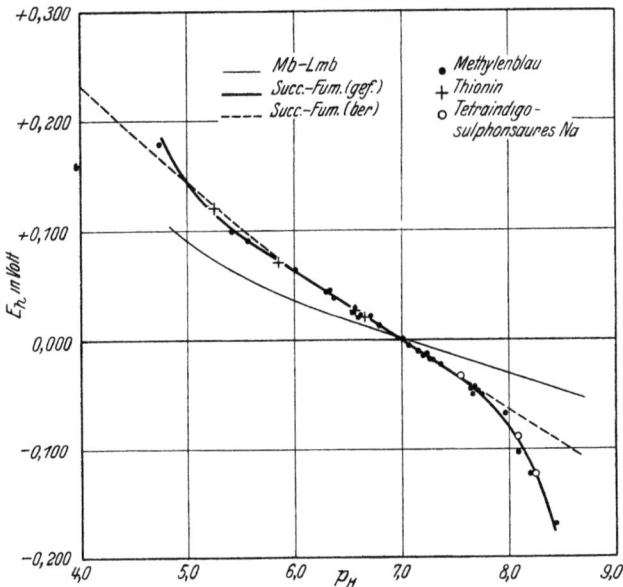

Abb. 27. Nach J. Lehmann. Das Normalpotential des Succinat-Fumarat-Systems als Funktion von p_H. Als Vergleichsobjekt ist dieselbe Kurve für das Methylenblau-Leukomethylenblau-System gezeichnet.

Entweder arbeitet er, statt mit dem vollen Gewebsextrakt, mit einem Präparat, welches aus letzterem durch eine besondere Behandlung frei von Fumarase (dem Ferment, welches Fumarsäure zu Äpfelsäure macht) dargestellt werden kann, oder er fügt Äpfelsäure in einem bestimmten Überschuß, nach Thunbergs Vorschrift, hinzu, in einer solchen Menge, daß die Fumarase wirkungslos gemacht wird. Ohne Zusatz von Methylenblau bildete eine Mischung von Succinat und Fumarat kein bestimmtes Potential aus.

Das Potential folgte der Formel

$$E_h = E_0 + 0{,}03 \log \frac{[\text{Fumarat}]}{[\text{Succinat}]} + 0{,}06 \log [\text{H}^+]$$

in dem p_H Gebiet zwischen 5,4—7,4. Für $p_H = 7{,}36$ war das Potential E'_h in Volt

$$E'_h = -0{,}010 + 0{,}03 \log \frac{[\text{Fumarat}]}{[\text{Succinat}]}$$

mit einer Reproduzierbarkeit von etwa ± 0,001 Volt. Hieraus berechnet sich das E_0 der obigen Formel $= +0{,}432$ Volt.

E_h ist daher eine lineare Funktion von p_H, wie bei Chinon-Hydrochinon-System. Außerhalb des genannten p_H-Gebietes weicht aber der Verlauf von dem linearen ab. Dies ist zum Teil den verschiedenen Dissoziationskonstanten von Bernsteinsäure und Fumarsäure zuzuschreiben, zum Teil werden die Verhältnisse aber dadurch unsicher, daß die Wirksamkeit des Ferments außerhalb dieses p_H-Bereichs zu schwach wird.

Die beistehende Abbildung von Lehmann zeigt das Potential für äquimolekulare Mischungen von Bernsteinsäure + Fumarsäure bei variiertem p_H. Die ausgezogene S-förmige Kurve ist nach den beobachteten Punkten konstruiert (. mit Methylenblau, + mit Thionin, o mit Tetraindigosulfonat als Potentialvermittler). Ihr mittlerer Abschnitt deckt sich mit dem nach Kapitel 15 berechneten linearen Verlauf, der gestrichelt gezeichnet ist. Die dieses Kurvensystem schneidende, flachere Kurve ist das Potential des Methylenblau in halbreduziertem Zustand. Es kreuzt jenes. Daraus sieht man, daß halbreduziertes Methylenblau von dem Succinat-Fumarat-Gemisch (1:1) bei $p_H < 7$ im Sinne der Oxydation, bei $p_H > 7$ im Sinne der Reduktion verschoben wird.

Das System Bernsteinsäure-Fumarsäure ist einer der schönsten Fälle einer thermodynamischen Behandlung von Stoffwechselvorgängen und verspricht der Ausgangspunkt für viele ähnliche Untersuchungen zu werden.

Ganz neuerdings erschien eine sehr eingehende Untersuchung von Borsook, welcher diese Resultate im wesentlichen bestätigt und nach vielen Richtungen erweitert.

8. Luciferin.

Luciferin wird die bei Gegenwart von Sauerstoff selbstleuchtende Substanz genannt, die von einer großen Reihe von Tieren aus den verschiedensten Gruppen des Tierreichs produziert wird. E. Newton Harvey hat das Luciferin der Ostracode Cypridina hilgendorfii einer Untersuchung in bezug auf die Frage des Oxydo-Reduktionspotentials unterzogen. Nach seinen Angaben kann Luciferin auf zwei wesentlich verschiedene Weisen oxydiert werden. Durch starke Oxydationsmittel wie $K_3(CN)_6Fe$ wird es schnell oxydiert, ohne daß eine Luminescenz auftritt, und es kann durch Natriumhydrosulfit wieder reduziert werden. Das reduzierte Luciferin wird in Gegenwart eines spezifischen Fermentes, der Luciferase, durch elementaren Sauerstoff unter Luminescenz langsam oxydiert. Luciferin konnte durch reduziertes Anthrachinon-2-6-disulfonat reduziert werden (E_0' für p_H 7,7 = — 0,22 Volt[1], und reduziertes Luciferin konnte durch Chinhydron oxydiert werden (E_0' für p_H 7,7 = + 0,24 Volt). Einige reversible Systeme, deren Potential zwischen diesen lag, konnten Luciferin weder oxydieren noch reduzieren. Harvey zeigte somit, daß die Oxydation des Luciferins irreversibel ist und das von ihm innerhalb eines Potentialgebietes von $+0,2$ bis $-0,2$ Volt (bei $p_H = 7,7$) einigermaßen umschriebene Reduktionspotential einem scheinbaren Reduktionspotential im Sinne von Conant (s. S. 132) entspricht.

9. Zucker.

Die reduzierenden Zucker verhalten sich in einer Beziehung ähnlich den Sulfhydrilkörpern, insofern sie imstande sind, an indifferenten Elektroden ein stark negatives Potential zu erzeugen, welches nur nach langer Zeit einen annähernd festen Grenzwert erreicht. Aber folgender wesentliche Unterschied besteht. Eine eisen- und kupferfreie Lösung von Cystein hat bei jedem beliebigem p_H, sogar in sehr stark saurer Lösung (wo Komplexbildung mit etwaigen Spuren Fe nicht in Betracht kommt) die Tendenz, an der Platinelektrode ein stark negatives Potential zu entwickeln. Der Grenzwert dieses sich langsam einstellenden und nicht sehr gut reproduzierbaren Potentials ist um so negativer, je größer die Konzentration des Cystein und je größer p_H ist, aber die Geschwindigkeit der Ausbildung dieses Potentials ist dieselbe bei beliebigem p_H. Bei den Zuckern hängt jedoch die Geschwindigkeit der Potentialeinstellung bedeutend vom p_H ab; ebenso wie ja

---

[1] E_0' bedeutet das Potential bezogen auf die H_2-Elektrode von 1 Atmosphäre Druck und dem gleichen p_H wie das Redoxsystem, also $p_H = 7,7$.

auch das chemische Reduktionsvermögen der reduzierenden Zuckerarten stark vom p_H abhängt. Bei saurer Reaktion ist sowohl die Reduktionsgeschwindigkeit (z. B. für Farbstoffe oder Cu^{II}) nicht oder kaum erkennbar, während bei stark alkalischer Reaktion Zucker sowohl eins der energischsten Reduktionsmittel ist wie auch augenblicklich an der indifferenten Elektrode ein stark negatives Potential erzeugt. Im Übergangsgebiet, bei p_H 6—9, steigt das Reduktionsvermögen des Zuckers rapide mit steigendem p_H, und, ebenso auch die Geschwindigkeit der Erzeugung negativer Potentiale an der Elektrode. Der definitive Wert des Potentials dagegen hängt, im Gegensatz zum Cystein, nicht deutlich von der Konzentration des Zuckers ab.

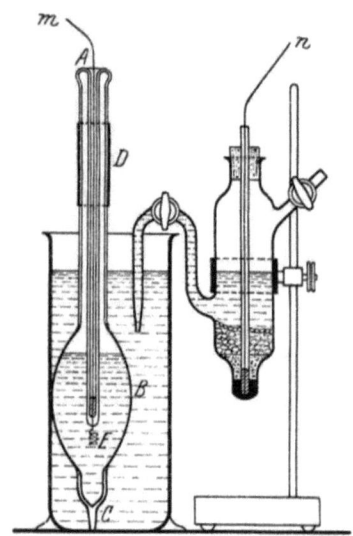

Abb. 28. Nach Wurmser.

Zweifellos hat jeder, der sich mit der Messung von Redoxpotentialen beschäftigt hat, schon gesehen, daß Zucker, besonders in stark alkalischer Lösung, ein stark negatives, aber schlecht reproduzierbares Potential an indifferenten Elektroden entwickeln. Dies ist z. B. auch von Stieglitz beschrieben worden, und er hob mit Recht hervor, daß die im Organismus nicht angreifbaren Zuckerarten sich an der Elektrode ebenso verhalten wie die biologisch angreifbaren. Systematische Untersuchungen über Potentiale von Zuckern wurden von Wurmser und seinen Mitarbeitern Geloso, Aubel und Genevois in den letzten Jahren ausgeführt, und seine Befunde und Theorien sollen zunächst referiert werden.

Die technischen Schwierigkeiten von Potentialmessungen in Zuckerlösungen beruhen darauf, daß die Potentiale sich, außer in extrem alkalischen Lösungen, sehr langsam einstellen. Sie erreichen ihren definitiven, maximal negativen Wert je nach den Bedingungen oft erst in Tagen, ja Wochen. Die gewöhnliche Technik reicht für so lang dauernde Versuche nicht aus, denn der permanente Ausschluß jeder Spur von Sauerstoff und von Diffusionsvorgängen auf so lange Zeit erfordert ein geschlossenes Gefäß im strengsten Sinne. Diese Bedingung kann mit den gewöhnlichen KCl-Brücken-Verbindungen nicht erfüllt werden. Wurmsers Technik war folgende (s. Abb. 28). Die Zuckerlösung befindet sich in einem langen Glasgefäß, welches am unteren Ende zu der dünnwandigen Erweiterung B aufgeblasen ist. Die Platinelektrode ist luftdicht in dieses Gefäß eingeschmolzen. Dieses allseitig geschlossene Glasgefäß taucht in eine Lösung von beliebiger, aber in allen Versuchen konstanter Zusammensetzung (etwa KCl + HCl), und diese Lösung steht in Flüssigkeitskontakt mit einer Kalomelelektrode. Der hohe Widerstand der Glaswand macht ein elektrostatisches Meßinstrument erforderlich, z. B. ein Quadrantelektrometer, oder ein Elektronenröhren-Elektrometer. Auf diese Weise wird die EMK der Kette

Hg | HgCl + KCl | äußere Lösung | Glas | innere (Zucker)-Lösung | Pt

gemessen. Nachdem diese EMK konstant geworden ist (unter Umständen also erst nach Tagen oder Wochen), wird der Hals des Glasgefäßes abgebrochen und eine Kalomelelektrode an Stelle der Pt-Elektrode eingeführt. Dadurch erhält man die EMK der Kette

Hg | HgCl + KCl | äußere Lösung | Glas | innere (Zucker-)Lösung | HgCl + KCl | Hg

Die Differenz der EMK dieser beiden Ketten ist daher gleichwertig der Kette

Pt | innere (Zucker)-Lösung | HgCl + KCl | Hg

Hieraus wird in üblicher Weise das Potential der Pt-Elektrode gegen die Normalwasserstoffelektrode, also das gesuchte Reduktionspotential der Zuckerlösung

Pt | innere (Zucker)-Lösung | Normal-H_2-Elektrode

umgerechnet. Diese Potentiale sind nicht besser als etwa auf ± 0,02 Volt reproduzierbar.

Es wurde schon gesagt, daß nur bei stark alkalischer Reaktion der negative Grenzwert des Potentials in verhältnismäßig kurzer Zeit erreicht wurde. Bei p_H um 7 oder 8 erfordert die Einstellung sehr lange Zeit. Erhöhung der Temperatur beschleunigt die Ein-

stellung bedeutend. Wurmser arbeitete bei Temperaturen von 18⁰ bis 90⁰ und faßt die Resultate in folgender Formel zusammen:
$$E = -0,0002\,T \cdot p_H - 0,00088\,T + 0,50 \pm 0,02 \text{ Volt.}$$
(T = absolute Temperatur). Bei konstanter Temperatur hängt also das Potential linear vom p_H ab, in der Weise, daß r_H unabhängig vom p_H ist:
$$r_H = \frac{5000}{T} - 8,8 \pm 0,5.$$
z. B.: Potential eines Zuckers (Xylose, Arabinose, Laktose, Dioxyazeton, Galaktose, Mannose oder Glukose) bei beliebiger Konzentration, für $p_H = 7$ und 40⁰ C, $= -0,213 \pm 0,020$ Volt.

Zur Erklärung der stark negativen Potentiale und der Langsamkeit ihrer Einstellung macht Wurmser folgende Annahmen. Zucker, in frischer wässeriger Lösung, ist als reduzierendes Agens völlig inaktiv. Aus diesem inaktiven Zucker, G_1, bildet sich spontan, durch eine tautomere Umlagerung, eine andere Molekelart G', welcher die reduzierenden Eigenschaften zugeschrieben werden müssen. Die Reaktion $G_1 \rightleftarrows G'$ ist reversibel und führt zu einem Gleichgewicht. Die Geschwindigkeit dieser trägen Reaktion wird durch Erhöhung der Temperatur und des p_H erhöht. Diese Hypothese ist von chemischer Seite durchaus annehmbar. Man spricht ja seit langem von einer aktiven Form des Zuckers: Neuberg spricht von alloiomorphem Zucker; Schlubach von einem Heterozucker; auch eine γ-Modifikation des Zuckers wurde als aktiver Zucker betrachtet. Nach Haworth soll die Bildung der aktiven Form durch Umlagerung der stabilen 1,5-Brücke in eine 1,4-Brücke geschehen; nach P. A. Levene durch eine vollständige Sprengung dieser Brücke unter Bildung einer Kette mit ungesättigtem Sauerstoff. Dieser aktiven Form des Zuckers wird auch die Fähigkeit zugeschrieben, den Phosphorsäureester von Neuberg und den von Robison und Embdens Lactacidogen zu bilden. Blix spricht von einer Glukose X, H. A. Spoehr und D. H. C. Smith von einer Dienolform des Zuckers, um die Oxydation von alkalischer, phosphathaltiger Zuckerlösung durch Luft zu erklären. Schou und Wurmser zeigten, daß beim Stehen von Glukose bei Abwesenheit von O_2 in alkalischen Lösungen der Reihe nach drei Absorptionsbanden im Ultraviolett entstehen, bei $\lambda = 2650$, 2846 und 3500 Å, die sich schließlich verbreitern und ins sichtbare Spektrum vordringen, so daß Gelbfärbung eintritt (die bekannte Karamelreaktion). Solche ultravioletten Banden werden von aliphatischen Körpern mit C=O—Gruppen gezeigt. Die Autoren halten die Identität dieser Substanzen mit der aktiven Form des Zuckers für sehr wahrscheinlich, weil die Fähigkeit der schnellen Potentialausbildung zeitlich mit dem Auftreten der Absorptionsbanden zusammenfällt.

Daß der aktive Zucker langsam aus dem gewöhnlichen Zucker entsteht, wurde von Wurmser auch in folgender Weise gezeigt. Eine frische Zuckerlösung reduziert Methylenblau bei etwa neutraler Reaktion in der Kälte sehr langsam. Wenn die Zuckerlösung bei Abschluß von O_2 längere Zeit aufbewahrt, oder erhitzt und wieder abgekühlt worden ist, reduziert sie Methylenblau schnell.

Dieser Teil der Wurmserschen Annahme kann als gesichert hingenommen werden: aus dem gewöhnlichen Zucker entsteht allmählich in kleiner Menge ein aktiver Zucker, der in Gleichgewicht mit dem inaktiven Zucker steht. Der aktive Zucker ist ein starkes Reduktionsmittel, und eine der verschiedenen Manifestationen dieser Eigenschaft ist die Erzeugung eines stark negativen Potentials an der indifferenten Elektrode, sei es Pt oder Au oder Hg.

Die weiteren Betrachtungen von Wurmser sind dagegen nicht völlig geklärt. Ein bestimmtes, endliches Potential, welches einem Gleichgewicht (und nicht einem kinetischen Stillstand!) entspricht und welches ein bestimmtes Niveau an freier Energie ausdrückt, kann nur bestehen, wenn eine Mischung dieses aktiven Zuckers G' mit seinem reversiblen Oxydationsprodukt (welches Wurmser als A bezeichnet) vorliegt, und muß den Betrag haben, bei konstantem p_H,

$$E = E_0 + \frac{RT}{nF} \ln \frac{[A]}{[G']},$$

wo n die Zahl der Elektronen (oder H-Atome) ist, um welche sich A von G' unterscheidet. Nun sind verschiedene Möglichkeiten denkbar.

Die Molekelart A ist stabil. Dann würde in dem Reaktionsgefäß nach Eintritt des Gleichgewichtes soviel A vorhanden sein, als den Spuren O_2 entspricht, die im Augenblick des Verschlusses des Gefäßes noch vorhanden waren. Diese Menge O_2 ist aber eine irreproduzierbare und sehr kleine Größe. Es wäre schon auffällig, wenn sich ein solcher Versuch überhaupt reproduzieren ließe, und es ist ganz unverständlich, weshalb das Potential von der Gesamtkonzentration des Zuckers unabhängig sein solle.

In der Erkenntnis dieser Schwierigkeit hat nun Wurmser versucht, das Konzentrationsverhältnis von G' und A besser zu definieren und auf diese Weise das „Normalpotential" dieses Systems zu erhalten, also das Potential in einer Lösung von gegebenem p_H, welches durch eine Mischung von gleichen Mengen G' und A erzeugt wird. Er versuchte das, indem er die Substanz G' mit einem Oxydationsmittel titrierte oder die Substanz A mit einem Reduktionsmittel titrierte. Die Schwierigkeit dieser Aufgabe ist sehr groß. Wenn man z. B. eine Zuckerlösung, die nach langem Stehen die ihr zukommende Menge G' entwickelt hat, mit Ferricyankalium titriert, so bildet sich während der Titration immer neues G', in dem Maße, als es durch Oxydation entfernt wird. Da die Erneuerung des Körpers G' aber langsam geschieht, konnte man hoffen, durch eine schnelle Titration einigermaßen gute Kurven zu bekommen. Die Kurven, die Wurmser erhielt, unterscheiden sich aber ganz gewaltig in ihrer Form sogar schon dann, wenn er die Zeitdauer der Titration nur zwischen einer Minute und einigen Minuten variierte (Abb. 29). Es kann aus diesen Kurven nicht einmal mit der rohesten Annäherung entschieden werden, ob die Elektronenzahl $n = 1$, oder 2 oder sonst irgendwie ist. Wurmser legt nun darauf Gewicht, daß sich alle diese Kurven in ihrem Mittelpunkt schneiden und betrachtet diesen als das Normalpotential des Systems G' + A. Es ist aber

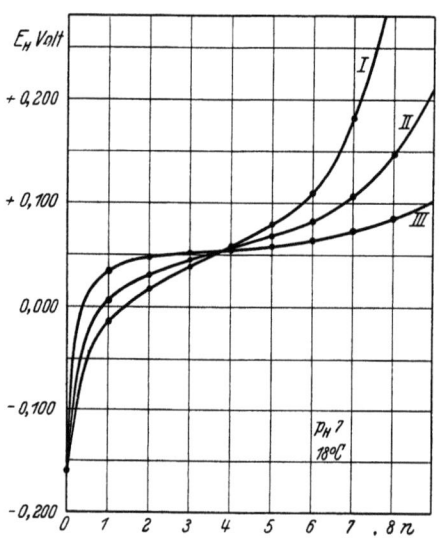

Abb. 29. Titration von Glukose mit Ferricyanid bei $p_H = 7$. I Zeitdauer der ganzen Titration 2 Minuten, II 4 Minuten, III 8 Minuten.

schwer, seine Deutung glatt anzunehmen. Bei derartigen Kurven läßt sich doch nicht entscheiden, inwieweit das an der Metallelektrode sich einstellende Potential auf thermodynamischen Gleichgewichten oder auf kinetischen Verhältnissen beruht. Die Annahme, daß die Substanz G' und A selbst für die Zeitdauer eines ganz schnell ausgeführten Titrationsversuch praktisch stabile und einheitliche Substanzen sind, ist nicht beweisbar. Mag man selbst hinnehmen, daß die Substanz G' einigermaßen stabil ist, so ist doch offenbar ihr primäres Oxydationsprodukt A, mit dem G' ein reversibles System bilden könnte, von extrem kurzer Lebensdauer und schnellen irreversiblen Umlagerungen unterworfen. Wurmsers Zahlen können höchstens als der Größenordnung nach bedeutungsvoll sein.

Wurmser legt dennoch großes Gewicht auf die wahre thermodynamische Bedeutung seiner Potentiale, weil er sie mit der Redox-Indikatorenmethode bestätigen konnte. Er zeigte, daß die gemessenen Potentiale vereinbar sind mit der Fähigkeit der Zuckerlösung, reversible Farbstoffe zu reduzieren. So z. B. ist das Potential des Zuckers bei p_H 7,5 und 20° C $= -0,198$ Volt, und die folgende Tabelle zeigt in der Tat, daß nur Farbstoffe von positiverem Normalpotential reduziert werden:

	Normalpotential in Volt	
Thionin	+ 0,045	
Methylenblau	− 0,005	
Toluidinblau	− 0,005	
Janusgrün (blau → rot)	− 0,035	Zucker reduziert in wenigen Stunden bei 20° C
Indigotetrasulfonat	− 0,070	
Indigodisulfonat	− 0,150	
Nilblau	− 0,165	
Phenosafranin	− 0,260	
Janusgrün (Entfärbung)	− 0,290	Zucker nicht reduziert nach 3 Monaten bei 20° C
Neutralrot	− 0,370	

Er zeigte ferner, daß eine Zuckerlösung, nach Zusatz einer nicht zu großen Menge eines reversiblen Farbstoffs sich selbst überlassen bei Abschluß von O_2, demselben Grenzpotential zustrebt wie ohne den Farbstoffzusatz.

Wurmser ist sich bewußt, daß diese einfache Darstellung der Verhältnisse stark schematisiert ist und nicht alle Beobachtungen erklärt. So ist z. B. eine bei p_H 7 und 40° C gereifte Zuckerlösung nur imstande, Methylenblau schnell zu reduzieren, während die Reduktion der noch negativeren Farbstoffe längere Zeit erfordert. Er nimmt daher an, daß das nach langer Dauer beobachtbare Grenzpotential ($r_H = 7$) einem zweiten Stadium der Reduktion entspricht. Das primäre Reduktionsprodukt G' soll dann zu einem noch stärker wirksamen Reduktionsmittel von noch negativerem Potentialbereich umgewandelt werden. Die Beschwerung des Potentials durch dieses zweite System soll die Ursache dafür sein, daß sich überhaupt ein Grenzpotential einstellt. Hiermit aber hört jede klare quantitative Erkenntnis auf, und man möchte Wurmsers Arbeiten kritisch folgendermaßen zusammenfassen:

Die gewöhnliche Form des Zuckers ist inaktiv. In Lösung, besonders bei alkalischer Reaktion, lagert sich Zucker zu reduzierenden Substanzen um. Es ist nicht einmal sicher, ob es sich um eine oder um eine ganze Reihe reduzierender Substanzen von verschiedenem Reduktionsvermögen handelt. Die Tatsache, daß diese Substanzen an der Elektrode ein negatives Potential entwickeln, kann wohl mit Recht so gedeutet werden, daß diese Substanzen die Tendenz haben, Elektronen abzugeben. Betrachtet man die reduzierende Substanz und ihr durch Elektronenabgabe entstandenes primäres Oxydationsprodukt ohne Rücksicht auf die Lebensdauer dieser Molekelarten, so kann man wohl von einem reversiblen Redoxsystem sprechen, dem man ein in üblicher Weise bestimmtes Potential zuschreiben kann. Aber das primäre Oxydationsprodukt hat offenbar eine sehr kurze Lebensdauer und unterliegt irreversiblen Umlagerungen. Diese verlaufen so schnell, daß kein Versuch einer Extrapolation auf das wahre Normalpotential dieses hypothetischen reversiblen Systems führt. Man möchte eher folgendes sagen: die Tatsache, daß die reduzierte Stufe G' des hypothetischen reversiblen Redoxsystems in endlicher Konzentration auf die Dauer existenzfähig ist, die oxydierte Stufe dagegen eine äußerst kurze Lebensdauer hat, ist die Ursache dafür, daß Zucker ein so starkes Reduktionsmittel ist. Die Grenzpotentiale in gereiften Zuckerlösungen machen viel mehr den Eindruck eines kinetisch, als eines thermodynamisch erreichten Grenzwertes. Das Potential der sich selbst überlassenen Lösung macht Halt an einem gewissen negativen Bereich nicht aus dem Grunde, weil Gleichgewicht eingetreten ist oder weil es durch ein ganz bestimmtes zweites reversibles System in diesem Potentialbereich beschwert wird, sondern weil der Mechanismus dieser Potentialbildung — die Beladung des Platins mit Elektronen, die dem Zucker entrissen werden müssen — mehr und mehr erlahmt. Und wenn auch die Ursache dieses Erlahmens nicht ganz klar ist: sie wird dadurch nicht klarer, daß man den kinetischen Stillstand durch ein echtes Gleichgewicht im thermodynamischen Sinne ersetzt, dessen Existenz nicht als bewiesen angesehen werden kann.

10. Aldehyd.

Wenn sich bei Zuckerlösungen einige Züge der Potentialmessungen fanden, die an die der reversiblen Systeme erinnerten, so werden diese immer spärlicher beim Acetaldehyd. Rapkine

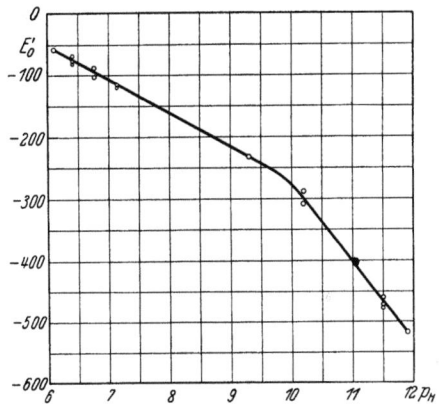

Abb. 30. Grenzpotential einer Lösung von Acetaldehyd bei wechselndem p_H.
(Nach Rapkine.)

hat systematische Untersuchungen an Acetaldehyd ausgeführt. 2 vH Lösungen in Puffern wurden unter Durchströmung mit gereinigtem Stickstoff an blanken Platinelektroden gemessen. Auch hier stellen sich einigermaßen reproduzierbare Grenzpotentiale ein, deren Abhängigkeit vom p_H an Abbildung 30 abgelesen werden kann. Die Kurve ist linear von p_H 6—10 und fällt dann so steil, daß sie sich mit der Zuckerkurve schneidet (bei p_H 12). Die Geschwindigkeit der Einstellung des Potentials ist um so größer, je negativer der Endwert ist. Versuche, Aldehyd mit Oxydationsmitteln zu titrieren, geben ganz unregelmäßige und undeutbare Kurven.

198 Aldehyd. Reversible Oxydationen von zuckerartigen Körpern.

Der scheinbare Grenzwert der Potentiale ist in diesem Falle ohne jeden Zweifel Stillstand der trägen Reaktion und nicht echtes Gleichgewicht. Denn nach Zusatz von Katalysatoren wurden die Potentiale viel negativer und die Geschwindigkeit der Einstellung viel größer. Als Katalysator verwandte Rapkine die Dehydrase aus Milch, dargestellt nach der Methode von Dixon. Wenn außerdem noch Methylenblau zugefügt wurde (Schardingersche Reaktion), so war das Grenzpotential um so negativer, je mehr Methylenblau zugefügt wurde. Außerdem stimmten die Potentialmessungen mit Redoxindikatoren nicht mit den Elektrodenmessungen überein. Aldehyd reduziert die Farbstoffe bis herab zum Phenosafranin, dessen Potentialbereich viel negativer ist als die Platinelektrode für reine Aldehydlösungen anzeigt. Aldehyd ist also offenbar imstande, entweder selbst oder in Form eines seiner Tautomeren Elektronen an die Elektrode abzugeben. Aber das dadurch entstehende primäre Oxydationsprodukt unterliegt sehr schnellen völlig irreversiblen Umlagerungen.

Brenztraubensäure verhält sich nach Aubel und Wurmser ganz ähnlich. Die Reaktion der Brenztraubensäure wird darauf zurückgeführt, daß eine langsame Spaltung in Acetaldehyd + CO_2 eintritt, und dann reagiert der Acetaldehyd auf die Elektrode.

11. Reversible Oxydation von zuckerartigen Körpern.

Inzwischen sind aber Fälle bekannt geworden, in denen Kohlehydrate höchstwahrscheinlich eine reversible Oxydation erfahren können. Der erste Fall ist die von Szent-Györgyi entdeckte Hexuronsäure der Nebennierenrinde. Sie findet sich kaum in anderen tierischen Organen, aber weit verbreitet bei Pflanzen. Die empirische Zusammensetzung des kristallisierten Produkts ist $C_6H_8O_6$, und dieses ist das laktonartige Anhydrid der eigentlichen, reduktiv wirkenden Hexuronsäure. Diese Substanz zeichnet sich dadurch aus, daß sie selbst in der Kälte $AgNO_3$ augenblicklich zu Ag reduziert. Daher färbt sich Nebennierenrinde augenblicklich mit $AgNO_3$ schwarz. Diese Säure kann durch H_2O_2 in Gegenwart von Peroxydase oxydiert werden, das Oxydationsprodukt hat 2 H-Atome weniger und ist reversibel zu dem ursprünglichen Körper wieder reduzierbar. Die vorläufigen Potentialmessungen von

Szent-Györgyi vermittelst der Clarkschen Indikatoren und mit Goldelektroden ergaben, daß Methylenblau langsam, aber gerade eben vollständig reduziert wird und daß das Potential in einem Phosphatpuffer etwa $+0{,}090$ Volt betrug, entsprechend $r_H = 17$ bis 14. Titrationskurven liegen aber noch nicht vor.

Die Säure kann aber auch durch O_2 spontan oxydiert werden, die Oxydationsprodukte sind aber dann irreversibel und enthalten mehr Carboxylgruppen.

H_2O_2 ohne einen Katalysator oxydiert nicht. Als Katalysator wirken Phenole. In Gegenwart von Phenol ist die Oxydationstendenz durch H_2O_2 so groß, daß in Konkurrenz mit Guajak erst die Hexuronsäure zu Ende oxydiert wird, bevor das Guajak sich zu bläuen beginnt. Die Substanz hemmt daher zeitlich die Guajakreaktion der Pflanzengewebe. Das reversible System der oxydierten und reduzierten Stufe hat ein bestimmtes Potential. Hämatin und Cytochrom werden von der Säure nur langsam reduziert.

Die irreversible Oxydation durch O_2 wird durch Cu katalysiert und durch KCN gehemmt.

Der zweite Fall einer reversiblen Oxydoreduktion bei Zuckern ist von Thunberg gefunden worden. Er zeigte, daß Glukose-Diphosphorsäure-Ester (das Calciumsalz ist das Handelspräparat Candiolin) bei neutraler Reaktion unter dem Einfluß eines Ferments aus einigen Pflanzensamen (z. B. der Gurken und der Apfelsine) Methylenblau schnell reduziert, und daß diese Reaktion reversibel ist, d. h. das Oxydationsprodukt des so erhaltenen Körpers ist wieder Glukose-Phosphorsäure. Thunberg hält demnach den Glukose-Diphosphorsäure-Ester für die am leichtesten oxydierbare Form des Zuckers, während der Monophosphorsäure-Ester bekanntlich die am leichtesten vergährbare Form ist. Potentialmessungen des reversiblen Diphosphatsystems liegen noch nicht vor.

Die Fälle von Szent-Györgyi und von Thunberg zeigen, daß eine reversible Oxydation einer Hexose durchaus möglich ist und unter physiologischen Bedingungen vorkommt. Sollte diese reversible Reaktion nicht der primäre Angriff des Zuckers sein, der bisher vergeblich darin gesucht wurde, daß ein Molekül Zucker zunächst in zwei C_3-Körper zerfallen solle?

Thunberg entdeckte in anderen Pflanzensamen auch eine Dehydrogenase für Adenosintriphosphorsäure. Es ist naheliegend, auch hier eine reversible Reaktion zu vermuten. Das Potential der Systeme ist aber noch nicht untersucht worden.

12. Die Gruppe der hämoglobinartigen Körper.

a) Hämoglobin und Oxyhämoglobin.

Hämoglobin und Oxyhämoglobin bilden ein einwandfreies reversibles System nach dem Schema

$$Hb + O_2 \rightleftarrows HbO_2. \tag{1}$$

In reiner wässeriger, elektrolytarmer Lösung ist das Gleichgewicht nach Haldane bestimmt durch die Gleichung

$$\frac{[Hb][O_2]}{[HbO_2]} = k.$$

Eine Mischung von Hämoglobin und Oxyhämoglobin hat aber, wie Conant zeigte, keinen potentialbestimmenden Einfluß auf eine indifferente Elektrode. Dies ist nach dem heutigen Stande der Kenntnis von der Ausbildung solcher Potentiale erklärlich. Irgendein Elektronentransport ist in der Gleichung (1) nicht ausgedrückt. Das Potential an der Elektrode könnte sich daher durch direktes Abfangen von Elektronen nicht ausbilden; es könnte sich nur indirekt dadurch einstellen, daß die Elektrode als reversible Sauerstoffelektrode funktioniert. Das tut sie aber nicht, wie oben ausführlich erörtert worden ist.

Man könnte, wenn man wollte, das Niveau an freier Energie in einem Hämoglobin-Oxyhämoglobin allerdings auch als Oxydationspotential ausdrücken, ebenso wie man ja auch von dem Potential einer reversiblen Sauerstoffelektrode spricht, obwohl eine solche nicht realisierbar ist. Dann müßte man sagen, daß das Potential des Hämoglobinsystems sehr nahe dem der Sauerstoffelektrode liegen muß, weil ein Gemisch aus Hämoglobin und Oxyhämoglobin in Gleichgewicht ist mit Sauerstoff von meßbarem Druck. Diese Ausdrucksweise ist äquivalent der Feststellung, daß die freie Energie des Sauerstoffs nicht wesentlich vermindert wird, wenn er sich an Hämoglobin bindet, oder daß Oxyhämoglobin nur ein Träger des Sauerstoffs ist. Die Oxydationsintensität des Sauerstoffs wird auf eine nicht nennenswert tiefere Stufe gebracht, wenn der Sauerstoff sich an Hämoglobin bindet. Das ist die thermodynamische Seite der Sache. Was die kinetische Seite betrifft, so kann man hinzufügen, daß auch die Trägheit des Sauerstoffs als Oxydationsmittel kaum verändert wird, wenn er an Hämoglobin gebunden ist: Hämoglobin ist auch kein Aktivator des Sauerstoffs. Oxyhämoglobin oxydiert z. B. Glukose nicht schneller als molekularer Sauerstoff.

Die Existenzmöglichkeit eines solchen reinen Trägers für Sauerstoff ist etwas ganz Erstaunliches, noch dazu wenn man bedenkt, daß Hämoglobin eine Ferroverbindung ist.

Es ist keine andere Substanz, abgesehen von dem ganz analogen Hämocyanin vieler wirbellosen Tiere, bekannt, welche sich so locker und reversibel mit Sauerstoff binden kann. Die nächste, wenn auch sehr unvollkommene Analogie dazu scheinen mir die Oxykobaltiake zu sein. Der einfachste Repräsentant derselben entsteht, wenn man durch eine Lösung eines Kobaltsalzes in überschüssigem NH_3 Luft durchleitet. Es bildet sich dann eine schwarze, gut kristallisierende Verbindung, welche auf 1 Co $5NH_2$ enthält, und zwei solcher Gruppen sind durch eine O_2-Brücke verbunden. Dieser O_2 ist in alkalischer Umgebung fest gebunden,, wird aber bei saurer Reaktion unter heftiger Gasentwicklung abgegeben. Die Reaktion ist allerdings nicht reversibel, der von O_2 entblößte Rest der Molekel erleidet verschiedene komplizierte sekundäre Umwandlungen. Eine bessere Analogie zur lockeren und doch haltbaren Verbindung, in welcher der primär gebundene O_2 nicht sofort zu intramolekularen Oxydationsprozessen benutzt wird, dürfte kaum bekannt sein, und doch ist dieses Beispiel noch weit davon entfernt, eine volle Analogie zum Hämoglobin zu sein.

Es ist auch keine andere Ferroverbindung bekannt, welche mit O_2 überhaupt direkt reagiert, ohne dabei sofort zur Ferriverbindung oxydiert zu werden. Offenbar ist das erschwerende Moment für die Abgabe eines Elektrons aus dem Ferro-Eisen in Oxyhämoglobin besonders groß. Man wird dabei an eine ähnliche Situation wie beim Ferrocyankalium denken, welches ebenfalls eine gegen freien Sauerstoff sehr unempfindliche Ferroverbindung ist.

Alle hämoglobinartigen Körper, welche O_2 reversibel binden können, können auch CO reversibel binden. Der Unterschied ist immer nur, daß das Verhältnis der Affinität zu O_2 zu der Affinität zu CO bei verschiedenen derartigen Substanzen verschieden ist.

Nun ist aber durch Anson und Mirski, Warburg, Krebs bekannt, daß CO sich auch mit solchen Eisenkomplexen reversibel binden kann, bei denen keine reversible O_2-Verbindung bekannt ist, sondern bei denen O_2 nur eine echte Oxydation des Ferrokomplexes hervorrufen kann. So bindet denaturiertes Hämoglobin (Hämochromogen) im reduzierten Zustand CO, nach Anson und Mirski, und zwar reversibel; durch O_2 aber wird es einfach zur Ferriverbindung oxydiert. Ferner bindet Ferrocystein nach Krebs CO (2 Molekel); ebenso Cobaltocystein (1 Molekel CO). Das Respirationsferment von Warburg bindet CO reversibel, während doch seine Reaktion mit O_2 als eine echte Oxydation von der Ferrostufe zur Ferristufe aufgefaßt werden muß, wenn man seine katalytische Eigenschaft verstehen will. Mag man diesen letzteren Fall füt noch nicht streng bewiesen halten, der erste Fall des Cystein ist jedenfalls einwandfrei. CO, in genügender Konzentration, hemmt nach Cremer die Oxydation des Ferrocystein durch O_2, und zwar ist die Hemmung abhängig von dem Mengenverhältnis von O_2 und CO. Diese Konkurrenz von O_2 und CO zeigt, daß die primäre Wirkung des O_2 auch hier eine Anlagerungsverbindung des Ferrokomplexes mit O_2 ist, welche intramolekular unter Reduktion des O_2 in die Ferriverbindung übergeht. Mit anderen Worten, die erste Stufe der O_2-Wirkung ist eine lockere Anlagerungsverbindung des Ferrokomplexes und O_2. In diesem Sinne wäre also die Fähigkeit des Hämoglobin, O_2 zu binden, nichts Besonderes; aber der Umstand, daß die zu erwartende intramolekulare Oxydation des Ferrokomplexes ausbleibt, und daß Oxyhämoglobin eine stabile (oder metastabile) Ferroverbindung ist, ist eine ganz besondere Eigenschaft.

Um Hämoglobin in die entsprechende Ferriverbindung, das Methämoglobin, zu oxydieren, genügt nicht der träge molekulare Sauerstoff. Aber andere Oxydationsmittel, selbst von wesentlich niedrigerem Oxydationspotential als O_2, sind dazu imstande. Am glattesten reagiert Ferricyankalium als Oxydationsmittel.

b) Methämoglobin und Hämin.

Conant hat gezeigt, daß eine Mischung von Hämoglobin und Methämoglobin sich annähernd wie ein reversibles Redoxsystem verhält und an indifferenten Elektroden ein von dem Mengenverhältnis einigermaßen eindeutig bestimmtes Potential zeigt. Es kann keine Frage mehr sein, daß Methämoglobin die echte Oxydationsstufe des Hämoglobin ist. Dies ist zuerst von Küster erkannt, dann von Reinbold mit Hilfe der stöchiometrischen Verhältnisse bei der Reaktion von Oxyhämoglobin mit Ferricyankalium bestätigt worden. Conant bestätigte diese Auffassung durch die potentiometrischen Beobachtungen. Ein einfacher Versuch zum Beweis dieser Behauptung wird von Michaelis und Salomon beschrieben. Die Besonderheit ist, daß Hämoglobin durch O_2 unter gewöhnlichen Bedingungen diese Oxydation nicht erleidet. Eine verhältnismäßige Trägheit bringt es offenbar auch mit sich, daß die Potentialmessungen an diesen Systemen großen Schwierigkeiten ausgesetzt sind. Conant studierte das Verhalten des Hb-Methb-Systems mit zwei verschiedenen Methoden. Erstens maß er das Potential dieser Systeme gegen eine indifferente Elektrode, zweitens bestimmte er auch die Verschiebung des Systems im Sinne der Oxydation oder Reduktion durch Zusatz eines gut reversiblen Farbstoffredoxsystems spektrophotometrisch.

Die Äquivalentmenge eines Reduktionsmittels (Natriumhydrosulfit oder reduziertes Anthrachinon -2,6-disulfonat), welche eine gegebene Menge Methb zu Hb reduziert, entspricht $1/4$ der Sauerstoffkapazität des Hb. Da in O_2-Hb auf 1 Atom Fe zwei Atome Sauerstoff kommen, so ist 1 Äquivalent Reduktionsmittel nötig, um 1 Mol Methb zu Hb zu reduzieren, vorausgesetzt, daß die Molekel Hb 1 Atom Fe enthält, mit anderen Worten vorausgesetzt, daß das entsprechend dem Fe-Gehalt denkbar kleinste Molekulargewicht das wahre Molekulargewicht ist und keine Aggregation oder Polymerisation vorhanden ist.

Die Schwierigkeiten der Potentialmessung waren in Conants Versuchen größer als bei gewöhnlichen reversiblen Systemen. Er beobachtete die Potentiale der Hb-Methb-Mischungen in reinem Stickstoff gleichzeitig mit je einer Elektrode aus platiniertem, blankem und vergoldetem Platin. Manche Elektroden gaben unstete Potentiale, schienen sich aber im Gebrauch zu verbessern. Immerhin war die Einstellung der Potentiale so unscharf, daß der mögliche Fehler 30—40 Millivolt beträgt. Es wurden Titrationsversuche mit den Hb-Lösungen ausgeführt, wobei Ferricyankalium als Oxydans und Natriumhydrosulfit als Reduktionsmittel angewendet wurde. Für die Bestimmung der molaren Konzentration des Hb wurde sein Molekulargewicht = 16700 und der N-Gehalt

= 17,3 vH gesetzt. Unter dieser Annahme schien in diesem Versuche, soweit die Genauigkeit der Resultate auszusagen gestattete, 1 H-Äquivalent zur Reduktion des Methb verbraucht zu werden. Das Potential entsprach der Formel

$$E = E_0 + \frac{RT}{F} \ln \frac{Methb}{Hb}.$$

Hiernach sollte das Potential unabhängig von p_H sein. Dies schien zwischen p_H 6,8 und 8,5 zuzutreffen, aber nicht zwischen p_H 8,5 und 9,6; dann aber schien es wiederum zwischen p_H 9,6 und 11,3 zuzutreffen. Die Abweichungen in der Mittelzone werden einer Salzbildung an einer der sauren Gruppen zugeschrieben, und zwischen p_H 6,8 und 8,5 wird diese Gruppe als praktisch undissoziiert angenommen. E_0 (das Potential für äquivalente Mischungen von Hb und Methb) wurde gefunden im Mittel:

p_H	E_0 bezogen auf die Normal-H_2-Elektrode	Wahrscheinlicher Fehler
6,8	+ 0,092	± 0,022
8,5	+ 0,115	± 0,011
9,63	− 0,016	± 0,040
11,3	− 0,025	± 0,050

In dieser Arbeit zeigt Conant für $p_H = 6{,}8$ eine Titrationskurve von Hb mit Ferricyankalium und eine Titrationskurve von Methb mit Natriumhydrosulfit. Die Übereinstimmung ist sicherlich nicht ideal, die Methode läßt noch zu wünschen übrig.

Ganz ähnliche Versuche wurden mit Mischungen von Hämatin und Hämochromogen gemacht. Die Reduktionstitration mit Hydrosulfit gelang, aber nicht die Oxydationstitration mit Ferricyanid. Es schien zunächst, soweit die Genauigkeit der Resultate auszusagen gestattete, daß bei der Reduktion das Äquivalent von 2 H-Atomen umgesetzt wurde. Conant gibt als Potential für äquivalente Mischungen der oxydierten und der reduzierten Stufe

p_H	E_0	
8,5	− 0,153	± 0,030
9,6	− 0,256	± 0,020
11,3	− 0,315	± 0,010

Conant und Fieser untersuchten auch das Potential des Methb-Hb-Systems in Gegenwart von Sauerstoff. In einer Kurve zeigen sie das Potential äquivalenter Mengen Methb und Hb in reinem Stickstoff, in einer zweiten in reinem Sauerstoff von 735 mm Druck. Eine dritte Kurve zeigt, wie nach einer Berechnung von Conant und Fieser das Potential in Sauerstoff sein sollte, unter der Annahme, daß Sauerstoff nur dadurch auf das Potential wirkt, daß er das Gleichgewicht des Meth-Hb-Systems durch Bildung von Oxyhb verschiebt. Die Kurve weicht beträchtlich von der experimentell gefundenen ab. Die Deutung eines in Sauerstoff gemessenen Potentials ist aber doch wohl aus verschiedenen, wiederholt erörternden Gründen zweifelhaft. Es ist auffällig, daß das Potential negativer (stärker reduzierend) ist, als der Beschlagnahme des Hämoglobin durch O_2 entspricht.

Alle diese Resultate meint Conant in einer späteren Arbeit wesentlich verbessert zu haben. Bei der reduktiven Titration von Methämoglobin mit Titanochlorid waren anscheinend die Kurven mehr befriedigend und hatten die erwartete Neigung von Ein-Elektronsystemen (wie Ferricyankalium-Ferrocyankalium). Ein solches Resultat stimmt auch überein mit den auf andere Weise erhaltenen Resultaten von Haurowitz, und von R. Hill und H. T. Holden: Hämoglobin und Methämoglobin unterscheiden sich nur um ein Oxydationsäquivalent, wie eine Ferriverbindung von der zugehörigen Ferroverbindung, und dasselbe kann auch für die Beziehung von Hämatin und Hämochromogen als gesichert gelten.

Es scheint auch mit dem Oxydationspotential des Hämoglobin in Einklang zu stehen, daß es durch Methylenblau gerade eben noch zu Methämoglobin oxydiert werden kann. Daß dies der Fall ist, hat O. Warburg gezeigt. Auf diese Wirkung des Methylenblau führt Warburg auch die atmungsteigernde Wirkung des Methylenblau auf rote Blutkörperchen zurück. Aber die Verhältnisse sind doch noch nicht geklärt. Denn die Oxydation des Hämoglobin zu Methämoglobin durch Methylenblau geht niemals zu Ende, wie Michaelis und Salomon zeigten, sondern bleibt an einem nicht gut reproduzierbaren, nicht durch eine thermodynamisches Gleichgewicht bestimmten Punkte stehen. Kinetische Dinge überwiegen bei allen mit Hämoglobin beteiligten Reaktionen so sehr die thermodynamischen, daß man die Lage der Gleichgewichte schlecht erkennen kann. Zu den erwähnten neueren Messungen von Conant kann man folgende kritische Bemerkungen machen:

1. Die Einstellung des Potentials erfordert stets lange Zeit. Es ist aber kein einwandfreier Fall bekannt, bei dem ein reversibles Redoxsystem das Potential nicht äußerst schnell einstellt. Erfordert die Einstellung Zeit, so ist in der Regel das System irreversibel und das Potential ein Grenzpotential, nicht ein thermodynamisch definiertes Potential.

2. Nach meinen Erfahrungen sind die Potentiale in Hämoglobinsystemen, selbst wenn man lange Zeit mit der definitiven Ablesung wartet, schlecht reproduzierbar, und zum Schluß ist die blanke Elektrode mit einem Film eines braunen Pigments, offenbar denaturiertes Hämoglobin, bedeckt.

3. Es findet sich ein bemerkenswerter Widerspruch in den ersten und den letzten Arbeiten von Conant und seinen Mitarbeitern. Während er anfänglich angibt, daß das Potential sich nur in recht hoch konzentrierten (mehrere Prozent) Hämoglobinlösungen einstellt, beschreibt er zuletzt, daß bei Verwendung von Titanchlorür als reduzierendes Agens zur Titration die Einstellung selbst bei einer Konzentration von 10^{-7} Molen Hämoglobin pro Liter erfolgt. Er vergleicht die Empfindlichkeit der Methode mit einer spektroskopischen. Nun ist aber nach meinen Erfahrungen auch das einwandfreieste reversible Redoxsystem nicht imstande, in so niederen Konzentrationen reproduzierbare Potentiale einzustellen. Die Individualität der Elektroden, von der früher gesprochen wurde, prägt sich bei so hohen Verdünnungen zu stark aus. Die niederste Konzentration, bei der die einwandfreiesten Systeme noch bis auf 2—3 Millivolt reproduzierbare Potentiale zu entwickeln pflegen, kann man auf 10^{-5} Mol pro Liter abschätzen, also 100mal so groß als Conant es für Hämoglobin angibt.

Das Problem des Potentials des Hämoglobin-Methämoglobinsystems ist durchaus noch nicht als gelöst zu betrachten.

Es ist ein wichtiges Problem der Zukunft, die Potentiale auch derjenigen dem Hämoglobin verwandten Körper zu behandeln, welche als Respirationskatalysatoren wirken, insbesondere des Warburgschen Respirationsferments und der Cytochrome von Keilin. Eine Diskussion hierüber wäre heute verfrüht.

B. Die Messungen von Reduktionspotentialen in physiologischen Systemen.

1. Ältere Versuche, insbesondere von Ehrlich.

Das Redoxpotential der lebenden Gewebe oder der Gewebsflüssigkeiten kann entweder mit Hilfe einer indifferenten Elektrode potentiometrisch, oder mit Hilfe von Redoxindikatoren kolorimetrisch gemessen werden. Die Untersuchung mit Farbstoffen ist die ältere, diese Methode wurde schon zu einer Zeit angewendet, wo der Begriff des Redoxpotentials noch nicht geläufig war und ein richtiger theoretischer Einblick in das Wesen der Reduktion der Farbstoffe noch nicht möglich war — womit nicht gesagt sein soll, daß die heutige Auffassung die definitiv „richtige" ist, aber sie ist jedenfalls ein Fortschritt, weil sie die Prinzipien der Affinitätslehre auf die Reduktionsprozesse anzuwenden ermöglicht, während man ohne diese theoretische Grundlage ganz im Dunkeln tappt. Das ist auch der Grund, weshalb die grundlegenden Beobachtungen von P. Ehrlich über die Reduktion der Farbstoffe durch die Zelle nicht eher rationell ausgebaut werden konnten, als die moderne Lehre von der chemischen Affinität herangezogen wurde, und das lag Ehrlich noch fern.

P. Ehrlich hat die Beobachtungen über das Vermögen der Zelle, Farbstoffe zu reduzieren, und die Gedanken, die er sich hierüber machte, im Jahre 1883 in einem sehr merkwürdigen Buch beschrieben: „Das Sauerstoffbedürfnis der Zelle". Nachdem er in den vorangegangenen Jahren die neuentdeckten organischen Farbstoffe als Mittel zur Färbung und Differenzierung von Gewebs- und Zellelementen anzuwenden gelehrt hatte, zuerst für die Färbung der fixierten Zelle, sodann für die Granulafärbung der lebenden Zelle, benutzte er in dem „Sauerstoffbedürfnis der Zelle" die Farbstoffe zum erstenmal als Substanzen, auf welche die lebende Zelle durch einen vitalen chemischen Prozeß reagieren sollte. In einer späteren Periode seiner Forschung benutzte er die Farbstoffe, im Anschluß hieran, zu pharmakologischen Zwecken, oder, wie er es nannte, chemotherapeutisch, und so ist Ehrlich als der Begründer aller Anwendungsgebiete der organischen Farbstoffe in den biologischen Wissenschaften zu bezeichnen. Von diesen interessiert uns hier also das Reduktionsvermögen, welches die lebenden Gewebe auf die Farbstoffe ausüben.

Der Grund, warum Ehrlich gerade Farbstoffe als Indikatoren für das Reduktionsvermögen der Zelle nahm, war erstens natürlich die leichte Erkennbarkeit ihrer Reduktion durch den Eintritt der Entfärbung. Aber der wesentliche Grund war für ihn doch eine Eigenschaft vieler Farbstoffe, die der Farbstoffchemiker die „Verküpbarkeit" nannte. Der Name stammt aus der alten Indigofärberei. Der Indigo wurde in großen Fässern („Küpen") einem alkalischen Reduktionsmittel ausgesetzt, wie alkalischer Traubenzuckerlösung, faulenden tierischen Exkreten oder anderen empirisch gefundenen Lösungen. Der Farbstoff wurde dabei allmählich zu Indigoweiß reduziert, in diesem Zustand der Gewebsfaser angeheftet und auf dieser durch den Sauerstoff der Luft wieder zu Indigo oxydiert. Die Verküpbarkeit schließt also in moderner Ausdrucksweise die Kombination zweier Eigenschaften in sich: erstens, die Eigenschaft, ein reversibles Redoxsystem zu bilden, zweitens die Eigenschaft der reduzierten Stufe, durch Luftsauerstoff ohne weiteres oxydiert zu werden. Ehrlich war sich der Wichtigkeit dieser Eigenschaften wohl bewußt. Er benutzte in der Tat ausdrücklich nur reversibel reduzierbare Farbstoffe zu diesen Versuchen, und indem er diese in eine Reihe ordnete, gemäß der Leichtigkeit, mit der sie von der Zelle reduziert werden, hat er zum erstenmal von allen Biologen bei dem Oxydationsprozeß, den die Atmung darstellt, nicht nur die Kapazität der Oxydation (z. B. Sauerstoffverbrauch pro Gramm lebendes Gewebe und Stunde), sondern auch die Intensität derselben berücksichtigt. In der Tat ist das Redoxpotential eine Größe, die im engsten Zusammenhang mit dem Intensitätsfaktor (im Sinne Ostwalds) der Verbrennungsenergie steht. So zeigte Ehrlich, daß von den zuerst von ihm angewendeten Farben Indophenol am leichtesten, Alizarinblau am schwersten reduziert wird, und daß es Zellen gab, welche zwar das erste, aber nicht das letztere reduzieren können, während andere beide reduzieren: also im Prinzip schon ganz die Indikatormethode der Redoxpotentialbestimmung, allerdings noch mit dem Mangel behaftet, daß die verschiedenen Stufen der Reduzierbarkeit, wie sie durch die verschiedenen Farbstoffe dargestellt wurden, nicht an einer zahlenmäßigen Skala gemessen werden konnten. Die rationelle Begründung für den Maßstab fehlte noch.

Bald nach diesen Farbstoffen benutzte er auch das Methylenblau für diese Zwecke, und dies hat seitdem in der Physiologie eine ausgedehnte Anwendung zur Erkennung des Reduktionsvermögens von Geweben, Zellen und Bakterien gespielt. Heute würde man außer der von Ehrlich gestellten Anforderung an einen Farbstoff, um ihn als Redoxindikator brauchbar zu erklären, im allgemeinen noch die Forderung stellen, daß er in oxydierter und reduzierter Form eine genügende Löslichkeit habe, um in homogener Lösung benutzt werden zu können. Ohne diese Forderung würde die Berechnung von Affinitäten große Schwierigkeiten machen. Schon beim Methylenblau fällt ein wenig störend ins Gewicht, daß die freie Base in der reduzierten Form so sehr schwer löslich ist. Bei einem Farbstoff wie (nicht sulfoniertes) Indigo oder Alizarinblau setzt die Unlöslichkeit des oxydierten Farbstoffes der theoretischen Interpretation noch bis heute große Schwierigkeiten entgegen.

Es ist von großem Interesse, Ehrlichs theoretische Vorstellung über das Reduktionsvermögen zu verfolgen, die er sich auf Grund seiner Versuche mit Farbstoffen machte. Die Physiologen standen mit Pflüger auf dem Standpunkte, daß die Gewebe unter einigermaßen normalen Bedingungen stets reichlich mit einem Sauerstoffvorrat versehen seien, und daß die Regulationen der Zelle darin bestehen, dem allzu schnellen Sauerstoffverbrauch Zügel anzulegen. Ehrlich fand, daß selbst bei normaler Zirkulation viele Gewebe die Farbstoffe reduzieren und meinte, daß dies einen ständigen Hunger der Zelle nach Sauerstoff ausdrücke, und daß dieser Hunger durch den verfügbaren Sauerstoff nicht befriedigt werde. Der Streit um diese beiden Standpunkte erscheint uns heute antiquiert, die Lehre vom chemischen Gleichgewicht und die Unterscheidung von Affinität und Geschwindigkeit chemischer Reaktionen war noch nicht genügend entwickelt. Die Sache liegt so, daß zwar Sauerstoff unter physiologischen Bedingungen stets überreichlich zur Verfügung steht, wie Pflüger annimmt, daß aber die Zelle ihn nicht zu benutzen versteht, abgesehen von demjenigen Anteil, welcher vom Respirationsferment nutzbar gemacht wird. Insofern besteht auch Ehrlichs ständiger Sauerstoffhunger zu Recht.

Jahrzehnte hat die Methode der Redoxindikatoren keinen wirklichen Fortschritt gemacht, außer, daß man das verschiedene

Reduktionsvermögen der Bakterien zur Differentialdiagnose verschiedener Bakterienarten mit Erfolg herausgezogen hat.

Die erfolgreichste Anwendung des Ehrlichschen Gedankens ist Thunbergs Methode der Messung des Reduktionsvermögens von Geweben unter anaeroben Bedingungen, im Thunbergschen Evakuationsgefäß, unter Zusatz von Methylenblau. Er konnte auf diese Weise studieren, wie das Reduktionsvermögen des Muskels (oder anderer Gewebe) durch Auswaschen vernichtet wurde, wie es durch Zusatz ganz bestimmter Substanzen, welche an sich Methylenblau nicht reduzieren, wiederhergestellt wurde. Unter diesen Substanzen hat vor allem Bernsteinsäure eine große Rolle gespielt, welche durch Methylenblau bei Gegenwart von ausgewaschenem, an sich wirkungslosem Muskel, zu Fumarsäure oxydiert (besser dehydriert) wird. Die Methode bestand in der Messung der Geschwindigkeit, mit der Methylenblau nach Auspumpung der Luft in den Reaktionsgefäßen reduziert wird. Lipschitz verwendete als ein anderes Reagens das Dinitrobenzol, welches durch die Zellen zu dem stärker gefärbten Nitrophenylhydroxylamin reduziert wird. Aber in allen derartigen Fällen handelt es sich sicher immer um Geschwindigkeitsmessungen, nicht um Affinitäten, und in keinem Fall ist es weniger angebracht, Geschwindigkeiten und Affinitäten parallel zu setzen als in derartigen Versuchen von Thunberg, wo die Menge des Katalysators die Geschwindigkeit viel mehr zu beeinflussen Gelegenheit hat als die Größe der Affinität. Und in der Tat will ja die Thunbergsche Methode in ihrer ursprünglichen Form die Geschwindigkeit einer Katalyse und somit indirekt die Menge eines Katalysators messen, nicht aber ein Reduktionspotential.

Der wirkliche Fortschritt in Bezug auf die Frage nach der Existenz eines Intensitätsfaktors beim Atmungsprozeß beginnt erst mit den systematischen Untersuchungen von M. W. Clark, die im ersten Teil dieses Buches ausführlich erörtert worden sind, und diese wiederum stehen auf den Schultern der Lehre von der Wasserstoffionenkonzentration.

Der erste Autor, der in einem lebende Organismen enthaltenden Medium mit Hilfe einer indifferenten Metallelektrode ein Potential nicht nur gemessen, sondern auch als Reduktionspotential gedeutet hat, ist Gillespie. In richtiger Erkenntnis der Sachlage begann er das Studium mit anaeroben Bakterienkulturen. Er fand, daß anaerobe Bakterien aus dem Erdboden bei sorgfältigem Abschluß der Luft gegen eine Elektrode aus Gold oder Platin ein Potential zeigten, welches an Negativität fast das einer Wasserstoffelektrode für das gleiche p_H darstellt, nämlich etwa $- 0,6$ Volt gegen die Normal-Wasserstoffelektrode. Nach Berührung mit Luft wird das Potential weniger negativ, erholt sich aber nach Unterbrechung der Luftzufuhr in ein oder zwei Stunden wieder. Wenn Luft andauernd durchgeleitet wird, ist das Potential zwar positiver, aber doch nur um etwa 0,2 Volt, also weit entfernt von dem Potential, das die Elektrode bei demselben p_H bei Gegenwart von Sauerstoff ohne Bakterien annehmen würde. Der Unterschied ist so auffällig, daß man das sicher behaupten kann, obwohl das Potential in Gegenwart von Sauerstoff nicht scharf definiert ist. In Kulturen von Bacterium coli wurde ebenfalls ein fast an das H_2-Potential heranreichendes Potential erreicht. In anderen Bakterienkulturen war das höchste erreichbare (negative) Potential viel kleiner, z. B. bei B. subtilis nur $- 0,04$ Volt. Von den zahlreichen Beobachtungen dieser Pionierarbeit sei noch erwähnt, daß bei den anaeroben Bodenbakterien die geringste Spur zugesetzter Glukose die Geschwindigkeit der Erreichung des maximalen Reduktionspotentials stark erhöhte. Alle Keime der späteren Forschung sind in dieser Arbeit enthalten: Die Deutung des Potentials als eines Redoxpotentials, seine Vergleichung mit dem Wasserstoffpotential für gleiches p_H, die Unterscheidung von aeroben und anaeroben Versuchsbedingungen.

Diese Beobachtungen wurden von W. M. Clark und seinen Mitarbeitern in vielen Punkten ausgebaut.

2. Die neueren Arbeiten.
a) Die Schardingersche Reaktion.

Schardinger beschrieb 1902 eine Eigenschaft der frischen Milch, welche der Ausgangspunkt zahlreicher Untersuchungen geworden ist. Wenn man frische Milch mit Formaldehyd und Methylenblau versetzt, so wird der Aldehyd oxydiert und das Methylenblau reduziert. Da bei Abwesenheit der Milch, ja sogar bei Gegenwart vorher erhitzter Milch, diese Reaktion nicht vor sich geht, so muß man sie den katalytischen Eigenschaften eines Ferments in der Milch zuschreiben. Bredig und Sommer fanden 1910 in

Platinschwarz ein Modell für dieses Ferment. Dixon und Thurley isolierten aus Milch das wirksame Agens in konzentrierter Form. W. M. Clark stellte sich die Aufgabe, die Schardingersche Reaktion durch Messung des Potentials an einer indifferenten Elektrode zu verfolgen. Milch wurde mit etwas Methylenblau und Formaldehyd versetzt und das Potential gegen eine Goldelektrode zeitlich verfolgt. In Abb. 31 ist das Resultat aufgezeichnet. Die obere Kurve ist eine Kontrolle mit erhitzter Milch. Sie zeigt, daß das anfängliche Potential innerhalb von zwei Stunden nicht verändert wird, wie ja auch Methylenblau nicht reduziert wird. Die drei andern Kurven zeigen den Gang des Potentials bei drei verschiedenen p_H-Werten. Die eingezeichneten schwarzen Keile geben symbolisch den Färbungszustand des Methylenblau für das betreffende p_H und Potential an. Die Spitze des Pfeils entspricht praktisch vollkommener Entfärbung, das obere breite Ende voller Färbung. Im allgemeinen zeigt sich, daß das an der Elektrode abgelesene Potential befriedigend übereinstimmt mit dem von dem Färbungszustand des Methylenblau abgelesenen Potential. Die Potentiale stellen sich aber auch bei Abwesenheit von Methylenblau ein. Gleichzeitig aber sieht man, daß das Elektrodenpotential in viel weiterem Bereich verfolgbar ist als das durch den Farbenindikator bestimmbare Potential. Das letztere ist auf das relativ enge Potentialbereich des Methylenblau beschränkt. Mit der Elektrode ergibt sich, daß das Potential z. B. bei p_H 7 von seinem Anfangswert von etwa +0,3 Volt innerhalb zwei Stunden asymptotisch auf —0,2 Volt heruntergeht. Kodama machte den

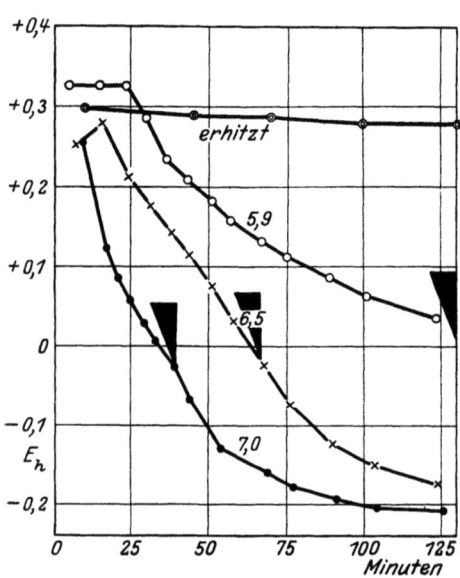

Abb. 31. Schardingersche Reaktion.
(Nach W. M. Clark.)

Einwand, daß Bakterienwachstum mit der Änderung dieses Potentials in ursächlichem Zusammenhang stehe und meinte, daß Formaldehyd in steriler Milch ohne Methylenblauzusatz kein bestimmtes Potential erzeugt. Clark hat diese Einwände abgelehnt. Allerdings tritt bei ausgedehnter Versuchsdauer das durch Bakterienwachstum erzeugte Reduktionspotential in Erscheinung. Wenn man aber mit möglichst steriler Milch arbeitet, so beginnt die bakterielle Einwirkung erst sehr viel später und ist zeitlich von der Potentialbildung durch die eigentliche Schardingersche Reaktion gut getrennt.

b) Zellen und Gewebe.

α) Allgemeines.

Beim Studium der reduzierenden Eigenschaften der Zellen und Gewebe muß man zunächst die Versuchsbedingungen scharf unterscheiden, je nachdem man in Anwesenheit oder in Abwesenheit von Sauerstoff arbeitet. Ferner muß man unterscheiden, ob man für die gegebene Versuchsbedingung das Reduktionsvermögen der die Zellen umgebenden Flüssigkeit (sei es, den Gewebssaft selbst, sei es das künstlich zugefügte Suspensionsmittel mit den in ihm enthaltenen, eventuell von den Zellen abgegebenen reduzierenden Stoffen) untersucht, oder andererseits ob man die Reduktion im Innern der Zelle selbst verfolgt. Drittens hat man zu unterscheiden, ob die Untersuchung sich auf die Geschwindigkeit oder auf die Intensität, das Potential, bezieht.

Von den zwei Hauptmethoden: Potentiometrie und Indikatorenmethode, steht für das Studium der intrazellulären Vorgänge bisher nur die Indikatorenmethode zur Verfügung[1]. Der Indikator kann entweder durch spontane Diffusion in die Zelle befördert werden, und für diese Methode sind daher nur Farbstoffe geeignet, welche durch Diffusion in die Zelle eindringen. Die Farbstoffe können aber auch mit Hilfe der Mikromanipulationsmethoden in die Zelle injiziert werden, und diese Methode kann dann auch für die nicht spontan penetrierenden Farbstoffe angewendet werden. Im allgemeinen kann man als Regel aufstellen, daß alle basischen Farbstoffe spontan durch die Zellmembran diffundieren, während

---

[1] Intrazelluläre Einführung einer Mikro-Platinelektrode in die Zelle ist noch nicht mit befriedigendem Resultat gelungen.

die sauren, insbesondere die Sulfosäuren, nicht spontan eindringen. Dies entspricht dem schon lange von Ehrlich festgestellten Prinzip, daß zur Vitalfärbung fast ausnahmslos nur basische Farbstoffe geeignet sind. Es sei aber daran erinnert, daß nicht jeder eindringende Farbstoff als ein Vitalfarbstoff im üblichen Sinne zu bezeichnen ist. Als solche pflegt man nur diejenigen von den spontan eindringenden Farbstoffen zu verstehen, welche, ohne die Vitalität der Zelle zu zerstören, sich in besonderen Strukturelementen anhäufen, wie z. B. Methylenblau in den Nervenfibrillen oder Neutralrot in gewissen Granula, oder Janusgrün in bestimmten fädigen Strukturelementen (Mitochondria) der Speicheldrüsenzellen. Für das Studium der reduzierenden Eigenschaften des Zellinnern ist es eher erwünscht, daß der Farbstoff keine besondere Affinität für einzelne Strukturelemente hat, sondern diffus im Protoplasma gelöst bleibt. Erwünscht wäre eine solche spezifische Anhäufung nur, wenn sie im Zellkern geschähe, denn wir werden noch sehen, welche kaum überwindlichen Schwierigkeiten es macht, über das reduzierende Vermögen des Zellkerns etwas auszusagen. Es gibt bisher keinen einzigen Farbstoff, welcher spontan in den lebenden Kern eindringt.

Für das Studium der Reduktionsintensität ist noch eine andere Schwierigkeit zu überlegen, welche zwar überwindbar ist, aber stets kritisch in Betracht gezogen werden muß. Dies ist die Frage der Reduktionskapazität. Der Farbstoff soll ja als Indikator wirken. Das kann er aber nur, wenn seine Menge verschwindend klein ist gegenüber der Äquivalentmenge des reduzierenden Systems, dessen Intensität er messen soll. Wenn ein Farbstoff innerhalb der Zellen nicht oder nicht vollständig reduziert wird, so kann es daran liegen, daß zu viel Farbstoff vorhanden ist. Man muß daher stets mit dem möglichsten Minimum an Farbstoff arbeiten.

β) Die Geschwindigkeit der Reduktionsvorgänge.

Obwohl die Berücksichtigung von Reaktionsgeschwindigkeiten nichts mit dem Thema Reduktionspotential zu tun hat, so ist praktisch die Beobachtung der Geschwindigkeit der Reduktion mit dem erreichten Grenzpotential so innig verwoben, daß einige Erörterungen über Reduktionsgeschwindigkeiten angebracht sind. Diejenige Versuchsanordnung, bei der die Beobachtung einer

Reduktionsgeschwindigkeit im Vordergrund steht und als Maßstab für die reduzierende Eigenschaft verwendet wird, ist der Thunbergsche Versuch mit Methylenblau in seiner ursprünglichen Form. Ein fein zerriebener Brei von Muskelgewebe wird mit einer bestimmten Menge Methylenblau versetzt, durch Evakuieren schnell des Sauerstoffs beraubt und die Zeit bis zur völligen Entfärbung des Methylenblau beobachtet. Wenn der Muskel gründlich mit destilliertem Wasser extrahiert worden war, so verliert er sein Reduktionsvermögen. Dieses wird aber durch den Zusatz von Bernsteinsäure wieder hergestellt. Diese wird unter der Wirkung eines Fermentes zu Fumarsäure dehydriert. Diese Methode ist von Thunberg und seinen Schülern, insbesondere Ahlgren, weitgehend ausgearbeitet worden für andere Gewebe, andere Dehydrasen und andere Farbstoffe. Wir wollen versuchen, kritisch zu deuten, was man mit einer solchen Methode mißt. Wir wissen, daß das Reduktionspotential der Lösung sich nur wenig ändert, solange überhaupt noch Methylenblau im unreduzierten Zustand vorhanden ist. Zwischen 1 vH und 99 vH der Reduktion ändert sich ja das Potential nur um 30 Millivolt und ist somit mit einer Schwankung von nur ±15 Millivolt während der ganzen Versuchsdauer auf dem konstanten Wert von etwa —50 Millivolt. Die Grenzen dieser Schwankung sind sehr eng im Verhältnis mit der Genauigkeit, mit der Potentiale in solchen Systemen reproduziert werden können. Nun ist mit größter Wahrscheinlichkeit einer derjenigen Faktoren, welche die Reduktionsgeschwindigkeit bestimmen, das Reduktionspotential. Das Wesen der Methode besteht also darin, daß es die Geschwindigkeit der Reduktion für ein gegebenes Potential des Systems mißt. Das Methylenblau wirkt erstens als ein Potentialbeschwerer für die ganze Versuchszeit und gleichzeitig als Indikator. Man mißt die Zeit, innerhalb deren eine bekannte Menge reduzierbarer Substanz (nämlich Methylenblau) bei annähernd konstantem Potential von der Zelle reduziert wird. Dies würde noch besser zutreffen, wenn man die asymptotisch eintretende „vollständige" Entfärbung nicht als Maßstab nähme, sondern statt dessen kolorimetrisch den ganzen Fortschritt der Reduktion als Funktion der Zeit verfolgte.

Voegtlin hat Versuche mit der ganzen Reihe der seit Clark zur Verfügung stehenden Redoxindikatoren an vielen Geweben ausgeführt. Er benutzte frische Rasiermesserschnitte der Gewebe,

2 mm dick, 0,5 mg an Gewicht, in Phosphatpuffer von p_H 7,6, brachte sie so schnell wie möglich in das Thunbergsche Evakuierungsgefäß und beobachtete die Zeit der völligen Entfärbung. Diese Zeit hängt natürlich auch von der Menge des Farbstoffs ab. Bei der günstigen Farbstoffkonzentration von M/40000 ergab sich beispielsweise für Rattenniere:

Indigomonosulfonat 199	Minuten
Indigodisulfonat 210	„
Indigotetrasulfonat 158	„
Methylenblau 23,5	„
1-Naphthol-, 2-sulfosäure-Indophenol . 23	„
2,6 Bromphenol-Indophenol 2,6	„
m-Bromphenol-Indophenol . . . . . . sofort	

Die Reihenfolge ist wenigstens im groben deutlich die der Potentiale dieser Farbstoffsysteme. Die Reproduzierbarkeit der Versuche war besser mit den Indophenolen als mit den Indigoderivaten. Am schnellsten reduzierten Leber und Hoden. Blutserum oder Plasma zeichneten sich durch den Mangel jedes Reduktionsvermögens selbst für den positivsten Farbstoff dieser Reihe aus. Bei Karzinomgewebe der Ratte konnte, wenigstens in nicht nekrotischen Partien, keine geringere Reduktionskraft gefunden werden, als in vielen anderen Geweben, im Gegensatz zu einer Angabe von Drew, der eine erhebliche Verringerung des Reduktionsvermögens im Tumorgewebe zu konstatieren geglaubt hatte. In Voegtlins Versuchen zeigte sich kein deutlicher Zusammenhang zwischen der Reduzierbarkeit und der Giftigkeit der Farbstoffe.

Lipschitz hat ähnliche Versuche mit Dinitrobenzol als Indikator gemacht. Dieses wird durch die Zellen reduktiv in ein stark gefärbtes braunes Hydroxylaminderivat verwandelt. Die theoretische Beurteilung dieser Reaktion wird dadurch erschwert, daß diese Reduktion irreversibel und das Reduktionsprodukt giftig ist.

γ) **Die Messung und Bedeutung des Potentials.**

Die Messung des Potentials besteht darin, daß man den Potentialindikator, also entweder die Elektrode oder den Farbstoff, so lange einwirken läßt, bis die Geschwindigkeit der Reduktion gleich Null geworden ist und ein stationärer Zustand eingetreten ist. Auf diese Weise kann man unter Umständen einigermaßen reproduzierbare Potentialwerte für gegebene Bedingungen erhalten. Man hat sich nun vor allem klar zu machen, welchen Sinn diese Potentiale haben. Solche Systeme sind durchaus nicht gleichwertig mit reversiblen Redoxsystemen. Wenn dies der Fall wäre, so müßte man imstande sein z. B. nach Einstellung des endgültigen Potentials an der Elektrode unter anaeroben Bedingungen das System mit einem reversiblen Oxydationsmittel zu titrieren und bestimmte Titrationskurven zu erhalten, aus deren Form man in der früher ausführlich beschriebenen Weise Schlüsse ziehen könnte. Oder besser noch, man sollte imstande sein, folgenden Versuch auszuführen. Man reduziert den Gewebssaft im Elektrodengefäß mit Palladium- oder Platinschwarz und Wasserstoff, verdrängt den Wasserstoff durch Stickstoff und titriert dann mit einem reversiblen Oxydationsmittel. Man sollte dann eine eindeutige Titrationskurve erhalten, die man dann in üblicher Weise ausdeutet. Dieses Experiment ist aber unmöglich. Die Potentiale stellen sich während der Titration außerordentlich langsam ein. Wenn man etwas von dem Oxydationsmittel (Ferricyankalium oder einen Farbstoff von genügend positivem Potentialbereich) zusetzt, so springt das Potential im ersten Augenblick in ein positiveres Bereich und kehrt dann beim Abwarten allmählich ins negative zurück, und zwar ungefähr wieder auf das ursprüngliche Potential. Im Fortschritt der Titration erreicht es in seinem definitiven Wert nicht mehr ganz so negative Werte, aber einen Endpunkt der Titration gibt es nicht. Das Fehlen eines bestimmten Endpunktes allein wäre zwar nicht in Widerspruch mit der Annahme der Reversibilität. Das ganze System könnte ja eine Mischung zahlreicher reversibler Systeme sein, deren Potentiale sich überschneiden, wie etwa eine Mischung von Indigokarmin, Methylenblau, Indophenol und Chinon. In einer solchen Mischung würde die Titrationskurve keine Sprünge zeigen, sondern fast kontinuierlich verlaufen. Aber jeder einzige Punkt der Titration entspricht doch einem scharfen, sich schnell einstellenden Potentialwert, und die ganze Kurve würde reproduzierbar sein, wenn man sie nach beendeter oxydativer Titration durch eine reduktive Titration zurückverfolgt. Dies ist bei den physiologischen Systemen durchaus unmöglich, sie verhalten sich wie irreversible Systeme, die Potentiale haben keine einfache thermodynamische Bedeutung. Ihre Bedeutung muß vielmehr für die vorliegende Bedingung von Fall zu Fall analysiert werden.

Eine solche Analyse ergibt für den Fall eines aeroben Potentials folgendes Resultat: Benutzt man einen Farbstoff als Potentialindikator, so verlaufen folgende zwei einander entgegengesetzte Reaktionen. Der Farbstoff wird vom Gewebe reduziert mit einer Geschwindigkeit, welche von der besonderen Eigenheit des Systems und des Farbstoffs abhängt. Was die Beteiligung des Farbstoffs an der Definierung dieser Geschwindigkeit betrifft, so kann man wohl im groben annehmen, daß die Geschwindigkeit der Reduktion um so größer ist, je positiver das Potentialbereich des Farbstoffes ist, obwohl diese Regel nicht streng thermodynamisch zu begründen ist und Ausnahmen erwarten läßt. Die andere, entgegengesetzte Reaktion besteht darin, daß der Leukofarbstoff vom Sauerstoff oxydiert wird mit einer Geschwindigkeit, welche vom Partialdruck des Sauerstoffs, von der jeweiligen Konzentration des Leukofarbstoffs und unter Umständen auch von Katalysatoren abhängt. Es tritt Gleichgewicht ein, wenn die Geschwindigkeit der Reduktion des Farbstoffs gleich der Geschwindigkeit seiner Oxydation ist. In diesem dynamischen Gleichgewichtszustand besteht ein konstantes Mengenverhältnis von Farbstoff und Leukofarbstoff. Dieses kann man als ein Potential ausdrücken, aber es ist nicht das Potential der Zelle, sondern das des Farbstoffsystems.

Sollte sich nun herausstellen, daß bei Anwendung verschiedener Farbstoffindikatoren immer dasselbe Potential herauskommt, so hätte es einen Sinn, von einem aeroben Potential des Gewebes zu sprechen. Die Erfahrung hat nun zu zeigen, ob ein solcher Begriff berechtigt ist. Ganz im groben betrachtet, hat dieser Begriff in der Tat eine gewisse Berechtigung. Wenn man nämlich der Reihe nach Farbstoffe von immer negativerem Potentialbereich anwendet, so kommt man zu einem gewissen Farbstoff, welcher gerade noch reduziert wird, und der nächstfolgende wird dann nur partiell oder gar nicht mehr reduziert. Bei näherer Betrachtung verliert aber diese rohe Erfahrungstatsache an Wert. Daß in rohester Annäherung eine solche Regelmäßigkeit vorliegen muß, ist ganz natürlich, weil die Geschwindigkeit, mit der ein Farbstoff vom Gewebe reduziert und der zugehörige Leukofarbstoff vom Sauerstoff oxydiert wird, sicherlich von dem Potentialbereich des Farbstoffs sehr stark mit beinflußt wird. Für feinere Betrachtungen jedoch müßte man verlangen, daß man um das kritische Potentialbereich herum eine viel größere Zahl fein abgestufter Indikatoren zur Verfügung hätte als man wirklich hat, und vor allen Dingen, daß man zum Vergleich mehrere Indikatoren von gleichem Potentialbereich, aber von möglichst verschiedenem chemischem Charakter hätte. Solchen verfeinerten Ansprüchen gegenüber hält die experimentelle Möglichkeit noch nicht stand. Es wird sogar gezeigt werden, daß in der neuesten Arbeit von Chambers, Cohen und Pollack ein Fall gezeigt wird, wo man mit zwei Farbstoffen von sehr ähnlichem Potentialbereich, aber von sehr verschiedenem chemischem Charakter, einen Widerspruch in der Potentialangabe durch die beiden Indikatoren erhält.

Aber immerhin ist dieser Widerspruch nicht sehr groß, und man mag den Begriff des aeroben Redoxpotentials der Zelle hinnehmen, wenn man seiner Reproduzierbarbeit einen gewissen Spielraum von, sagen wir, 30—50 Millivolt freihält und sich stets bewußt bleibt, daß es sich nicht um eine thermodynamisch begründete Größe, sondern um einen stationären Zustand eines nicht im Gleichgewicht stehenden Systems handelt.

Verwendet man als Indikator für das aerobe Potential eine Elektrode statt des Farbstoffs, so liegen die Bedingungen noch ungünstiger. Im Prinzip liegt wieder derselbe, nur dynamische Gleichgewichtszustand nach der definitiven Einstellung des Potentials vor, aber die Art und Weise, mit welcher Elektroden auf molekularen Sauerstoff ansprechen, ist so individuell verschieden, daß man noch schwerer reproduzierbare Werte erhält als bei den Farbstoffen. Die Messung des aeroben Potentials an einer Elektrode hat daher viel weniger Sinn als die mit einem Farbstoffindikator.

Wir kommen nunmehr zur Deutung der anaeroben Gewebspotentiale. Hier liegen die Verhältnisse insofern günstiger, als die Gegenreaktion, nämlich die Oxydation des Leukofarbstoffs durch Sauerstoff, fehlt. Aber infolge der Irreversibilität und der Trägheit der reduzierenden Systeme entsteht eine andere Schwierigkeit. Die Einstellung eines anaeroben Reduktionspotentials erfordert sehr lange Zeit, und die Geschwindigkeit, mit der sich während dieser Einstellung das Potential pro Zeiteinheit senkt, wird allmählich immer kleiner. Es erhebt sich daher die Frage, ob der erreichte Grenzwert durch eine Gegenreaktion bestimmt wird und daher ein Gleichgewicht darstellt, oder ob es sich um den etwas unscharf definierbaren Zustand eines Grenzpotentials handelt, wie er oben beschrieben worden ist für ein System, welches infolge der Labilität der primären Oxydationsprodukte immer nur die reduzierte Stufe des postulierten reversiblen Systems in endlicher Konzentration enthält. Aller Augenschein spricht für die zweite Möglichkeit.

Wurmser ist nicht dieser Ansicht. Er hält das definitiv erreichte Potential zwar auch für ein Grenzpotential, aber er deutet den Stillstand des Potentials nicht durch eine Erlahmung der Kinetik, sondern durch eine Gegenreaktion, in folgender Weise. Er nimmt an, daß das Potential den Grenzwert deshalb nicht überschreitet, weil ein zweites reversibles Redoxsystem vorhanden sei, von negativerem Potential als das des ersten, und daß dieses zweite System als Potentialbeschwerer wirke. Man kann Wurmser darin beistimmen, daß in physiologischen Systemen mehr als eine reduzierende Substanz vorhanden ist, und daß die Reduktionsintensitäten dieser verschiedenen Substanzen sich sehr voneinander unterscheiden. Daß es gerade zwei Systeme sein sollen, scheint willkürlich, und daß das zweite System ein reversibles sein solle, ist nicht bewiesen. Viel plausibler erscheint mir folgende Erklärung. In den physiologischen Systemen finden sich verschiedene reduzierende Substanzen, welche die gemeinsame Eigenschaft haben, daß ihre primären, durch Elektronenabgabe entstandenen, radikalartigen Oxydationsprodukte nicht existenzfähig sind und sich schnell und irreversibel in stabilere Körper umlagern. Alle völlig irreversiblen, reduzierenden Substanzen müssen aber unter allen Umständen die Tendenz haben, das Wasserstoffpotential zu erzeugen. Wenn sie dies in Wirklichkeit nicht tun, so liegt eine Trägheit, aber kein Gleichgewicht vor. Wenn es selbst wirklich richtig ist, wie Wurmser annimmt, daß bei der Einstellung des anaeroben Potentials sich zwei Potentialstufen unterscheiden lassen, so beweist das noch nichts für die Behauptung, daß reversible Systeme vorliegen.

Wir glauben uns daher berechtigt, die anaeroben Reduktionspotentiale als Grenzpotentiale irreversibler, reduzierender Substanzen aufzufassen. Das schließt nicht aus, daß in den physiologischen Flüssigkeiten auch reversible Systeme vorhanden sind, aber deren Eigenschaften können nicht im Gemisch mit den irreversiblen studiert werden. Ebensowenig könnte man ja die Eigenschaften des Methylenblau studieren, wenn man es in alkalischer Zuckerlösung löst und dann mit den für reversible Systeme anwendbaren Methoden titriert.

δ) **Die Resultate der Messungen des intrazellularen Potentials unter aeroben Bedingungen.**

Beobachtungen mit der Mikroinjektionsmethode.

Die ersten Versuche der Anwendung der Mikroinjektion zur Messung von intrazellulären Potentialen wurden von Needham and Needham gemacht. Sie arbeiteten eine sehr komplizierte Technik aus, welche die Mikromanipulation unter Ausschluß von Sauerstoff auszuführen gestattete. In ihrer ersten Arbeit benutzten sie nur einen einzigen Indikator, 1-Naphtol 2-Sulfonat Indophenol, gelöst zu 1 vH in Phosphatpuffer von p_H 7,6, und injizierten ihn in Amöben. Als kolorimetrischen Vergleich stellten sie kapillare Glasröhrchen von 50 μ Durchmesser her, welche diese Farblösung in verschiedenen bekannten Verhältnissen der oxydierten und reduzierten Form enthielten und luftdicht verschlossen. Sie arbeiteten in einer Atmosphäre von reinem Stickstoff. Zunächst injizierten sie den Farbstoff in der oxydierten Form und beobachteten die Reduktion. Unter diesen Versuchsbedingungen war die Injektion allerdings kein indifferenter Eingriff für die Zelle, sie glaubten aber, daß in der ersten Zeit die Schädigung nicht wesentlich war. Cytolyse begann, wie sie schreiben, zu verschiedenen Zeiten, manchmal „erst nach 10—20 Minuten", immer langsam, niemals explosionsartig. Die tiefrote Farbe blaßte innerhalb 60 Sekunden zu einem ganz bestimmten Rosa ab und blieb dann konstant, entsprechend einer Reduktion von 15—30 vH. Wenn Cytolyse eintrat, wurde die Reduktion vollständig. Sie betrachteten die partielle Reduktion als einen Gleichgewichtszustand und suchten dies durch eine Gegenprobe zu beweisen. Sie injizierten den völlig reduzierten Farbstoff und beobachteten eine partielle Oxydation. Um den Farbstoff in reduziertem Zustand zu erhalten, benutzten sie Zink als Reduktionsmittel, nachdem die Reduktion mit Platinasbest technische Schwierigkeiten wegen der Verbackung des Asbests gemacht hatte. Die Reduktion mit Zink geschah in einem Wassermantel von 85° C innerhalb 3 Minuten. Die Autoren hielten es für besser, nur zu 90 vH reduzierten Farbstoff zu injizieren, weil völlig reduzierter Farbstoff toxisch zu sein schien. Obwohl die Versuche nicht ausreichten, um zu behaupten, daß das Gleichgewicht dasselbe war wie bei der Injektion des oxydierten Farbstoffs, so lag es doch jedenfalls im Bereich der partiellen Entfärbung dieses Farbstoffs. Kleine Unstimmigkeiten führen sie auf den beschwerenden Effekt der relativ großen Farbstoffmenge zurück. Unter der Annahme, daß 15—30 vH Reduktion das wahre Gleichgewicht darstellt, ergibt sich auf Grund der Potentialmessungen von Clark mit diesem Farbstoff für p_H 7,6 ein $r_H = 17$—19 für die lebende Amöbe. Ein solches Reduktionspotential für eine Zelle unter anaeroben Bedingungen entspricht einer auffällig schwachen Reduktionsintensität, und eine kritische Betrachtung dieses ersten Versuches ist wohl am Platze. In einer späteren Arbeit bestimmten die Autoren auch aerobe Potentiale an verschiedenen Zellen.

Tabelle nach Cohen, Chambers und Reznikoff.

	E_h bei p_H 7,0 (Volt)	rH	
(Sauerstoff-Elektrode)	+ 0,81	41,0	
(„ in Luft)	+ 0,80	40,7	
Kaliumferricyanid	+ 0,43	28,4	
Kaliumchromat	?	?	
Phenol-m-sulfonat-indo-2-6-dibromphenol	+ 0,273	23,1	
Phenol-m-sulfonat-indiphenol	0,25	22,4	nicht
m-Bromphenol-indophenol	0,248	22,3	giftig
Phenol-o-sulfonat-indo-2-6-dibromphenol	0,235	21,9	
o-Chlorphenol-indophenol	0,233	21,8	
Phenolblauchlorid	0,227	21,6	
Bindschedlers Grün (Zn-Doppelsalz)	0,224	21,5	giftig wegen Zn
Phenol-indo-2,6-dichlorphenol	0,217	21,3	
Phenol-indo-2,6-dibromphenol	0,217	21,3	
m-Kresol-indophenol	0,210	21,0	
o- „ „	0,195	20,5	
o-Kresol-indo-2,6-dichlorphenol	0,181	20,1	
1-Naphthol-2-sulfonat-indophenol-m-sulfonsäure	0,135	18,5	
m-Toluylendiamin-indophenol-chlorid	0,127	18,3	
1-Naphthol-2-sulfonat-indophenol	0,119	18,0	
Toluylenblauchlorid	0,115	17,9	leicht
Methylenblauchlorid	+ 0,011	14,4	giftig
K_4-indigotetrasulfonat	− 0,046	12,5	
K_3-indigotrisulfonat	− 0,081	11,3	
K_2-indigodisulfonat	− 0,125	9,9	
Neutralrotjodid angenähert	− 0,30	4,0	
Dimethylaminomethylphenazinchlorid	?	?	
(Wasserstoff-Elektrode)	− 0,421	0,0	
Phenosafranin angenähert	− 0,525	− 3,5 ??	

Technisch am einwandfreiesten erscheinen die Versuche von Cohen, Chambers und Reznikoff an Amoeba dubia und von Chambers, Pollack und Cohen an Echinodermeneiern. Zu der Verschiedenheit ihrer Resultate von den früheren Angaben mögen folgende Umstände beigetragen haben: sorgfältigere Reinigung des angewendeten Stickstoffs über erhitztem Kupfer, Vermeidung aller Gummischläuche, welche niemals völlige Impermeabilität für Sauerstoff garantieren; Injektion kleinster Farbstoffmengen, wodurch die Möglichkeit gegeben wurde, die Zelle nicht nur 20 Minuten lang, wie bei Needham, sondern praktisch dauernd lebend zu erhalten. Dazu kommt, daß sie mit einer sehr großen Reihe von Farbstoffen arbeiteten, welche in der vorhergehenden Tabelle aufgezählt sind.

Das Resultat für anaerobe Bedingungen war, daß sämtliche Farbstoffe dieser Tabelle, soweit sie einwandfrei reversible Farbstoffe sind, vollständig reduziert wurden. Auf die Resultate der in der Tabelle unterhalb der Indigosulfonate aufgezählten drei Indikatoren kann kein großes Gewicht gelegt werden, teilweise weil diese Farbstoffe in dem p_H-Bereich lebender Zellen nicht gut reversibel sind (sie scheinen dies nur bei saurer Reaktion zu sein), teilweise weil sie sehr giftig sind (Phenosafranin). Hieraus kann man nur sagen, daß das r_H unter anaeroben Bedingungen nicht größer als 7,5, wahrscheinlich aber noch kleiner ist. Das Resultat wurde dadurch bestätigt, daß alle als Indikator einwandfrei benutzbaren Farbstoffe, wenn sie im reduzierten Zustand injiziert wurden, nicht wieder oxydiert wurden, auch nicht einmal partiell.

Es gelang den Autoren auch, Farbstoffe in den Kern zu injizieren, ohne erkennbare wesentliche Schädigung. Das Resultat war sehr auffällig. Der Kern hatte gar keinen Einfluß, oxydiert injizierte Farbstoffe blieben oxydiert, reduziert injizierte blieben reduziert.

Andere Versuche wurden unter aeroben Bedingungen gemacht. Das Resultat schwankte etwas je nach den Bedingungen und der Art des Indikators und ergab Werte von r_H von 13—18.

Die späteren Untersuchungen von Chambers, Pollack und Cohen wurden an Echinodermeneiern angestellt, Asterias forbesii und Echinarachnius parma (Seedollar). Die letzteren sind wegen ihrer völligen Unpigmentiertheit besonders geeignet. Die Resultate sind in der folgenden Tabelle wiedergegeben.

Tabelle zu S. 223. (Nach Chambers, Pollak und Cohen.) Resultate der Injektion von Redoxindikatoren in das Cytoplasma der Eier des Sanddollars und von Seesternen.

	Normal-potential bei p_H 7,0 (Volt)	r_H[1]	aerob		anaerob		Giftigkeit der oxydierten Form[2]
			Oxydierte Form		Oxydierte Form	Reduzierte Form	
(Sauerstoffelektrode)	+0,81	41,0					
Kaliumferricyanid	+0,43	28,4					
A I: Phenol-m-sulfonat-indo-2, 6-di-bromphenol	0,273	23,1	Sofort reduziert		Sofort reduziert	—	Leicht toxisch
C: m-Bromphenol-indophenol	0,248	22,3				—	Nicht toxisch
H: Phenol-indo-2, 6-dichlorphenol	0,217	21,3	Fast sofort		,,	—	,,
I: Phenol-indo-2, 6-dibromphenol	0,217	21,3	,,		,,	—	,,
L: o-Cresol-indo-2, 6-dichlorphenol	0,181	20,1	,,		,,	—	,,
M: 1-Naphthol-2-sulfonat-indophenol-m-sulfonat	0,135	18,5	,,		,,	—	Leicht toxisch
N: m-Toluylendiamine-indophenol-chlorid	0,127	18,3	,,		,,	Nichtoxydiert	Toxisch
O: 1-Naphthol-2-sulfonat-indophenol	0,123	18,1	1–4 sec.		Fast sofort	,,	Nicht toxisch
P: 1-Naphthol-2-sulfonat-indo-2,6-dichlorphenol	0,119	18,0	2–5 sec.			,,	,,
Q: Toluylenblauchlorid	0,115	17,9	,,		2–5 sec.	—	Toxisch
Q1: Brilliantcresylblauchlorid	0,045	15,5	,,		,,	—	,,
R: Methylenblauchlorid	+0,011	14,4	5–10 sec.		,,	Nichtoxydiert	,,
S: K$_3$-indigotetrasulfonat	–0,046	12,5	Nicht reduziert		2–3 sec.	,,	Toxisch
S1: Äthyl-Capribraunitrat	–0,06	12,0	Teilweise reduz.		2–5 sec.	—	Nicht toxisch
T: K$_2$-indigotrisulfonat	–0,081	11,3	Nicht reduziert		2–3 sec.	Nichtoxydiert	Leicht toxisch
U: K$_2$-indigodisulfonat	–0,125	9,9	,,		,,	,,	Toxisch
V: Neutralrotjodid	–0,30 (approx.)	4,0	,,		Nicht reduziert	—	Leicht toxisch
(Wasserstoffelektrode)	–0,421	0,9					—
X: Phenosafranin	–0,525 (approx.)	–3,0	Nicht reduziert		Nicht reduziert	Nichtoxydiert	Toxisch

[1] Für eine Mischung von 50 vH reduzierte und 50 vH oxydierte Form; für eine Mischung von 99 vH reduzierte und 1 vH oxydierte Form ist r_H um 2,0 kleiner.
[2] Bei allen toxischen Farbstoffen neigt die reduzierte Form zu geringerer Toxizität als die oxydierte.

Die anaeroben Versuche ergaben wiederum vollständige Reduktion sämtlicher zur Verfügung stehender reversibler Indikatoren, so daß r_H auch nach diesen Versuchen als kleiner als 7 angenommen werden muß. Bei der Betrachtung der aeroben Versuche ist folgendes bemerkenswert: Es wurde hier zum erstenmal Äthylkapriblau als Indikator mitverwendet. Dieses war der einzige Indikator, welcher im Gleichgewicht partiell reduziert wurde. Alle anderen Indikatoren wurden entweder vollständig oder gar nicht reduziert. Das Potentialbereich dieses Indikators liegt also besonders günstig und ergibt ein $r_H = 12,0$. Dieser Wert könnte als der definitiv richtige angenommen werden, wenn sich nicht eine Unregelmäßigkeit in der Reihenfolge der Indikatoren herausgestellt hätte. Indigotetrasulfonat wird gar nicht reduziert, obwohl sein Potentialbereich positiver ist als das des Äthylkapriblaus. Man gewinnt aus der durch lange Erfahrung gefestigten Arbeit der Autoren durchaus den Eindruck, daß alle Fehlerquellen, die durch die Reduktionskapazität (Anwendung zu großer Farbstoffmengen) oder durch Toxizität hervorgerufen werden könnten, vermieden worden sind. Dann aber ist dieser Befund die erste experimentelle Bestätigung der in der Einleitung zu diesem Kapitel auseinandergesetzten Auffassung über das Wesen der aeroben Potentiale zu betrachten. Der stationäre Zustand tritt ein, wenn die Geschwindigkeit der Reduktion des Farbstoffs durch die Zelle gleich der der Reoxydation durch den Sauerstoff ist. Wenn es zuträfe, daß diese Geschwindigkeiten immer den Potentialen parallel ginge, dann würde die chemische Individualität des Farbstoffs keine Rolle spielen, aber diese Regel trifft nicht immer genau zu. Indigotetrasulfonat wird unter gleichen Bedingungen von der Zelle langsamer reduziert als Äthylkapriblau, obwohl man, nach dem Bereich der Normalpotentiale allein zu urteilen, das Umgekehrte hätte vermuten können. Oder vielleicht auch, reduziertes Indigotetrasulfonat wird unter gleichen Bedingungen durch Sauerstoff schneller oxydiert als reduziertes Äthylkapriblau. Besonders die erste Möglichkeit wird nahegelegt durch eine Untersuchung von Dixon (1926) über die Xanthinoxydase.

Er studierte die Reduktion von zahlreichen Substanzen, unter anderen auch die der reversiblen Farbstoffindikatoren, durch Xanthin oder Hypoxanthin bei Gegenwart der Xanthinoxydase, entweder in Form von frischer Milch, oder eines nach der Methode von Dixon und Thurlow aus Milch dargestellten Enzympräparats. Er fand, daß Hypoxanthin alle zur Zeit bekannten Indikatoren reduziert, bis zu den Indigosulfonaten herab, so daß also r_H kleiner als 7 sein muß. Aber die Geschwindigkeit der Reduktion war verschieden. Bei Farbstoffen ohne Sulfosäuregruppen war die Reduktionsgeschwindigkeit in regelmäßiger Reihenfolge um so kleiner, je negativer das Normalpotential war. Aber bei den sulfonierten Farbstoffen war das nicht der Fall. Schon bei sulfonierten und nichtsulfonierten Indophenolen war ein Unterschied zu bemerken, besonders auffällig aber bei den Indigoderivaten. Das Di-, Tri- und Tetrasulfonat haben in der genannten Reihenfolge ein immer positiveres Normalpotential. Trotzdem werden sie in der genannten Reihenfolge immer langsamer reduziert. Insbesondere das am höchsten sulfonierte Glied der Reihe wird außerordentlich langsam reduziert, wie folgende Tabelle von Dixon zeigt.

	r_H-Bereich	Zeit der vollständigen Reduktion
o-Chlorphenolindophenol	19 — 23	55'
2, 6-Dibromindophenol	18,3—22,3	1h 15'
o-Cresolindophenol	17,7—21,7	1h 10'
o-Cresol-2, 6-Dibromindophenol	17,3—21,3	1h 30'
1-Naphthol-2-Sulfonat-Indophenol	15,4—19,4	2h 20'
1-Naphthol-2-Sulfonat-2, 6-dichlorindophenol	15,2—19,2	5h 30'
Methylenblau	13 —17	1h 30'
Indigotetrasulfonat	10 —14	8h
Indigotrisulfonat	8,3—12,3	50'
Indigodisulfonat	7,2—11,2	13'

Bei der intranukleären Injektion, welche bei den sehr großen unbefruchteten Eiern von Echinodermen technisch besonders günstig war, bestätigen die Autoren das Resultat bei der Amöbe: Alle Farbstoffe verblieben im Kern genau in der Form, in der sie injiziert worden waren. Für die Schlußfolgerung auf das Reduktionsvermögen des Kerns muß man jedoch noch vorsichtig sein, weil der Kern nach der Injektion schnell Zeichen von Disintegration aufwies. Dies ist an sich schon sehr auffällig, weil die Injektion der gewöhnlichen p_H-Indikatoren solche schädigende Wirkung durchaus nicht so leicht hatte.

Die folgende Tabelle gibt eine Übersicht über die bisher erhaltenen aeroben r_H-Werte:

			p_H	r_H
Eier von	Paracentrotus lividus, befruchtet oder unbefruchtet	Needham	6,6	19,7—20,6
	Echinocardium cordatum (unbefr.)			
	Asterias glacialis (befr. und unbefr.)			
	Ophiura lacertosa (unbefr.) . . .	Needham		21,3—21,7
	Ascidia mentala (unbefr.)			21,1
	Sabellaria alveolata (unbefr.). . .			21,7—22,2
Amoeba proteus		Rapkine und Wurmser	7,6	17—19
Nyctotherus chordiformis			7,1	19—20
Speicheldrüse der Larven von Chironomus oder von Calliphora erythrocephala			7,2	19—20
Oocyt von Paracentrotus lividus oder von Asteria rubens			7,2	19—20

Dagegen finden Chambers, Pollack und Cohen:

	p_H	r_H
Amoeba proteus[1]	6,8	12,0
Eier von Asterias forbesii. . . . . und Echinarachnus parma	6,8 ± 0,1	12,0

Eine Tabelle über die anaeroben Resultate ist nicht nötig, da alle Autoren übereinstimmen, daß $r_H < 7$ ist, oder daß alle bisher geprüften einwandfrei anwendbaren Indikatoren vollständig reduziert werden. Über die einwandfrei reversiblen Indikatoren von noch negativerem Potentialbereich, welche in letzter Zeit beschrieben worden sind, liegen noch keine Versuche vor.

C. Potentiale in Gewebs- und Körpersäften höherer Tiere.

Die Versuche, Potentiale in Aufschwemmungen von Zellen und Gewebsstücken höherer Organismen zu messen, geben rein qualitativ das übereinstimmende Ergebnis, daß indifferente Elektroden

---

[1] Unter Berücksichtigung der Diskussion der Autoren hierüber in ihrer Arbeit über Asterias (1929).

in Berührung mit solchen Suspensionen ein mit der Zeit immer stärker negativ werdendes Potential annehmen, welches bei Abwesenheit von Sauerstoff leicht bis in das Bereich der Methylenblaureduktion und weit darüber hinaus gebracht werden kann. Die nebenstehende Abbildung zeigt einige Versuche von W. M. Clark mit Suspensionen von Rattenleber in einem Phosphatpuffer von $p_H = 7,4$, im Stickstoffstrom, mit einer vergoldeten Platinelektrode. Der Verlauf des Potentials mit der Zeit ist eingezeichnet, die Zeit ist logarithmisch eingetragen. Die schraffierten Keile am rechten Rande zeigen die Potentialgebiete verschiedener Indikatoren an, das breite, obere Ende bedeutet 99 vH oxydierte Form: 1 vH reduzierte Form, die untere Spitze des Keils entspricht 1 vH oxydierter Form: 99 vH reduzierter Form.

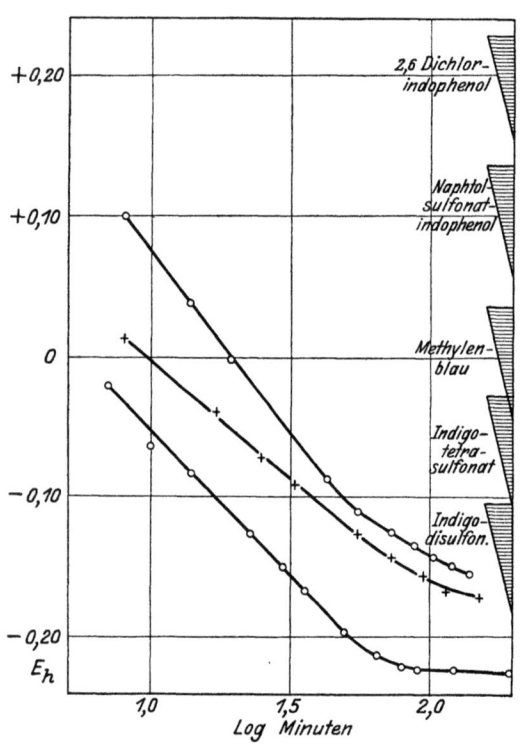

Abb. 32. Reduktionspotential von Leberzellen. (Nach Cannan, Cohen und Clark.)

Das Potential durchläuft mit der Zeit das ganze Gebiet sämtlicher guten Indikatoren. Ähnliche Versuche von Clark zeigt Abb. 15 für Hefesuspensionen, in Pufferlösungen von verschiedenem p_H.

Es entsteht nun die Frage, inwieweit die potentiometrischen Messungen mit Indikatorenmessungen übereinstimmen. Hier muß man zwei Dinge unterscheiden, erstens die Übereinstimmung bezüglich des definitiven Endwertes, zweitens die jeweilige Über-

Potentiale in Gewebs- und Körpersäften höherer Tiere. 229

einstimmung in jedem beliebigen Zeitpunkt während der langsam erfolgenden Einstellung des Potentials. Der definitive Endwert zeigt insofern eine befriedigende Übereinstimmung, als es dem potentiometrischen Endwert des Potentials durchaus entspricht, daß alle Farbstoffe bis zu Indigomonosulfosäure schließlich reduziert werden. Mehr kann man nicht sagen,

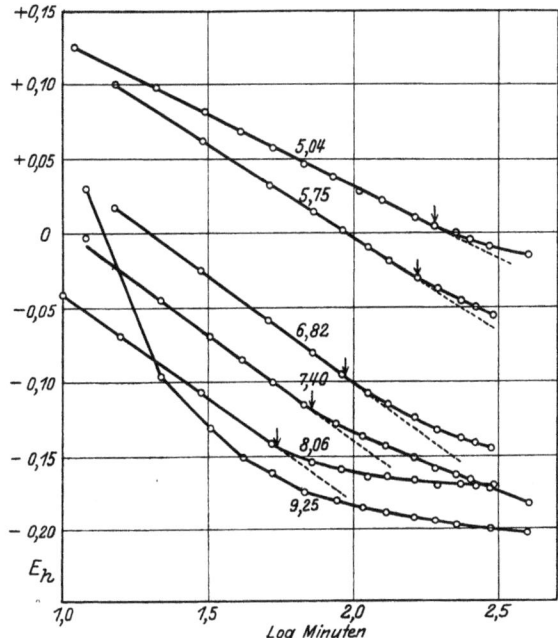

Abb. 33. Reduktionspotential von Hefe. (Nach Cannan, Cohen und Clark.)

denn erstens ist der definitive Endwert des Potentials oft nicht scharf, und zweitens fehlte zur Zeit dieser Untersuchungen ein guter Indikator von so stark negativem Potentialbereich, daß er gute, quantitative Angaben geben könnte. Immerhin besteht kein Widerspruch zwischen den beiden Methoden.

Die Frage nach der Übereinstimmung der beiden Methoden während der Einstellungszeit des Potentials bietet größere Schwierigkeiten. Im allgemeinen konnte Clark bei günstigen Versuchsbedingungen eine recht gute Parallelität beobachten. Eine exakte Übereinstimmung kann aber nicht erwartet werden. Denn erstens wird die Zellaufschwemmung durch den Zusatz des

Farbstoffs beschwert. Während das Potential das Bereich des zugesetzten Indikators durchläuft, muß der Farbstoff völlig reduziert werden, damit das Potential über dieses Bereich hinauskommen kann. Diese Reduktion des Farbstoffs verlangt eine gewisse Zeit, die in den Kontrollversuchen ohne Farbstoff übersprungen wird. Abb. 34 nach R. K. Cannan, Barnett Cohen und W. Mansfield Clark zeigt, wie der zeitliche Verlauf des Elektrodenpotentials in einer Hefesuspension durch Zusatz von Methylenblau beeinflußt wird. Man erkennt die Abflachung der Potential-

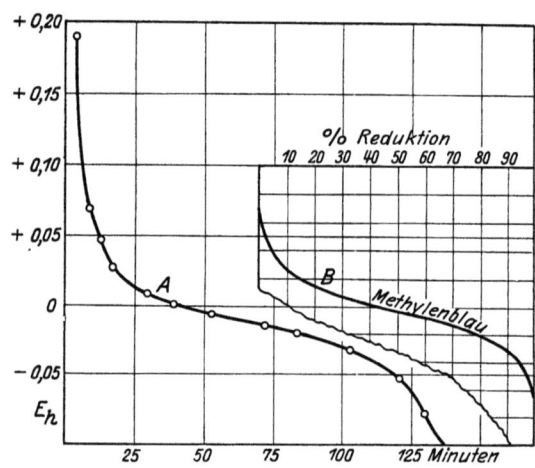

Abb. 34. Zeitlicher Verlauf des Elektrodenpotentials in einer Hefeaufschwemmung nach Methylenblauzusatz. (Nach Cannan, Cohen und Clark.)

zeitkurve, während das Potential durch das Potentialbereich des Methylenblaus fortschreitet, und gleichzeitig blaßt die Farbe dementsprechend mehr und mehr ab. Sobald das beschwerende Methylenblau völlig reduziert ist, schreitet die Negativität des Potentials wieder schneller fort. Die beschwerende Wirkung des Farbstoffs kann allerdings durch Anwendung minimaler Farbstoffmengen wesentlich verkleinert werden. Aber auch nach praktisch vollkommener Unterdrückung der beschwerenden Wirkung kann eine wirklich exakte Übereinstimmung mit dem Elektrodenpotential vor der Einstellung des definitiven Endwertes nicht erwartet werden. Es ist gar kein vernünftiger Grund einzusehen, warum in einem System, in welchem verschiedene Reaktionen mit individuellen Geschwindigkeiten noch vor sich gehen und in welchem noch kein definitives Gleichgewicht erreicht ist, ein einziges gemeinschaftliches Potential des ganzen Systems vorhanden sein sollte. Für ein solches System kann man die der Thermodynamik angehörigen Begriffe nicht anwenden. Ein bestimmtes, von der Natur des messenden Werkzeuges (Elektrode, Indikator) unabhängiges Potential ist nur dann zu erwarten, wenn das ganze System im Gleichgewicht ist. Bei Anwesenheit von O_2 ist das in Gewebsextrakten niemals der Fall, und nur unter streng anaerobischen Bedingungen kann man damit rechnen, daß die möglichen chemischen Vorgänge zu einem definitiven, zeitlich nicht mehr variierenden Zustand führen. Nur für einen solchen hat es Sinn, von einem Potential des ganzen Systems zu sprechen, während, solange diese Bedingung nicht erfüllt ist, das Potential der einzelnen Partialsysteme voneinander verschieden sein kann. Es war oben gezeigt worden, daß die Geschwindigkeit, mit der die Farbstoffe von den Geweben reduziert werden, nicht ganz allein von ihrem Potentialbereich, sondern z. B. von der Anzahl der Sulfosäuregruppen in der Farbstoffmolekel abhängt. Befinden sich zwei Indikatoren von gleichem Potentialbereich, aber verschiedener Reaktionsgeschwindigkeit nebeneinander in Lösung, so kann vor Eintritt des wahren Gleichgewichts in jedem Augenblick jeder der beiden Indikatoren ein anderes Potential anzeigen, die Platinelektrode ein drittes, die Hg-Elektrode ein viertes.

D. Das Wesen der Grenzpotentiale in Geweben und Zellen.

Das Redoxpotential irgendeines Systems ist streng nur dann zu definieren, wenn in ihm Gleichgewicht herrscht. Das bedeutet für ein Gewebe: wenn es unter Abschluß von Sauerstoff untersucht wird. Denn bei Gegenwart von Sauerstoff tritt der komplizierende Umstand hinzu, daß die reduzierte Form des Systems ständig weiter oxydiert wird. Betrachten wir daher zunächst die Theorie des anaeroben Potentials. Über dieses hat Wurmser folgende Theorie entwickelt. Er vergleicht das Gewebssystem mit einer Zuckerlösung, ja er macht sogar den Zucker der Gewebe wesentlich verantwortlich für das Potential. Nun zeigt eine anaerobe Zuckerlösung an der Elektrode ein nach erst sehr langer Zeit erreichtes Grenzpotential von $r_H = 7$ bei 37°. Mißt man aber dieses Potential mit Farbstoffindikatoren bei kurzer Versuchsdauer, so findet man eine viel geringere Reduktionsintensität, $r_H = 14$, weil die geringste Zugabe eines Oxydationsmittels (des Farbstoffs) das Grenzpotential des Zuckersystems in das Bereich des Normalpotentials desselben verschiebt. Erst wenn man die Indikatorenversuche auf sehr lange Zeit ausdehnt, stimmen die Angaben der beiden Methoden annähernd überein.

Man hat also, so meint Wurmser, zwei Potentiale zu unterscheiden: das Normalpotential des reversiblen Systems und das Grenzpotential. Die Tatsache, daß ein solches Grenzpotential überhaupt existiert, und daß das Potential sich nicht ins Ungemessene weiter negativiert, schreibt Wurmser der puffernden (beschwerenden) Wirkung eines zweiten reversiblen Systems von negativerem Normalpotential als das erstere zu. Das beiliegende Schema von Wurmser (Abb. 35) erläutert die Verhältnisse. Diese Theorie steht oder fällt, je nachdem man die analoge Theorie für die Zuckerpotentiale anerkennt oder nicht. Wir äußerten oben Zweifel an der glatten Annehmbarkeit der Theorie für die Zucker, und diese müssen sich nun auch auf die Theorie der der anaeroben Gewebspotentiale erstrecken. Die Ähnlichkeit der Potentiale in Zuckerlösungen und in Geweben muß man Wurmser allerdings zugeben. Ob aber seine einfache Deutung zutrifft, ist noch fraglich. Daß gerade zwei Potentialniveaus sich herausheben, ist experimentell doch nicht so gesichert. Und wenn man auch ein Grenzpotential anerkennt, so ist doch der Beweis noch nicht gesichert, daß dieses einem Gleichgewicht entspricht. Die Annahme eines kinetischen Stillstands einer an sich trägen Reaktion ist ebenso annehmbar. Auch ohne volle theoretische Deutung des Wesens dieser Grenzpotentiale wird man anerkennen müssen,

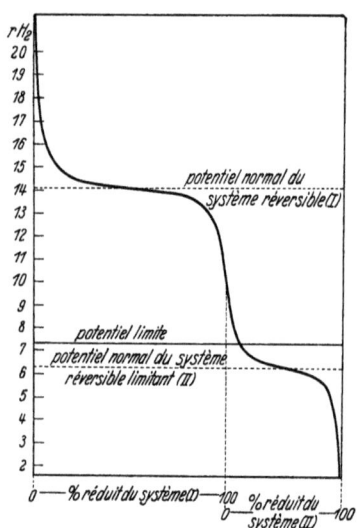

Abb. 35. Schema der Potentialstufen in einer Zuckerlösung oder im Gewebssaft. (Nach Wurmser.)

Das Wesen der Grenzpotentiale in Geweben und Zellen.

daß diese Potentiale ein brauchbares praktisches Maß für die Reduktionsintensität der Zellen geben, mag die Grenze des Reduktionsvermögens nun thermodynamische oder kinetische Gründe haben.

Zur Zeit ist daher folgende Erklärung der in Zellen und Geweben erhältlichen Grenzpotentiale zu empfehlen.

Die Messung eines solchen Grenzpotentials besteht darin, daß man einen reversiblen Elektronenakzeptor mit dem Gewebe in Berührung bringt: entweder eine indifferente Elektrode oder einen reversiblen Farbstoff. Die reduzierenden Substanzen der Gewebe gehören der Mehrzahl nach nicht zu den reversiblen Systemen, weil ihre primären Oxydationsprodukte als solche nicht existenzfähig sind und sich schnell in stabilere Substanzen in irreversibler Weise umlagern. Der thermodynamisch zu erwartende Grenzwert des Potentials sollte daher $= -\infty$ sein, oder, da wir in wässeriger Lösung arbeiten, wenigstens von der Größenordnung des Potentials der Wasserstoffelektrode für das p_H der Gewebe. Die Reaktion der Gewebssubstanzen auf den reversiblen, für die Messung benutzten Elektronenakzeptor ist aber träge und wird beim Fortschreiten der Reaktion immer träger. So bleibt die Reaktion praktisch stehen, wenn der Akzeptor sich mit Elektronen bis zur Erreichung eines angenähert angebbaren Potentialbereichs beladen hat. Eine genaue Einsicht über das Wesen dieser Erlahmung des Reduktionsvermögens fehlt uns noch. Das Bereich dieses Grenzpotentials ist, wenn auch nicht ganz scharf, so doch einigermaßen reproduzierbar und gibt uns einen wertvollen Aufschluß über die Reduktionsintensität der Gewebe. Man hat aber kein Recht, diesen Angaben den Sinn eines Niveau an freier Energie zuzuschreiben.

Wenn nun aber auch das Potential des ganzen Gewebes, als einheitliches System betrachtet, keine thermodynamische Bedeutung hat, so kommt doch der Begriff des thermodynamischen Potentials in folgender Weise zur Geltung: Neben den irreversiblen Redoxsystemen befinden sich in der Zelle auch reversible, z. B. die verschiedenen Häminderivate, in Form des Atmungsferments oder der Cytochrome. Ebenso wie ein künstlich zugesetzter Farbstoff, befinden sich diese reversiblen Systeme unter der dauernden Einwirkung der trägen und irreversiblen Systeme in einem bestimmten Oxydations-Reduktionszustand. Greift man ein solches reversibles System heraus, so kann man ihm unter den Bedingungen der lebenden Zelle ein ganz bestimmtes Partialpotential zuschreiben, in üblicher Weise definiert durch eine für dieses System charakteristische Konstante und durch die Mengen der oxydierten und der reduzierten Form.

E. Schlußbetrachtungen.

Auf Grund der letzten Kapitel könnte man den Eindruck gewinnen, daß thermodynamisch definierbare Potentiale überhaupt keine Bedeutung für die Physiologie haben, da ja die in physiologischen Medien erhaltenen Potentiale alle nur als Grenzpotentiale aufgefaßt wurden. Das wäre aber eine Verkennung der Tatsachen. Ein Gleichnis wird das erläutern.

Eine Dampfmaschine, bestehend aus einem großen Dampfkessel als Wärmereservoir und einem großen Kondensator als Kältereservoir, einschließlich der dazwischen geschalteten Maschinenvorrichtung in Form von Zylinder, Kolben, Ventilen usw. ist, angenähert, eine reversibel wirkende Vorrichtung. Arbeitet die Maschine, so wird Wasser von gegebener, hoher Temperatur aus dem Kessel als Wasser von gegebener, niederer Temperatur in den Kondensator befördert. Wendet man gegen die Maschine Arbeit auf, so kann man das kalte Wasser des Kondensators als heißes Wasser in den Kessel zurückbringen. Von rein technisch unvermeidlichen Verlusten abgesehen, ist die Vorrichtung reversibel, und leistet einen Arbeitsbetrag, der als Unterschied in dem Niveau von freier Energie in dem warmen und dem kalten Wasser aufgefaßt werden kann.

Diese Reversibilität trifft aber nicht mehr zu, wenn man auch das Kohlenfeuer als einen Bestandteil der Maschine betrachtet. Die Verbrennung der Kohle wird auf keine Weise durch Arbeit gegen die Maschine rückgängig gemacht. Die irreversible Verbrennung der Kohle ist aber die notwendige Bedingung, um die Arbeitsfähigkeit der ganzen Maschine aufrecht zu erhalten. Reversibel arbeitende Vorrichtungen sind immer sehr ausgeklügelte Einrichtungen, zu deren Aufrechterhaltung man Energie zu verschwenden hat. Reversibel erscheint die Maschine nur, wenn man die Energiekosten der Aufrechterhaltung der Bedingungen für die Reversibilität nicht in die Bilanz der Maschine einrechnet.

Schlußbetrachtungen.

Die Dampfmaschine ist als reversible Maschine in den energetischen Prozeß der Verbrennung der Kohle eingeschaltet. Ein Teil derjenigen Wärmeenergie, welche bei offenem Kohlenfeuer irreversibel zerstreut worden wäre, wird dazu benutzt, um die Arbeitsfähigkeit einer reversibel arbeitenden Maschine aufrecht zu erhalten, und dieser Teil der Energie erscheint dann im Gewande einer Differenz von freier Energie.

Das Gleichnis mag nicht ganz angemessen erscheinen, weil die Zelle keine thermodynamische Maschine ist. Aber das gleiche gilt für eine isotherme reversible Maschine. Wenn ein hoher Wasserfall eine Dynamomaschine dreht, so ist die Arbeit nur dann reversibel, wenn man die Dynamomaschine und einen von ihm getriebenen Motor als das geschlossene System betrachtet. Die der Arbeitsleistung gleichwertige Gegenarbeit könnte aber das gefallene Wasser nicht auf seine ursprüngliche Höhe zurückheben. Von dem Energieinhalt des Wasserfalls ist ja nur die kinetische Energie des auf die Turbine stürzenden Wassers ausgenutzt worden, und diese ist nur ein kleiner Bruchteil der potentiellen Energie, die das Wasser an seiner Quelle oben auf dem Berge besaß.

Will man sich von der Muskelmaschine eine Vorstellung machen, so mag man folgende Hypothese einführen: Der Muskel besteht aus Molekeln von langer, kettenförmiger Beschaffenheit. Diese Ketten werden auf reversiblem Wege in kürzere und dickere Molekeln verwandelt, etwa indem Teile der Kette sich zu Ringen schließen. Dadurch tritt eine Kontraktion ein. Die Kontraktion geschieht dadurch, daß die gestreckte Molekel plötzlich einem starken und schnell wirkenden Reduktionsmittel ausgesetzt wird. Erschlaffung besteht darin, daß die kontrahierte Molekel allmählich wieder zur gestreckten oxydiert wird.

Mag der Elementarvorgang der Kontraktion nun so oder irgendwie anders sein, nur bei dem Elementarprozeß der Kontraktion werden wir Reversibilität erwarten und nur für ihn können wir mit dem Begriff der freien Energie oder eines wahren Redoxpotentials operieren. Die irreversible Verbrennung der Nahrungsstoffe durch den Sauerstoff hat ihre Analogie in dem Kohlenfeuer der Dampfmaschine oder in dem Wasserfall des Elektrizitätswerks.

Der Plan der weiteren Forschung muß sein, außer den irreversiblen Systemen auch die reversiblen Systeme der Zelle kennen zu lernen, von denen wir bisher nicht mehr als die dürftigsten Anfänge wissen. Jedenfalls offenbaren sich diese reversiblen Systeme nicht dadurch, daß man in das unentwirrbare Gemisch, welches das Protoplasma oder der Gewebssaft darstellt, eine Elektrode hineinsteckt. Und darum glaube ich, daß die Keime zu weiterer physiologischer Forschung viel mehr in den ersten Kapiteln dieses Buches enthalten sind, welche sich mit isolierten reversiblen chemischen Systemen beschäftigen und von vielen Physiologen als gar nicht zur Physiologie gehörig betrachtet werden mögen, als in den letzten, welche die bisherigen Anwendungen in den Laboratorien der Physiologen beschreiben.

Literaturverzeichnis.

ABEGG, R. und G. BODLÄNDER: Die Elektroaffinität, ein neues Prinzip der chemischen Systematik. Z. anorg. Chem. 20, 453 (1899).

AHLGREN, GUNNAR (1): Zur Kenntnis der tierischen Gewebsoxydation sowie ihrer Beeinflussung durch Insulin, Thyroxin und Hypophysenpräparate. Skand. Arch. Physiol. Berlin und Leipzig.) 47, Supplement (1925.) — (2): On the oxidation mechanism of the crystalline lens. Acta ophthalm. 5, 1 (1927).

ADAMS, ELLIOT QUINCY: Relations between the constants of dibusic acids and of amphoteric electrolytes. J. Amer. Chem. Soc. 38, 1503 (1916).

ALLES, G. A.: Siehe CONANT.

ANDREWS, J. C.: The optical activity of cysteine. J. Biol. Chem. 69, 209 (1926).

ANSON, M. L. and A. E. MIRSKY: Hemoglobin, the heme pigments and cellular respiration. Physiol. Reviews 10, 506 (1930).

ARENSON, ROLLER and BROWN: The reactive nature of aldehydes from the standpoint of the apparent electromotive force. J. Physic. Chem. 30, 620 (1926.)

AUBEL, E. et L. GENEVOIS (1): Sur l'oxydation de levulose en absence d'oxygene gazeuze. Soc. sci. Physiol. Bordeaux, 1926, 6. Mai. (2): Sur le potentiel d'oxydo-reduction de la levure, du B. coli et des milieux ou croissent ces microorganismes. C. r. Acad. Sci. 184, 1676 (1927).

AUBEL, E., L. GENEVOIS et R. WURMSER: Sur le potentiel apparent des solutions de sucres reducteurs. Ibid. 184, 407 (1927).

AUBEL, E., E. AUBERTIN et L. GENEVOIS: Sur le potentiel d'oxydoréduction de la levure, des anaérobies facultatifs, des anaérobies strictes, et des milieux où vivent ces organismes. Ann. de physiol. et physico-chemie biol. 5, 1 (1929).

AUBEL, E., E. AUBERTIN et P. MAURIAC: Sur le potentiel d'oxydo-reduction des cellules de mammifères. C. r. Soc. Biol. 98, 589 (1928).

AUBEL, E., P. MAURIAC et E. AUBERTIN: Sur le potentiel d'oxydoréduction et sur les vitesses des procès d'oxydo-réduction des cellules de mammifères. Ann. de physiol. et physico-chemie biol. 5, 310 (1929).

AUBEL, E. et R. LÉVY (1): Le potentiel d'oxydo-réduction dans les chenilles de Galleria mellonella. C. r. Soc. Biol. 101, 756 (1929).
— (2): Le potentiel limite d'oxydo-réduction dans les chenilles de Galleria mellonella. Ibid 104, 862 (1930).

AUBEL, E.: Siehe MAURIAC.

AUBERTIN, E. (1): Siehe AUBEL; (2): Siehe MAURIAC.
AUERBACH und R. LUTHER: Abh. dtsch. Bunsen-Ges. Halle. Bericht der Potentialkommission (1911, 1915).
BALL, ERIC G. and CLARK, W. MANSFIELD: Potentiometric studies on Epinephrine. Proc. Nat. Acad. Sciences, Washington, 17, 347 (1931)[1].
BAARS, ERNST und KARL KAYSER: Untersuchungen zur Überspannung des Wasserstoffs. Z. Elektrochem. 36, 428 (1930).
BAEYER, ADOLF: Untersuchungen über die Abkömmlinge des Triphenylcarbinol. Ann. d. Chem. 354, 152 (1907). Versuch zur Erklärung der Färbung der Anilin- und Aurinfarben. Ibid 354, 163 (1907).
BAKER, LILLIAN E: Siehe LA MER.
BANCROFF, WILDER D.: Über Oxydationsketten. Z. physik. Chem. 10, 387 (1892).
BARRON, E. S. GUZMAN (1): Studies on blood cell metabolism. III. Effect of methylene blue on the oxygen comsumption of the eggs of the sea urchin and starfish. J. Biol. Chem. 81, 445 (1929). — (2): Siehe FLEXNER, L. B. — (3): Siehe MICHAELIS.
BARRON, E. S. GUZMAN, L. B. FLEXNER and L. MICHAELIS: Oxidation-reduction systems of biological significance. III. Mechanism of the cysteine potential at the mercury electrode. J. Biol. Chem. 81, 743 (1929).
BATELLI, F. und L. STERN: Oxydation des p-Phenylendiamin durch die Tiergewebe. Biochem. Z. 46, 317 (1912.)
BEHRE, J. A.: Siehe BENEDICT.
BENEDICT, STANLEY R., E. B. NEWTON and J. A. BEHRE, A new sulfur containing compound (Thiasine) in the blood. J. Biol. Chem. 67, 267 (1926).
BENNETT, C. W. and J. G. THOMPSON: Overvoltage. J. Physic. Chem. 20, 296 (1916).
BENT, HENRY E.: The electron affinity of free radicals. II. Diphenylalpha naphthylmethyl, diphenylbiphenyl and phenylbiphenyl-alpha-naphthylmethyl. J. Amer. Chem. Soc. 53, 1786 (1931).
BENTSON, JOHANNES: Siehe BIILMANN.
BERG, NIELS: Siehe BIILMANN.
BIILMANN, EINAR (1): Sur l'hydrogenation des quinhydrones. Ann. Chémie 15, 109 (1921). — (2): Oxidation and reduction potentials of organic compounds. Trans. Faraday Soc. 19, 676 1923). — (3): L'électrode a quinhydrone et ses applications. Bull. Soc. Chim. de France (4) 41, 213 (1927). — (4): Siehe CULLEN.
BIILMANN, EINAR und JOHANNES BENTSON: Über Alloxoen und Alloxanthin. Ber. dtsch. chem. Ges. 51, 522 (1918).
BIILMANN, EINAR und NIELS BERG: Über die Reduktionspotentiale der Alloxanthine und über die Darstellung des Alloxane und Aloxanthine. Ber. dtsch. chem. Ges. 63, 2188 (1930).

---

[1] Dieses Zitat konnte erst während der Korrektur eingefügt werden. Sachlich gehört es etwa zu Kapitel 24. Die Arbeit konnte bedauerlicher Weise im Text nicht mehr berücksichtigt werden. Es sei deshalb besonders auf sie hingewiesen.

BIILMANN, EINAR and J. BLOM: Electrometric studies on azo- and hydrazo-compounds. Trans. chem. Soc. 125, 1719 (1924).
BIILMANN, EINAR und A. KLIT: Kolloidales Palladium als Katalysator in der Wasserstoffelektrode. Z. physik. Chem. (Cohen-Festband) 130, 566 (1927).
BIILMANN, EINAR et M. H. LUND (1): Sur l'électrode a quinhydrone. Ann. Chimie 16, 321 (1921). — (2): Sur le potentiel d'hydrogénation des alloxanthines. Ibid. 19, 137 (1923).
BIILMANN, EINAR, A. L. JENSEN and K. O. PEDERSON: Method of measuring the reducing potentials of quinhydrones. J. Chem. Soc. 127, 199 (1925).
BIILMANN, EINAR et H. G. MYGIND: Sur le potentiel d'hydrogenation de la diméthylalloxanthine. Bull. Soc. Chim. de France (4) 47, 532 (1930).
BJERRUM, N.: Die Konstitution der Ampholyte, besonders der Aminosäuren, und ihre Dissoziationskonstanten. Z. physik. Chem. 104, 147 (1923).
BLIX, GUNNAR: Über die Reduktion von Methylenblau in Hexose-Phosphatgemischen. Skand. Arch. f. Physiol. 50, 8 (1927).
BLOM, J.: Siehe BIILMANN.
BODANSKY, MEYER: The conversion of cyanide into thiocyanate in man and in alkaline solution of cystein. J. Pharmacol. and Exp. Therap. 37, 463 (1929).
BODLÄNDER, G.: Siehe ABBEGG.
BORSOOK, HENRY and SCHOTT, HERMANN T. (1): The free energy, beat and entropy of formation of l-malic acid. J. Biol. Chem. 92, 559 (1931). — (2): The ròle of the enzyme in the succinate-enzyme-fumarate equilibrium. J. Biol. Chem. 92, 535 (1931).
BOYD, ELDON M. a d GUILFORD B. REED. Gas-metal electrode potentials in sterile culture media for bacteria. Canad. J. of Research 4, 54 (1931).
BREDIG, G. (1): Über den Mechanismus der Oxydationsvorgänge. Ber. dtsch. chem. Ges. 47, 546 (1914). — (2): Über elektromotorische Kraft und chemisches Gleichgewicht. Nach Versuchen des Herrn KNÜPFER. Z. Elektrochemie 4, 544 (1898). — (3): Siehe GOLDSCHMIDT.
BRENZINGER, K.: Zur Kenntnis des Cystins und des Cysteins. Z. physiol. Chem. 16, 552 (1892).
BRÖNSTEDT, J. N.: Einige Bemerkungen über den Begriff der Säuren und Basen. Rec. Trav. chim. Pays-Bas 42, 718 (1923).
BROOKS-MOLDENHAUER, MATILDA (1): Studies on the permeability of living cel s. VI. The penetration of certain oxidation-reduction-indicators as influenced by p_H. Estimation of the r_H of Valonia. Amer. J. Physiol. 76, 360 (1926). — (2): Studies on permeability of living cells. XII. Further studies on penetration of oxidation-reduction indicators. Proc. Soc. Exp. Biol. and Med. 27, 508 (1930).
BRUNIUS, EDWARD: Siehe v. EULER.
BUGHER, JOHN C.: A quinhydrone-collodion electrode of special applicability in experimental pathology. Proc. Soc. Exp. Biol. and Med. 28, 51 (1930).

CALLOW, ANNE BARBARA and M. E. ROBINSON: The nitroprusside reaction of bacteria. Biochem. J. 19, 19 (1925).

CANNAN, ROBERT KEITH and GEORGE MAXWELL RICHARDSON: The Thiol-Disulphide System. Biochem. J. 23, 1242 (1929).

CANNAN, RORERT KEITH (1): Electrode Potentiels of Hermidin, the chromogen of Mercurialis perennis. Ibid 20, 927 (1926). — (2): Echinochrome. Ibid 21, 184 (1927). — (3): Siehe RICHARDSON. — (4): Siehe CLARK.

CANNAN, R. K. and B. C. J. G. KNIGHT: Dissociation constants of cystine, cysteine, thioglycollic acid and α-thiolactic acid. Biochem. J. 21, 1384 (1927).

CHAMBERS, ROBERT, BARNETT COHEN and HERBERT POLLACK: Intracellular oxidation-reduction studies. III. Permeability of Enchinoderm ova to indicators. J. Exp. Biol. 8, 1 (1931).

CHAMBERS, ROBERT, HERBERT POLLACK and BARNETT COHEN: Intracellular oxidation-reduction studies. II. Reduction potentials of marine ova as shown by indicators. Brit. J. Exp. Biol. 6, 229 (1929).

CHRISTIAN, WALTHER: Siehe WARBURG, O.

CLARK, W. MANSFIELD (1): Reduction potential in its relation to bacteriqlogy. Proc. Soc. Amer. Bacteriologists. Abstracts Bact. 4, 2 (1920). — (2): Life without oxygen. J. Washington Acad. Sci. 14, 123 (1924). — (3): Recent studies on reversible oxydation-reduction in organic systems. Chem. Rev. 2, 127 (1925). — (4): Determination of hydrogen ions. 3. Edition. Baltimore (1928). — (5): Studies on oxidation-reduction (Nr. 1—10 auch veröffentlicht als Bulletin Nr. 151, Hygienic Labor., Treasury Department, U. S. Publ. Health Service, Washington, D.C. 1928); (a) CLARC, W. M.: Introduction. Publ. Health Rep. 38, 443 (1923). Reprint Nr. 823; (b) CLARC, W. M. and BARNETT COHEN: An analysis of the theoretical relations between reduction potentials and p_H. Ibid. 38. 666 (1923). Reprint Nr. 826; (c) Electrode potentials of mixtures of 1-naphthol-2-sulfonic acid indophenol and the reduction product. Ibid. 38, 933 (1923). Reprint Nr. 834; (d) SULLIVAN, M. X., B. COHEN and W. M. CLARC: Electrode potentials of indigo sulphonates. Ibid. 38, 1669 (1923). Reprint Nr. 848; (e) COHEN, BARNETT, H. D. GIBBS and W. M. CLARK: Electrode potentials of simple indophenols, each in equilibrium with its reduction product. Ibid. 39, 381 (1924). Reprint Nr. 904; (f) A preliminary study of indophenols: (A) Dibromo substitution products of phenolindophenol; (B) substituted indophenols of orthotype; (C) Miscellaneous. Ibid. 39, 804 (1924). Reprint Nr. 915; (g) GIBBS, H. D., B. COHEN and R. K. CANNAN: A study of dichloro substitution products of phenol indophenol. Ibid. 40, 649 (1925). Reprint Nr. 1001; (h) CLARK, W. M., B. COHEN and H. D. GIBBS: Methylene blue. Ibid. 40, 1130 (1925). Reprint Nr. 1017; (i) A potentiometric and spectrophotometric study of meriquinones of the p-phenylene diamine and the benzidine series. Supplement Nr. 54 (1926) to the Publ. Health Rep.; (k) CANNAN, R. K., B. COHEN and W. M. CLARK: Reduction potentials in cell

suspensions. Supplement Nr. 55 (1926) to the Publ. Health Rep.; (1) PHILLIPS, MAX, W. M. CLARK and B. COHEN: Potentiometric and spectrophotometric studies of BINDSCHEDLER's Green and toluylene blue. Ibid. Supplement Nr. 61 (1927); (m) CLARK, W. M., B. COHEN and M. X. SULLIVAN: A note on the SCHARDINGER reaction (in reply to KODAMA). Ibid. Supplement Nr. 66 (1927).
CLARK, W. MANSFIELD and MARIE E. PERKINS: Studies on Oxidation-reduction. XVII. Neutral Red. J. Amer. Chem. Soc. 54, 1228 (1932).
CLARK, W. MANSFIELD, B. COHEN and R. K. CANNAN: An aspect of desinfection by halogens. Proc. Soc. Amer. Bacteriologists. Abstr. Bacter. 9, 9 (1924).
CLARK, W. MANSFIELD: Siehe BALL.
CLIFTON, C. E. and J. M. ORT: Active Glucose. J. Phys. Chem. 34, 855 (1930).
COHEN, BARNETT (1): Siehe W. M. CLARK; (2): Siehe W. L. HALL; (3): Siehe CHAMBERS.
COHEN, BARNETT, ROBERT CHAMBERS and PAUL REZNIKOFF: Intracellular oxidation-reduction studies. I. Reduction potentials of Amoeba dubia by microinjection of indicators. J. Gen. Physiol. 11, 585 (1928).
COHEN, BARNETT and PAUL W. PREISLER: Studies on oxidation-reduction. XVI. The Oxazines: Nile blue, brilliant cresyl blue, methyl- and ethyl- Capri blue. Publ. Health Rep. Suppl. Nr. 92, 67p. (1931).
COHN, EDWIN J.: The dissociation constant of acetic acid and the activity coefficients of the ions in certain acetate solutions. J. Amer. Chem. Soc. 50, 696 (1928).
CONANT, J. B.: An electrochemical study of hemoglobin. J. Biol. Chem. 57, 401 (1923). — (2): The irreversible reduction of organic compounds. J. Amer. Chem. Soc. 49, 1083 (1927). — (3): The electrochemical formulation of the irreversible reduction and oxidation of organic compounds. Chem. Rev. 3, 1 (1927).
CONANT, J. B., G. A. ALLES and C. O. TONGBERG: Electrometric titration of hemin and hematin. J. of Biol. Chem. 79, 80 (1928).
CONANT, J. B. and H. B. CUTTER: Catalytic hydrogenation and the potential of the hydrogen electrode. Ibid. 44, 2651 (1922). — (2): Irreversible reduction and catalytic hydrogenation. J. Physic. Chem. 28, 1096 (1924). — (3): The irreversible reduction of organic compounds. II. The dimolecular reduction of carbonyl compounds by Vanadous and Chromous salts. J. Amer. Chem. Soc. 48, 1016 (1926).
CONANT, J. B. and L. F. FIESER (1): Reduction potentials of quinones. I. The effect of the solvent on the potentials of certain benzoquinones. J. Amer. Chem. Soc. 45, 2194 (1923). — (2): Reduction potentials of quinones. II. The potentials of certain derivatives of benzoquinone, naphthoquinone and anthraquinone. Ibid. 46, 1858 (1924). — (3): Methemoglobin. J. of Biol. Chem. 62, 595 (1925).
CONANT, J. B., H. M. KAHN, L. F. FIESER and S. S. KURTZ, Jr.: An electrochemical study of the reversible reduction of organic compounds. J. Amer. Chem. Soc. 44, 1382 (1922).

CONANT, J. B. and R. E. LUTZ: An electrochemical method of studying irreversible organic reduction. Ibid. 45, 1047 (1923).

CONANT, J. B. and MALCOLM F. PRATT: The irreversible reduction of organic compounds. III. The reduction of the azo dyes. Ibid 48, 2468 (1926).

CONANT, J. B. and A. SCOTT: Spectrophotometric study of certain equilibria involving oxidation of hemoglobin to methemoglobin. J. of Biol. Chem. 76, 207 (1928).

CONANT, J. B., L. F. SMALL and B. S. TAYLOR: The electrochemical reaction of free radicals to halochromic salts. J. Amer. Chem. Soc. 47, 1959 (1925).

CONANT. J. B. and C. O. TONBERG: The oxidation-reduction potentials of hemin and related substances. I. The potential of various hemins and hematins in the absence and presence of pyridine. J. Biol. Chem. 86, 733 (1930).

COOK, S. F., The effect of iron, copper and manganese on the respiration of yeast. Univ. Calif. Publ. Physiol. 7, 223 (1930).

COULTER, C. B.: Reduction intensity of sterile bouillon: Dye reduction controlled by electrode measurements. Proc. Soc. Exp. Biol. and Med. 27, 397 (1930).

COULTER, CALVIN B. and FLORENCE M. STONE: The occurrence of porphyrins in cultures of C. diphtheriae. J. Gen. Physiol. 14, 583 (1931).

CULLEN, G. E. and E. BIILMANN: The use of the quinhydrone electrode for hydrion concentration determination on serum. J. Biol. Chem. 64, 727 (1925).

CUTTER, H. B.: Siehe CONANT.

DAVIDSON, DAVID: Oxidation-reduction potentials of the pentacyanoferroates. J. Amer. Chem. Soc. 50, 2622 (1928).

DIXON, MALCOLM (1): Studies in Xanthine Oxidase. VII. The specificity of the system. Biochem. J. 20, 703 (1926). — (2): On the mechanism of oxidation-reduction potential. Proc. Roy. Soc. London B 101, 57 (1927). — (3): Oxidation mechanism in animal tissues. Biol. Rev. 4, 352 (1929). — (4): Siehe MELDRUM, N. U. — (5): Siehe HOPKINS.

DIXON, MALCOLM and KENNETH ALLAN CALDWELL ELLIOTT: The effect of cyanide on the respiration of animal tissues. Biochem. J. 23, 812 (1929).

DIXON, MALCOLM and JUDA HIRSCH QUASTEL: A new type of reduction-oxidation system. J. Chem. Soc. 123, 2943 (1923).

DIXON, MALCOLM and H. E. TUNNICLIFFE (1): The oxidation of reduced glutathione and other sulfhydril compounds. Proc. Roy. Soc. London B. 94, 266 (1922). — (2): On the reducing power of glutathione and cysteine. Biochem. J. 21, 844 (1927).

DREW, A. H.: The comparative oxygen avidity of normal and malignant cells measured by their reducing powers of methylene blue. Brit. J. exp. Path. 1, 115 (1920).

DRISSEN, E. M.: Siehe WILLIAMS.

DUBOS RENE (1): The bacteriostatic action of certain components of commercial peptones as affected by conditions of oxidation and reduction. J. Exp. Med. **52**, 331 (1930). — (2): The rôle of carbohydrates in biological oxidations and reductions. Experiments with pneumococcus. Ibid. **50**, 143 (1929). — (3): Observations on the oxidation-reduction properties of sterile bacteriological media. Ibid. **49**, 507 (1929).
DYER, HELEN A.: Siehe VOEGTLIN.

EAGLES, B. A.: Biochemistry of sulfur. II. The isolation of Ergothioneine from ergot of rye. J. Amer. Chem. Soc. **50**, 1386 (1928).
EHRLICH, PAUL: Das Sauerstoffbedürfnis der Zelle. Berlin 1883.
ELEMA, BENE: De Bepaling de Oxydatie-Reductiepotentiaal in Bacteriencultures en have beteckenis voor de Stofwisseling. Proefschrift, Delft, (1932).
ELEMA, BENE and A. C. SANDERS: Studies on the oxidation-reduction of pyocyanine. Part I. The biochemical preparation of pyocyanine. Part II. Redox potentials of pyocyanine. Rec. des Trav. Chim. des Pays-Bas **50** (4. Serie, Vol. 12) 796 and 807 (1931).
ELIMOFF, W. W., N. J. NEKRASSOW and ALEXANDRA ELIMOFF: Die Einwirkung des Oxydationspotentials und der H-Ionenkonzentration auf die Vermehrung der Protozoen und Abwechslung ihrer Arten. Biochem. Z. **197**, 105 (1928).
ELLIOTT, KENNETH ALLEN CALDWELL (1): On the catalysis of the oxidation of cysteine and thioglycollic acid by iron and copper. Biochem. J. **24**, No. 2, 310—326 (1936). — (2): Note on the reduction of the disulphide group by enzyme systems. Ibid. **22**, No. 6, 1410—1412 (1928). — (3): Siehe DIXON.
v. EULER, HANS und EDWARD BRUNIUS: Über die Geschwindigkeit der Oxidation des Hydrochinons durch Sauerstoff. Z. physik. Chem., Haber-Band, **139**, S. 615 (1928).
v. EULER, HANS, F. FINK und H. HELLSTRÖM: Über das Cytochrom der Hefezellen. II. Z. physiol. Chem. **169**, 10 (1927).
v. EULER, HANS und A. ÖLANDER: Über die katalytische Beschleunigung der Oxydoreduktion Ameisensäure-Methylenblau. Z. physik. Chem. (A) **137**, 29 (1928).
EULER, KARL: Siehe GOLDSCHMIDT.

FIELD, SALLY M. and JOHN FIELD, II: Effect of oxidation-reduction potential on some enzymic reactions. Proc. Soc. Exp. Biol. and Med. **28**, 154 (1930).
FIESER, LOUIS F. (1): Reduction products of naphthacenequinone. J. Amer. Chem. Soc. **52**, 2329 (1931). — (2): An indirect method of studying the oxidation-reduction potentials of unstable systems, including those of the phenols and amines. Ibid. **52**, 5204 (1930). — (3): The potentials of some unstable oxidation-reduction systems. Ibid. **52**, 4915 (1930). — (4): Siehe CONANT.

FILDES, P. (1): The positive limit of oxidation-reduction potential required for the germination of spores B. tetani in vitro. Brit. J. Exp. Path., 10, 151 (1929). — (2): The oxidation-reduction potential of the subcutaneous tissue fluid of the guinea pig; its effect on infection. Ibid. 10, 197 (1929).
FINK, H.: Siehe v. EULER.
FLEISCH, ALFRED: Some oxidation processes of normal and cancer tissues. Biochem. J. 18, 294 (1924).
FLEXNER, LOUIS B. and E. S. GUZMANN BARRON: Oxidation-reduction potentials at carbon and Tungsten electrodes. J. Amer. Chem. Soc. 52, 2773 (1930).
FLEXNER, LOUIS B.: Siehe BARRON.
FODOR, A. und R. SCHOENFELD: Darstellung und Eigenschaften wässeriger Carotinlösungen. Biochem. Z. 233, 243 (1931).
FRANKE, WILHELM (1): Über die Festigkeit von Eisenkomplexen. Liebigs Ann., 475, 37 (1929). — (2): Über das Gleichgewicht im System Fe^{III} Hydrochinon. Ibid. 480, 1 (1930). — (3): Siehe WIELAND.
FRANKFURTER, F.: Siehe PUMMERER.
FREDENHAGEN, CARL: Zur Theorie der Oxydations- und Reduktionsketten. Z. anorg. Chem. 29, 396 (1902).
FRIEDHEIM, E. A. H.: Pyocyanine, an accessory respiratory enzyme. J. Exp. Med. 54, 207 (1931). — (2): Siehe MICHAELIS.
FRIEDHEIM, E. A. H. and L. MICHAELIS: Potentiometric study of pyocyanine. J. Biol. Chem., 91, 355 (1931).
FRIEDMANN, E.: Beiträge zur Kenntnis der physiologischen Beziehungen der schwefelhaltigen Eiweißabkömmlinge. 1. Mitt. Über die Konstitution des Cystins. Hofmeisters Beitr. 3, 1 (1902), s. auch daselbst S. 184.

GELOSO, JEAN: Siehe WURMSER.
GENEVOIS, L.: Siehe ÄUBEL.
GIBBS, H. D.: Siehe CLARK.
GILLESPIE, LOUIS J.: Reduction potentials of bacterial cultures and of water logged soils. Soil Sci. 9, 199 (1920).
GILLESPIE, LOUIS J. and TSUN HSIEN LIU: The reputed dehydrogenation of hydroquinone by Palladium black. J. Amer. Chem. Soc. 53, 3969 (1931).
GIRARDET: Siehe LASSEUR.
GOARD, ARTHUR KENNETH and ERIC KEIGHTLEY RIDEAL (1): Investigation of reduction potential of five reducing sugars. Proc. roy. Soc. London A, 105, 135 (1924). — (2): Catalytic and induced reactions. Part I, Catalytic and induced oxidation in the presence of salts of cerium. Ibid. A, 105, 135 (1924). — Part II, Catalytic and induced oxidation in the presence of salts of iron. Ibid. A, 105, 148 (1924). — (3): On the measurement of certain "inaccessible" potentials with a controlled oxygen electrode. Transact. Faraday Soc. 19, 740 (1923).
GOLDSCHMIDT, STEFAN (1): Über zweiwertigen Stickstoff. Das Triphenylhydrazyl. Ber. dtsch. chem. Ges. 53, 44 (1920). — (2): Über Hydrazyle. Ann. Chem. 437, 194 (1924).

GOLDSCHMIDT, STEFAN und KARL EULER: Zweiwertiger Stickstoff. Über Diaryl-acyl-hydrazyle. Ber. dtsch. chem. Ges. 55, 616 (1922).
GOLDSCHMIDT, STEFAN und KONRAD RENN: Über das α, α-diphenyl-β-trinitrophenyl-hydrazyl. Ibid. 55, 628 (1922).
GOLDSCHMIDT, STEFAN und WALTER SCHMIDT: Einwertiger Sauerstoff. II. Über Phenanthroxyle. Ibid. 55, 3197 (1922).
GOLDSCHMIDT, STEFAN und CHRIST. STEIGERWALD: Einwertiger Sauerstoff. III. 9-Chlor-10-Phenanthroxyl. Ann. Chem. 438, 202 (1924).
GOLDSCHMIDT, STEFAN, ADOLF VOGT und MAX ALBERT BREDIG: Einwertiger Sauerstoff. IV. Ibid. 445, 123 (1925).
GOLDSCHMIDT, STEFAN und BERNHARD WURZSCHMITT: Radikale als Zwischenstufen bei chemischen Reaktionen. Ber. dtsch. chem. Ges. 55, 3216 (1922).

HAAS, PAUL and TH. G. HILL (1): Observations of certain reducing and oxidizing reactions in milk. Biochem. J. 17, 671 (1923). — (2): Mercurialis. I. The development of a blue pigment on drying. Ibid. 19, 233 (1925), siehe auch: Ann. Bot. 39, 861; 40, 709. — (3): Mercurialis. II. The occurrence of a chromogen showing a remarkable avidity for free oxygen. Biochem. J. 19, 236 (1925).
HABER, FRITZ: Zeitgrößen der Komplexbildung, Komplexkonstanten und atomistische Dimensionen. Z. Elektrochem. 10, 433 (1904). — (2): Bemerkungen über Elektrodenpotentiale. Ibid. 7, 1043 (1901). - (3): Nachweis und Fällung der Ferroionen in der wässerigen Lösung des Ferrocyankalismus. Ibid. 11, 846 (1905).
HABER, FRITZ und R. RUSS: Über die elektrische Reduktion. Z. physik. Chem. 47, 257 (1904).
HALL, WALLACE L., PAUL W. PREISSLER and BARNETT COHEN: Studies on Oxidation-reduction. XIV. Equilibrium potentials of 2, 6 dibromobenzenoneindophenol-2' sulfonate, sodium etc. Publ. Health Rep., Supplement No. 71 (1929).
HANDOVSKY, HANS: Some observations on the oxidation of phenols by tissues and the significance of surfaces for biological oxidation. Biochem. J. 20, 1114 (1926).
HARDEN, A. and R. V. NORRIS: The enzymes of washed zymin and dried yeast (LEBEDEFF). II. Reductase. Ibid. 8, 100 (1914).
HARRISON, D. C. and J. H. QUASTEL: The reduction potential of cysteine. Ibid. 22, 683 (1928).
HARVEY, E. NEWTON: The oxidation reduction potential of the Luciferin-Oxyluciferin System. J. of Gen. Physiol. 10, 385 (1926).
HASTINGS, E. G.: Siehe THORNTON.
HEINLEIN, H.: Die Oxydation maligner Tumoren. Z. f. Krebsforschung 30, 506 (1930).
HELLER, GUSTAV (1): Über die einfachsten Indophenole und Indamine. Ann. of Chem. 392, 16 (1912). — (2): Über Indophenole und Indamine. II. Ibid. 418, 259 (1919).
HELLSTRÖM, H.: Siehe v. EULER.

v. HERASYMENKO, P.: Die Reduktionspotentiale der Malein- und Fumarsäure an einer tropfenden Quecksilberelektrode. Z. Elektrochem. 34, 74 (1928).

HEWITT, LESLIE FRANK (1): Oxidation-reduction potentials of cultures of haemolytic streptococci. Biochem. J. 24, 512 (1930). — (2): Oxidation-reduction potentials of cultures of C. diphtheriae. I. Ibid. 24, 669 (1930). — (3): Oxidation-reduction potentials of staphylococcal cultures. I. Ibid. 24, 676 (1930). — (4): Oxidation-reduction potentials of pneumococcus cultures. I. Ibid. 24, 1551 (1930). — (5): Oxidation-Reduction-Potentials in Bacteriology and Biochemistry. London 1931.

HEYROVSKY, J. (1): Electrolysis with a dropping mercury cathode. Part I. Deposition of alkali and alkaline earth metals. Philos. Mag. 45, 303 (1923). — (2): Processes at the mercury-dropping cathode. Trans. Faraday Soc. 19, 692 (1924). — (3): Sur l'électrolyse avec la cathode à gouttes de mercure. C. r. Acad. Sci. 179, 1044 (1924). — (4): Applications de la méthode d'électrolyse avec la cathode à gouttes de mercure. Ibid. 179, 1267 (1924). — (5): Researches with the dropping mercury cathode. Part I. General Introduction. Rec. Trav. Chim. Pays-Bas 44, 488 (1925). — (6): Sur la méthode analytique d'électrolyse avec la cathode à gouttes de mercure. Bull. Soc. de Chim. France 41, 1224 (1927).

HEYROVSKY, J. and M. SHIKATA: Researches with the dropping mercury cathode. Part II. The Polarograph. Rec. Trav. Chim. Pays-Bas 44, 496 (1925).

HIBBERT, E : Siehe KNECHT.

HILL, A. V. und OTTO MEYERHOFF: Über die Vorgänge bei der Muskelkontraktion. Erg. Physiol. 22, 290 (1923).

HILL, R.: Reduced haematin and haemochromogen. Proc. Roy. Soc. London, B, 105, 112 (1929).

HILL, TH. G.: Siehe HAAS.

VAN'T HOFF, J. H. (1): Die Gesetze des chemischen Gleichgewichts. Kgl. Schwed. Akad. d. Wissenschaften (Okt. 14, 1885), Band 21, Nr. 17. Übersetzung von Georg Bredig, in Ostwald's Klassiker der exakten Wissenschaften, Nr. 110, Leipzig (1900). — (2): a) Svensk Vetensk. Akad. Handlinger 21, Nr. 17 (1886); b) Lois d'équilibre, S. 50; c) Ostwald's Klassiker, Nr. 110.

HOLST, JAMES E.: Siehe KENDALL.

HOPKINS, FREDERICK GOWLAND (1): On an autoxidisable constituent of the cell. Biochem. J. 15, 286 (1921). — (2): On current views concerning the mechanismus of biological oxidation. (Eröffnungsrede zum Internat. Kongreß für Physiologie, Stockholm.) Skand. Arch. Physiol. (Berlin und Leipzig) 49, 33 (1926). — (3): On glutathione: a reinvestigation. J. Biol. Chem. 84, 269 (1929).

HOPKINS, FREDERICK GOWLAND and M. DIXON: On glutathione: a thermostable oxidation-reduction system. J. of Biol. Chem. 54, 527 (1922).

IRWIN, MARIAN: On the nature of the dye penetrating the vacuole from solutions of methylene blue. J. of Gen. Physiol. 10, 927 (1927).

ISSAKOWA-KEO, M. M.: Siehe PAWLOW.
ITO, S.: Studien über das Cytochrom. Trans. Jap. Path. Soc. 20, 360 (1930).

JENSEN, A. L.: Siehe BIILMANN.
JOHNSON, J. M.: Siehe VOEGTLIN.

KAHN, H. M.: Siehe CONANT.
KAKINUMA, K.: Siehe MICHAELIS.
KAYSER, CARL: Siehe BAARS.
KEILIN, D. (1): On cytochrome, a respiratory pigment, common to animals, yeast and higher plants. Proc. Roy. Soc., London, B, 98, 312 (1925). — (2): Comparative study of Turacin and Haematin and its bearing on cytochrome. Ibid. 100, B, 129 (1926). — (3): Cytochrome and respiratory enzymes. Ibid. B, 104, 206 (1929). — (4): Cytochrome and intracellular oxidase. Ibid. B, 106, 418 (1930).
KENDALL, EDWARD C. and JAMES E. HOLST: The oxidation of cobaltous cysteine. J. Biol. Chem. 91, 435 (1931).
KENDALL, EDWARD C. and D. F. LOEWEN: The reducing power of cysteine. Biochem. J. 22. 649 (1928).
KENDALL, EDWARD C. and H. L. MASON: A study of glutathione: Its preparation, chemical properties, and quantitative determination in the tissues. Amer. J. Physiol. 90, 409 (1929).
KENDALL, EDWARD C., H. L. MASON and B. F. MCKENZIE: A study of glutathione: IV. Determination of the structure of glutathione. J. Biol. Chem. 88, 409 (1930).
KENDALL, EDWARD C. and F. F. NORD: Reversible oxidation-reduction of cysteine-cystine and reduced and oxidized glutathione. Ibid. 69, 295 (1926).
KLIT, A.: Siehe BIILMANN.
KNECHT, E. and E. HIBBERT: New reduction methods in volumetric analysis, with additions. London: Longmans, Green & Co. 1918.
KNIGHT, BERT C. J. G. (1): Oxidation-reduction studies in relation to bacterial growth. I. Oxidation-reduction potential of sterile meat broth. Biochem. J. 24, 1066 (1930). II. Method of poising the oxidation-reduction potential of bacteriological culture media. Ibid. 24, 1075 (1930). (2): Siehe CANNAN.
KNOP, J.: Über die Oxydations-Reduktions-Indikatoren der Triarylmethangruppe. Z. f. anal. Chemie 85, 253 (1931).
KOBOSEW, N. and N. J. NEKRASSOW: Bildung freier Wasserstoffatome bei Kathodenpolarisation der Metalle. Z. f. Elektrochem. 36, 529 (1930).
KODAMA, S.: Studies on xanthine oxidase. The oxidation-reduction potential of the oxidase system. Biochem. J. 20, 1094 (1926).
KOLTHOFF, J. M.: Die kolometrische und potentiometrische p_H-Bestimmung. Berlin 1932.
KUBOWITZ, FRITZ: Siehe WARBURG.
KURTZ, S. S. JR.: Siehe CONANT,

LAAR, C. (1): Über die Möglichkeit mehrerer Strukturformeln für dieselbe chemische Verbindung. Ber. dtsch. chem. Ges. 18, 648 (1885). — (2): Über die Hypothese der wechselnden Bindung. Ibid. 19, 730 (1886).

LA MER, VICTOR K. and LILLIAN E. BAKER: The effect of substitution on the free energy of oxidation-reduction reactions. I. Benzoquinone derivatives. J. Amer. Chem. Soc. 44, 1954 (1922).

LA MER, VICTOR K. and T. R. PARSONS: The application of the quinhydrone electrode to electrometric acid-base titrations in the presence of air and the factors limiting its use in alkaline solutions. J. of Biol. Chem. 57, 613 (1923).

LA MER, VICTOR K. and E. K. RIDEAL: The influence of hydrogen ion concentration on the auto-oxidation of hydrequinone. A note on the stability of the quinhydrone electrode. J. Amer. Chem. Soc. 46, 223 (1924).

LANGMUIR, IRVING, Electrochemical interactions of tungsten, caesium and oxygen. Chandler lecture, Columbia University Press, New York (1930).

LASSEUR, PH. and F. GIRARDET: Contribution à l'étude des pigments microbiens. (Wahrscheinlich 1922 oder später, ohne Datum. Ohne Angabe des Verlegers.) Travail du Lab. de microbiologie de la faculte de Pharmacie, Nancy.

LASSEUR, A. PHILIPPE: Contribution à l'étude de Bacillus chlororaphis. G. et S. Thèse. Nancy 1911.

LATIMER, W. M.: The repulsion of atomic kernels as a factor in organic rearrangements. J. Amer. Chem. Soc. 51, 3185 (1929).

LATIMER, W. M. and C. W. PORTER: The polarities and the orienting influences of substitutes in the benzene ring. J. Amer. Chem. Soc. 52, 206 (1930).

LEBLANC, MAX: Lehrbuch der Elektrochemie. 9. u. 10. Aufl. Leipzig 1922.

LECHER, H.: Siehe WIELAND.

LEHMANN, JÖRGEN (1): Zur Kenntnis biologischer Oxydations-Reduktionspotentiale. Skand. Arch. f. Physiol. 58, 173 (1930). — (2): Studien über die Methylenblaumethode für Untersuchung biologischer Dehydrizierungen. II. Versuche über die Herstellung von Succinodehydrogenaselösungen und die Prüfung ihrer Aktivitäten. Skand. Arch. f. Physiol. 58, 45 (1929).

LEPPER, E. and C. J. MARTIN: The oxidation-reduction-potential of cooked meat media. Brit. J. Exp. Path. 11, 137 (1930).

LEVY, R.: Siehe AUBEL.

LEWIS, G. N.: Valence and the Structure of Molecules. Monograph of the Am. Chem. Soc. 1916.

LINDENSTRÖM-LANG, K.: Siehe SÖRENSEN.

LIU, TSUN HSIEN: Siehe GILLESPIE.

LOEWEN, D. F.: Siehe KENDALL.

LOWRY, T. M.: Static and dynamic isomerism in prototrobic compounds. Chem. Rev. 4, 231 (1927).

LÜERS, H. und J. MENGELE: Phytochemische Reduktion der Chinone. Biochem. Z. 179, 238 (1926).

LUND, M. H.: Siehe BIILMANN.
LUTHER, R. (1): Zur Technik der Bestimmung von Potentialen mit unangreifbaren Elektroden. Z. Elektrochem. 13, 289 (1907). — (2): Elektromotorisches Verhalten von Stoffen mit mehreren Oxydationsstufen. Z. physik. Chem. 34, 488 (1900). — (3): Über das elektromotorische Verhalten von Stoffen mit mehreren Oxydationsstufen. Ibid. 36, 385 (1901). — (4): Siehe AUERBACH.
LUTZ, R. E.: Siehe CONANT.

MACMUNN, C. A.: Contribution to animal chromatology. Quart. J. Microsc. Sci. 30, 51 (1890).
MARTIN, C. J.: Siehe LEPPER.
MASON, H. L.: Siehe KENDALL.
MATHEWS, A. P. and S. WALKER (1): The spontaneous oxidation of cystein. J. Biol. Chem. 6, 21 (1909). — (2): The action of cyanides and nitriles on the spontaneous oxidation of cystein. Ibid. 6, 29 (1909).
MAURIAC, P., AUBERTIN, E. and E. AUBEL: Velocity of oxido-reduction processes in cells of normal adult mammalian tissues. C. R. Soc. Biol. 98, 959 (1928).
MAYER, N.: Sur le potentiel des solutions de glucides. C. R. Acad. Sc. 189, 319 (1929).
MCCLENDON, J. F.: Echinochrome, a red substance in sea urchins. J. Biol. Chem. 11, 435 (1912).
MCKENZIE, B. F.: Siehe KENDALL.
MELDRUM, NORMAN URQUHART and MALCOLM DIXON: The properties of pure glutathione. Biochem. J. 24, 472 (1930).
MENGELE, J.: Siehe LÜERS.
MEYERHOF, OTTO (1): Atmung und Anaerobiose des Muskels. Handbuch d. Physiol. (Bethe) 8, 476 (1925). — (2): Die chemischen und energetischen Verhältnisse bei der Muskelarbeit. Erg. Physiol. 22, 328 (1923). — (3): Thermodynamik des Lebensprozesses. Handbuch d. Physik 11, 238 (1926); Berlin, H. Geiger und K. Scheel. — (4): Untersuchungen zur Atmung getöteter Zellen. 1. Mitteilung: Wirkung des Methylenblaus auf die Atmung lebender und getöteter Staphylokokken nebst Bemerkungen über den Einfluß des Milieus, der Blausäure und Narkotika. Pflügers Arch. 169, 87 (1917). — (5): Untersuchungen zur Atmung getöteter Zellen. 2. Mitteilung: Der Oxydationsvorgang in getöteter Hefe und Hefeextrakt. Ebenda 170, 367 (1918). 3. Mitteilung: Die Atmungserregung in gewaschener Acetonhefe und im Ultrafiltrationsrückstand von Hefemazerationssaft. Ebenda 170, 428 (1918). — (6): Recent investigations on the aerobic and anaerobic metabolism of carbohydrates. J. Gen. Physiol. 8, 531 (1927). — (7): Siehe A. V. HILL.
MICHAELIS, L. (1): Die vitale Färbung, eine Darstellungsmethode der Zellgranula. Arch. mikrosk. Anat. 55, 558 (1900). — (2): Ehrlichs farbenanalytische Studien. Paul Ehrlich Festschrift (1914). — (3): Die Wasserstoffionenkonzentration. Berlin 1914, 1922. — (4): A potentiometric study of Wurster's red and blue. J. Amer. Chem. Soc. 53, 2953 (1931). —

(5): The formation of semiquinones as intermediary reduction products from pyocyanine and some other dyestuffs. J. Biol. Chem. **92**, 211 (1931). — (6): Die Existenz wahrer Semichinone. Naturwissenschaften, Heft **22**, 461 (1931). — (7): Siehe FRIEDHEIM. — (8): Siehe BARRON. — (9): Ein Reduktionsindikator im Bereich der Wasserstoffüberspannung. Biochem. Z. **250**, 564 (1932).

MICHAELIS, L. and E. S. G. BARRON: Oxidation reduction systems of biological significance. II. Reducing effect of cysteine induced by free metals. Ibid. **81**, 29 (1929).

MICHAELIS, L. and LOUIS B. FLEXNER: Oxidation reduction systems of biological significance. I. The reduction potential of cysteine. J. Biol. Chem. **79**, 689 (1928).

MICHAELIS, L. and E. FRIEDHEIM: Potentiometric studies on complex iron systems. J. Biol. Chem. **91**, 343 (1931).

MICHAELIS, L., E. S. HILL und M. P. SCHUBERT: Die reversible zweistufige Reduktion von Pyocyanin und α-Oxyphenazin. Biochem. Z. **255**, 66.

MICHAELIS, L. und K. KAKINUMA: Einige elektrometrische Eichungen mit Berücksichtigung der Ionenaktivität. Biochem. Z. **141**, 394 (1923).

MICHAELIS, L. und M. MIZUTANI: Die Dissoziation der schwachen Elektrolyte in wässerig-alkoholischen Lösungen. Z. physik. Chem. **116**, 135 (1925).

MIRSKY, A. E.: Siehe M. L. ANSON.

MISLOWITZER, E. (1): Zur H-Ionenmessung mit Chinhydron. Biochem. Z. **159**, 72 u. 77 (1925). — (2): Messung des p_H von Plasma, Serum und Blut mit der Chinhydronmethode. Klin. Wschr. **5**, 1863 (1926).

MYGIND, H. G.: Siehe BIILMANN.

NAKASHIMA, M.: Über das Oxydations-Reduktionspotential der Netzhaut. Bericht über die 47. Zusammenkunft d. dtsch. ophthalm. Gesellschaft, Heidelberg (1928).

NEEDHAM, J. and D. M. NEEDHAM (1): The hydrogen ion concentration and the oxidation-reduction potential of the cell interior. Proc. Roy. Soc. London B, **98**, 259 (1925). — (2): Les effects de la fecondation sur la concentration des ions hydrogene et le potentiel d'oxydation-reduction dans les œufs marins. C. r. Soc. Biol. **93**, 503 (1925). — (3): The oxidation reduction potential of protoplasm. A. Review. Protoplasma, **1**, 255 (1926).

NEGELEIN, E.: Siehe WARBURG.

NEKROSSOW, N.: Die Rolle der indifferenten Elektrode in wässerigen Lösungen, die keine spezifischen Oxydations-Reduktionsstoffe enthalten. Z. f. Elektrochemie **38**, 186 (1932). — (2): Siehe ELIMOFF. — (3): Siehe KOBOSEW.

NEUMANN, BERNHARD: Über das Potential des Wasserstoffs und einiger Metalle. Z. physik. Chem. **14**, 193 (1894); vergl. daselbst S. 226.

NEWTON, E. B:: Siehe BENEDICT.

NORD, F. F. (1): Influence of heat and hydrogen ion concentration on biological transportation systems containing sulfur. J. physic. Chem. 31, 867 (1927). — (2): Siehe KENDALL.
NORRIS, R. V.: Siehe HARDEN.

ÖLANDER, A.: Siehe v. EULER.
OPPENHEIMER, CARL (1): Die Fermente und ihre Wirkungen. 5. Auflage, Leipzig 1924 (s. bes. Kapitel). — (2): Der Mensch als Kraftmaschine. Leipzig 1921. — (3): Energetik der lebenden Substanz. Oppenheimers Handb. d. Biochem. 2. Aufl. 2, Jena 1924.
ORT, JOHN M. (1): Apparatus for determination of oxidation-reduction potentials. J. Opt. Soc. Amer. 13, 603 (1926). — (2): Active glucose. Proc. Amer. Soc. Biol. Chem. 24th Ann. Meeting, p. 34 (1930). — (3): Siehe CLIFTON.

PARSONS, T. R.: Siehe LA MER.
PATTEN, A. J.: Einige Bemerkungen über das Cystin. Z. physiol. Chem. 39, 350 (1903).
PAWLOW, V. A. und N. M. ISSAKOWA-KEO: Studien über Redoxpotentiale in biologischen Systemen. Redoxpotentiale im Hühnerei und während der Entwicklung. Biochem. Z. 216, 19 (1929).
PEDERSON, K. O.: Siehe BILMANN.
PERKINS, MARIE E.: Siehe CLARK, W. MANSFIELD.
PETERS, RUDOLF: Über Oxydations- und Reduktionsketten und den Einfluß komplexer Ionen auf ihre elektromotorische Kraft. Z. physik. Chem. 26, 193 (1898).
PHILLIPS, M.: Siehe CLARK.
PICCARD, JEAN (1): Über die auxochrome Wirkung der Amidogruppe und der Amidophenylgruppe. Ber. dtsch. chem. Ges. 42, 4332 (1909). — (2): Über eine Reaktion auf mehrwertige Säuren und über eine neue Reaktion auf Titan. Ibid. 42, 4341 (1909). — (3): Siehe WILLSTÄTTER.
POLLACK, HERBERT: Siehe CHAMBERS.
PORTER, C. W.: Siehe LATIMER.
PREISLER, PAUL W. (1): Electrometric reduction potentials of sugars. J. of Biol. Chem. 74, (1927). — (2): Kinetics of the reduction of cystine and related dithio acids by reversible oxidation-reduction systems. Ibid. 87, 767 (1930). — (3): Oxidation-reduction potentials and the possible respiratory significance of the pigment of the Nudibranch Chromodoris Zebra. J. Gen. Physiol. 13, 349 (1930). — (4): Siehe COHEN. — (5): Siehe HALL.
PULEWKA, P. and K. WINZER: Untersuchung über die Reaktionen des Cystins mit Schwefel und Cyankali. Arch. exp. Path. u. Pharm. 138, 154 (1928).
PUMMERER, R. and F. FRANKFURTER: Über ein neues organisches Radikal. I. Mitteilung über die Oxydation der Phenole. Ber. dtsch. chem. Ges. 47, 1472 (1914).

PUMMERER, R. und ALFRED RIECHE: Über aromatische Peroxyde und einwertigen Sauerstoff. IX. Mitteilung über die Oxydation der Phenole. Ibid. **59**, 2161 (1926).

QUASTEL, JUDA HIRSCH (1): Dehydrogenation produced by resting bacterie. IV. A theory of the mechanism of oxidations and reductions in vivo. Biochem. J. **20**, 166 (1926). — (2): Siehe HARRISON. — (3): Siehe DIXON.

QUASTEL, JUDA HIRSCH and MARJORY STEPHENSON: Experiments on "strict" anaerobes. 1. The relationship of B. sporogenes to oxygen. Biochem. J. **20**, 1125 (1926).

QUASTEL, JUDA HIRSCH and WALTER REGINALD WOOLDRIDGE: Reduction potential, energy exchange and cell growth. Ibid. **23**, 115 (1929).

RAPKINE, LOUIS (1): Le potentiel de réduction et les oxydations. C. r. Soc. Biol. **96**, 1280 (1927). — (2): Potentiel d'une électrode inerte dans une solution d'acétaldehyde. J. Chimie Physique, **27**, 202 (1930). — (3): Siehe WURMSER.

RAPKINE, L., A. P. STRUYCK and R. WORMSER: Le potentiel d'oxydoréduction de quelques colorantes vitaux. Ibid. **26**, 340 (1929).

RAPKINE, LOUIS and RENE WURMSER: Intracellular oxidation-reduction potential. Proc. Roy. Soc., B, **102**, 128 (1928).

RASUWAJEN, G.: Über sterichinoide Derivate des 9-10-Dihydrophenarsins. Rec. Trav. Chim. des Pays-Bas, **50**, (4. Serie 12) 900 (1931).

REED, G. B.: Siehe BOYD.

REID, ALBERT (1): Über die Oxydation scheinbar autoxydabler Leukobasen durch molekularen Sauerstoff. Ber. dtsch. chem. Ges. **63 B**, 1920 (1930). — (2): Oxydation von Leuko-Methylenblau. Biochem. Z. **228**, 487 (1930).

REISS, P. (1): La réduction des indicateurs comme rause d'erreur des mesures colorimétriques du pH. C. r. Soc. Biol. **94**, 289 (1926). — (2): Les potentiels d'arret dans la division des œufs d'Oursin et de Sabellaria. Ibid. **103**, 157 (1930).

RENN, KONRAD: Siehe GOLDSCHMIDT.

REZNIKOFF, PAUL: Siehe COHEN.

RICHARDSON, G. M. and R. K. CANNAN: The dialuric acid — alloxan equilibrium. Biochem. J. **23**, 68 (1929).

RICHARDSON, G. M.: Siehe CANNAN.

RIDEAL, ERIC K. (1): Introductory address on the mechanism of the reversible electrode. Transact. Faraday Soc. **19**, 667 (1923). — (2): Siehe GOARD. — (3): Siehe LA MER.

RIDEAL, ERIC K. and HUGH S. TAYLOR: Catalysis in theory and practice. London (1919).

RIECHE, A.: Siehe PUMMERER.
ROBINSON, M. E.: Siehe CALLOW.
RUSS, R.: Siehe HABER.

SAKUMA, SEISHI: Über die sogenannte Autoxydation des Cysteins. Biochem. Z. **142**, 68 (1923).
SANDERS, A. C.: Siehe ELEMA.
SANO, KINGO: Über die Löslichkeit der Aminosäuren bei variierter Wasserstoffzahl. Biochem. Z. **168**, 14 (1926).
SCHAUM, J. G.: Über Konzentrationsketten mit unangreifbaren Elektroden. Z. Elektrochem. **5**, 316 (1899).
SCHMIDT, C. L. A.: Siehe SMYTHE.
SCHMIDT, WALTER: Siehe GOLDSCHMIDT.
SCHOENFELD, R.: Siehe FODOR.
SCHON, S. A. and R. WURMSER: Sur une forme active du glucose. Reunion Intern. Chimie Physique, p. 541 (1928).
SCHOTT, H. I.: Siehe BORSOOK.
SCHULZ, G.: Siehe THIEL.
SCOTT, A.: Siehe CONANT.
SHAFFER, PHILIP A.: Siehe WENDEL.
SHIBATA, K. and H. TAMIYA: Untersuchungen über die Bedeutung des Cytochroms in der Physiologie der Zellatmung. Acta Phytochim. (Tokyo) **5**, 23 (1930).
SHIKATA, MASUZO (1): The electrolysis of Nitrobenzene with the mercury dropping cathod. Part I. The reduction potential of nitrobenzene. Trans. Faraday Soc. **21**, 42 (1925). — (2): Siehe HEYROVSKY.
SHIN, K.: Studies on the biological oxidation. Fukuoka Med. J. **23**, 34 (1930).
SMALL, L. F.: Siehe CONANT.
SMITH, J. H.: Siehe SPOEHR.
SMYTHE, C. V. and C. L. A. SCHMIDT: Studies on the mode of combination of iron with certain proteins, amino acids, and related compounds. J. Biol. Chem. **88**, 241 (1930).
SMYTHE, C. V. (1): The mechanism of iron catalysis in certain oxidations. Ibid. **90**, 251 (1931). — (2): The titration of hydroxy organic compounds in the presence of ferric and cupric salts. Ibid. **92**, 233 (1931).
SÖRENSEN, S. L. P.. MARGRETHE SÖRENSEN and K. LINDENSTÖM-LANG: Sur l'erreur de sel inherente à l'électrode de quinhydrone. C. R. Labor. Carlsberg, Kopenhagen **14**, 1 and Ann. chim. **16**, 283 (1921).
SPOEHR, H. A. and J. H. SMITH: Studies on atmosphere oxidation. The oxidation of glucose and related substance in the presence of sodium-ferro-pyrophosphate. J. Amer. Chem. Soc. **48**, 236 (1926).
STEIGERWALD, CHRIST.: Siehe GOLDSCHMIDT.
STEPHENSON, MARJORY: Siehe QUASTELL.
STERN, L.: Siehe BATTELLI.
STEWART, C. P. and H. E. TUNNICLIFFE: Glutathione, Synthesis. Biochem. J. **19**, 207 (1925).
STIEGLITZ, JULIUS (1): A theory of color production. (Address at the Franklin Institute, 1924, Sept. 17, 18, 19.) The Franklin Institute, Philadelphia. Separatabdruck. — (2): Oxidation of carbohydrates. Proc. Inst. Med. Chicago **1**, 41 (1916).
STONE, FLORENCE M.: Siehe COULTER.

STRACK, E.: Siehe WREDE.
STRUYCK, A. P.: Siehe RAPKINE.
SULLIVAN, M. X.: Siehe CLARK.
SZENT-GYÖRGYI, ALBERT (1): On the function of hexuronic acid in the respiration of the cabbage leaf. J. Biol. Chem. 90, 385 (1931). — (2): On the mechanism of biological oxidations and the function of the suprarenal gland. Science 72, 125 (1930). — (3): Biologische Oxydationsmechanismen. Niederländ. Verein f. Biologie, Utrecht, October 20, 1928. — (4): Observations on the function of peroxidase systems and the chemistry of the adrenal cortex. Description of a new carbohydrate derivative. Biochem. J. 22, 1387 (1929).

TAMIYA, H.: Siehe SHIBATA.
TAYLOR, B. S.: Siehe CONANT.
TAYLOR, H. S.: RIDEAL.
THIEL, A. and G. SCHULZ: Über Wasserstoffelektroden, die auf einfache Weise gegen kolloide Potentialgifte geschützt sind. Z. f. Elektrochem. 36, 408 (1930).
THOMPSON, J. G.: Siehe BENNETT.
THOMPSON, J. W. and CARL VOEGTLIN: Glutathione content of normal animals. J. Biol. Chem. 70, 793 (1926).
THOMPSON, J. W.: Siehe VOEGTLIN.
THORNTON, H. R. and E. G. HASTINGS: Studies on oxidation-reduction in milk. I Oxidation-reduction potentials and the mechanism of reduction. J. Bact. 18, 293 (1929).
THUNBERG, TORSTEN (1): Zur Kenntnis des intermediären Stoffwechsels und der dabei wirksamen Enzyme. Skand. Arch. Physiol. (Berlin und Leipzig) 40, 1 (1920). — (2): Das Reduktions-Oxydationspotential eines Gemisches von Succinat-Fumarat. Ibid 46, 339 (1925). — (3): Über das Vorkommen einer Hexosediphosphorsäure-Dehydrogenase in Pflanzensamen. Lunds Universitets Arsskrift N. F. Avd. II. 25 (Nr. 9), 1 (1929). — (4): Über das Vorkommen einer Adenosintriphosphorsäure eingestellten Dehydrogenase in Pflanzensamen. Ibid. N. F. (2) 27, 3 (1931). — (5): Die biologischen Reduktions-Oxydationspotentiale (Redoxpotentiale). Oppenheimers Handb. d. Biochem. des Menschen und der Tiere, 2. Auflage, Ergänzungsband, S. 213, Jena (1930). — (6): Der jetzige Stand der Lehre vom biologischen Oxydationsmechanismus. Ibid. 2. Auflage, Ergänzungsband, S. 245, Jena (1930). — (7): Das Schicksal des Sauerstoffs in den biologischen Oxydationsprozessen. Arch. internat. Pharmacodynamie 38, 89 (1930). — (8): The hydrogenactivating enzymes of the cells. Quart. Rev. Biol. 5, 318 (1930).
TONGBERG, C. O.: Siehe CONANT,
TOWER, OLIN FREEMAN: Studien über Superoxydelektroden. Z. physik. Chem. 18, 17 (1895).
TUNNICLIFFE, HUBERT ERLIN (1): Glutathione. The occurrence and quantitative estimation of glutathione in tissues. Biochem. J. 19, 194 (1925).— (2): Relation between the tissues and the oxidized dipeptide. Ibid. 19, 199 (1925). — (3): Siehe DIXON. — (4): Siehe STEWART.

VELLINGER, EDMOND (1): Notes sur le potentiel d'oxydation-réduction de matières colorantes usuelles et leur emploi comme tampons de p_H. Arch. de physique biologique, 7, 113 (1929). — (2): Potentiométric study of the oxidation-reduction-potential of the egg of the sea urchin (French). C. r. Soc. Biol. 95, 706 (1926).
VOEGTLIN, CARL, J. M. JOHNSON and HELEN A. DYER (1): Quantitative estimation of the reducing power of normal and cancer tissue. J. of Pharmacol. 24, 305 (1924). — (2): Biological significance of cystine and glutathione. I. On the mechanism of the cyanide action. Ibid. 27, 467 (1926).
VOEGTLIN, CARL and J. W. THOMPSON: Glutathione content of tumour animals. J. of Biol. Chem. 70, 801 (1926).
VOEGTLIN, CARL: Siehe THOMPSON.
VOGT, ADOLF: Siehe GOLDSCHMIDT.

WALKER, ERNST: The sulphydril reaction of skin. Biochem. J. 19, 1085 (1925).
WALKER, S.: Siehe MATHEWS.
WARBURG, OTTO (1): Physikalische Chemie der Zellatmung. Biochem. Z. 119, 134 (1921). — (2): Über die Grundlagen der Wieland'schen Atmungstheorie. Ibid. 142, 518 (1923). — (3): Über Eisen, den sauerstoffübertragenden Bestandteil des Atmungsferments. Ibid. 152, 479 (1924). — (4): Bestimmung von Cu und Fe des Blutserums. Ibid. 187, 255 (1927). — (5): Über die chemische Konstitution des Atmungsferments. Naturwiss. 16, 245 (1928). — (6): Wirkung der Blausäure auf die katalytische Wirkung des Mangan. Biochem. Z. 233, 245 (1931). — (7): Atmungsferment und Oxydasen. Ibid. 214, 1 (1929). — (8): Atmungsferment und Sauerstoffspeicher. Ibid. 214, 4 (1929).
WARBURG, OTTO, ERWIN NEGELEIN und WALTHER CHRISTIAN: Über Carbylamin-Hämoglobin und die photochemische Dissoziation seiner Kohlenoxydverbindung. Ibid. 214, 26 (1929).
WARBURG, OTTO, FRITZ KUBOWITZ und WALTER CHRISTIAN: Über die Wirkung von Phenylhydrazin und Phenylhydroxylamin auf die Atmung roter Blutzellen. Ibid. 233, 240 (1931).
WARBURG, OTTO und FRITZ KUBOWITZ (1): Wirkung des Kohlenoxyds auf die Atmung von Aspergillus orycae. Ibid. 214, 24 (1929). — (2): Ist die Atmungshemmung durch Kohlenoxyd vollständig? Ibid. 214, 19 (1929).
WARBURG, OTTO and ERWIN NEGELEIN (1): Über die Verteilung des Atmungsferments zwischen CO und O_2. Ibid. 193, 334 (1928). — (2): Über den Einfluß der Wellenlänge auf die Verteilung des Atmungsferments. (Adsorptionsspektrum des Atmungsferments.) Ibid. 193, 339 (1928). — (3): Fermentproblem und Oxydation in der lebendigen Substanz. Z. f. Elektrochemie 35, 928 (1929).
WARBURG, OTTO und M. YABUSOE: Über die Oydation der Fruktose in Phosphatlösungen. Biochem. Z. 146, 380 (1924).
WEITZ, L.: Elektrochemie 34, 538 (1928).

WENDEL, W. B.: Induced oxidation in blood. Hemoglobin destruction by methylene blue in lactic acid peroxidation. Proc. Soc. Exp. Biol. and Med. **27**, 624 (1930).
WENDEL, W. B. and PHILIP, A. SHAFFER: Induced oxidations in blood. Oxidation of lactic acid. Proc. Amer. Soc. Biol. Chem. **24**, Ann. Meeting, 20 (1930).
WHITEHEAD, HUGH RORINSON: The reduction of methylene blue in milk. Biochem. J. **24**, 580 (1930).
WIELAND, HEINRICH (1): Über den Verlauf der Oxydationsvorgänge. Ber. dtsch. chem. Ges. **55**, 3639 (1922). — (2): Studien über den Mechanismus der Oxydationsvorgänge. Ibid. **45**, 2606 (1916). — (3): Über den Mechanismus der Oxydationsvorgänge. Erg. Physiol. **20**, 477 (1922).
WIELAND, HEINRICH und FRANK.
WIELAND, HEINRICH und HANS LECHER: Tetraphenylhydrazin und Hexaphenyläthan. III. Tetraphenylhydrazin und Triphenylmethyl. Ann. d. Chem. **381**, 214 (1911).
WILLIAMS, J. W and E. M. DRISSEN: Oxidation-reduction potentials of certain sulfhydril compounds. J. of Biol. Chem. **87**, 441 (1930).
WILLSTÄTTER, R. und J. PICCARD: Über die Farbsalze von WURSTER. Ber. dtsch. chem. Ges. **41**, 1458 (1908).
WINZER, K.: Siehe PULEWKA.
WISHART, G. M.: On the reduction of methylene blue by tissue extracts. Biochem. J. **17**, 103 (1923.)
WOOLDRIDGE, WALTER REGINALD: Siehe QUASTEL.
WREDE, FRITZ, Über das Pyocyanin, den blauen Farbstoff des Bacillus pyocyaneus. Z. Hyg. u. Infektionskrankh. **111**, 90 (1930).
WREDE, FRITZ und E. STRACK (1): Über das Pyocyanin, den blauen Farbstoff des Bacillus pyocyaneus. I. Z. physiol. Chem. **140**, 1 (1924). II. Ibid. **142**, 103 (1925); III. Die Konstitution des Hemipyocyanin. Ibid. **177**, 177 (1928). IV. Die Konstitution und Synthese des Pyocyanin. Ibid. **181**, 58 (1929). — (2): Synthese des Pyocyanin und einiger Homologe. Ber. dtsch. chem. Ges. **62**, 2051 (1929).
WURMSER, RENÉ (1): L'énergetique de la Biochemie. Bull. Soc. Chim. Biol. **5**, 506 (1923); — (2): Siehe RAPKINE; (3): Siehe SCHON.
WURMSER, RENÉ and JEAN GELOSO (1): Sur le potentiel des solutions des glucides. J. Chim. Physique **25**, 641 (1928). — (2): Sur le potentiel des solutions de glucides. II. Ibid. **26**, 424 (1929). — (3): Etude des solutions actives de glucose. Ibid. **26**, 447 (1929). — (4): Un derive du glucose constituant de l'équilibre d'oxydo-réduction des cellules. C. r. Acad. Sci. **188**, 1186 (1929).
WURZSCHNITT, BERNHARD: Siehe GOLDSCHMIDT.
YABUSOE, M.: Siehe WARBURG.

Sachverzeichnis.

Affinität 12.
Aktivität 59.
Aktivitätstheorie 62, 82.
Aldehyd 197.
Alloxanthin 176.
Arbeitsäquivalent des elektrischen Stromes 51.
Atmung, Steigerung durch Farbstoffe 147.
Autoxydation 141.

Benzidine 129.
Bernsteinsäure 9, 183.
Berthelotsche Prinzip 12.
Beschwerung 53.
Blausäure, Wirkung auf Cystin 157.
Brillant-Alizarinblau 97.

Chinhydron, Potential 85.
Chinon 72.
Chinon-Chinhydron-Elektrode 85.
Chromodoris 180.
Chromosalze 19.
Cystein 131 ff., 137.

Dehydrogenase 140.
Dehydrogenation 138.

Dialursäure 176.
Dimethyldipyridylium 116.
Diphenylstickstoff 134.
Dissoziationskonstanten 74.
— basische 95.
— (Beziehung zu Knikken in den Kurven) 93, 98.

Echinochrom 179.
Echinodermeneier 147.
Eisenkomplexe 66, 141.
Eisen, Oxydierbarkeit 141.
Elektrode, Normal-Wasserstoff- 45.
Elektroden, indifferente 23.
Elektromotorische Kraft 36.
Elektron (Unterschied vom Proton) 81.
Elektronendruck 14.
Elektronengas 41.
Elektronentheorie der Potentialeinstellung 26.
Elektronischer Mechanismus der Potentialeinstellung 34.
Elektronenzahl 95.
Enzym 139.

Farbstoffindikatoren 218 ff.
Ferment 139.
Ferrocyankalium 64.
Ferro-Ferri-Elektrode 34.
Ferropyrophosphat 71.
Fumarsäure 9, 183.

Gallocyanin 96, 104.
Gallophenin 104.
Galvanische Zelle 4.
Gasbeladungstheorie der Potentialeinstellung 25.
Gewebe, Messung von Reduktionspotentialen 212.
Gewebssäfte höherer Tiere, Potentiale in 227.
Gleichgewichtskonstante 35.
Glutathion 155 ff.
Goldelektrode, Potentialausbildung 28.
Grenzpotential 56, 231 ff.

Hämin 202.
Hämoglobin 50, 200.
— Verbindung mit Sauerstoff 4.
Hermidin 178.

Hydrochinon 72.
Hydrochinon-Chinhydron-Elektrode 85.
Hydroxylgruppe (Aktivierung an Oberfläche) 31.

Indexpotential 97.
Indigosulfonate 103.
Indikatoren 96 ff.
— Potentialdiagramm 103.
Indophenol 77, 78.
Indophenole 100, 103.

Janusgrün 105.
Jonenstärke 62.

Kalomelelektrode 46.
Katalysator 139.
Katalyse, Oxydations- 139.
Körpersäfte, Potentiale in 227.
Kobalt 166 ff.
Kobaltocyanid 19.
Kohlenelektrode 23.
Komplexe 66.
Konzentrationsverhältnis 16.
Kraft der Oxydation u. Reduktion 12.
Kresylviolett 105.
Kritisches Potential 133.
Kupfer 175.

Leberzellen 228.
Leukofarbstoffe, Autoxydation 149.
Lösungsdruck 14.
Luciferin 184.

Metall-Komplexsysteme, Potential in 66.
Merichinone 108.

Methämoglobin 202.
Methylenblau 80, 103.
Methylviologen 116.
Mikroinjektion 221.

Nachgiebigkeit des Redoxsystems 52.
Natriumfluorid, Bindung an Fe^{III} 40, 67.
Neutralrot 105.
Nilblau 106.
Nitrobenzol 132.

Oxydation, zweistufig 107, 117.
Oxydationen, irreversible 130, 137.
Oxydationskatalysator 7.
Oxydationspotential 18.
Oxydations-Reduktions-Katalysatoren 239.
Oxydation, Definition 8 ff.
Oxygenation 11.
Oxy-Methylphenazin 112.
Oxyphenazin 112.
— Diagramm der drei Normalpotentiale 123.

Palladiumlösung, kolloidale 47.
Pentacyano-aquo-Komplex 71.
Peroxyd 138.
Phenol 84.
Platinelektrode, Potentialausbildung 28.
Poise 53.
Polymerisierung 126.
Potential, der organischen Redoxsysteme 86.

Potential, kritisches 132, 133.
— Nullwert- 45.
Potentialbereich 17.
Potentialbildung, Mechanismus der 18, 25.
Potentialeinstellung als Grenzflächenphänomen 30.
Proton 30.
— (Unterschied vom Elektron) 81.
Pyocyanin 112, 181.
— Diagramm der drei Normalpotentiale 123.
Pyrophosphat 66, 151.

Quecksilberelektrode 23.

Radikale 134, 113.
Redoxelektrode 46.
Redoxindikatoren 100 ff.
Redoxpotential, Maßstäbe für 45 ff.
Redoxskala, Neutralpunkt 55.
Redoxsysteme, anorganische 59.
— atomistischer Mechanismus 77.
— -Gemische 43.
— organische, reversible 72.
Reduktion, Definition 8 ff.
Reduktionen irreversible 130.
Reduktionsintensität des Redoxsystems 49.
Reduktionspotential (aerobes und anaerobes) 216 ff.
— scheinbares 132.

Sachverzeichnis.

Reversible Systeme 5.
r_H 48.
Rosindulin GG 101, 106, 112.

Sauerstoffelektrode 50.
Sauerstoffhunger 209.
Schardingers Reaktion 211.
Semichinone 107.
Semidine 129.
Standard - Acetat - Elektrode, Tabelle: 46.
Suboxyd 22.

Sulfhydrilkörper 152, 166 ff.
Tautomerie bei Messung der Potentiale 125.
Thioglykolsäure 132.
Thionin 79.
Toluylenblau 103.
Triphenylmethyl 134.
Überspannung 47, 59.
Valenz (elektronische Theorie) 31.
Viologene 116.
Vitalfarbstoffe 214.

Wasserstoff, atomarer 28.
Wasserstoffdruck 48.
Wasserstoffüberspannungspotential 47.
Weinsäure 145.
Wolfram als indifferente Elektrode.
Wolframfaden 21.
Wolframoxyd 29.
Wursters Rot 113.

Zucker 189, 198.
Zweistufige Oxydo-Reduktion 107 ff.

MIX
Papier aus verantwortungsvollen Quellen
Paper from responsible sources
FSC® C105338

If you have any concerns about our products,
you can contact us on
ProductSafety@springernature.com

In case Publisher is established outside the EU,
the EU authorized representative is:
**Springer Nature Customer Service Center GmbH
Europaplatz 3, 69115 Heidelberg, Germany**

Printed by Libri Plureos GmbH
in Hamburg, Germany